20世纪中国科学口述史

The Oral History of Science in 20th Century China Series

亲历者说 "引爆原子弹"

Witness the Detonation of China's Atomic Bomb

湖南教育出版社

朱建士　　马瑜　　耿志勇

韩云梯　　□承文　　杨正纬

胡仁宇　　吕□□　　张珍

余松玉

潘毅　　吴世法

陈英　　贾泽　　　吴文明　　廖方成

薛本澄

赵维晋　　　　张敏明

方正知

张振忠　　叫钧道　　　祝国梁

贾保仁

主编的话

以挖掘和抢救史料为急务

自文艺复兴以来，西方经过宗教改革、世界地理大发现、科学革命和产业革命，建立了资本主义主导的全球市场和近代文明。在此过程中，科学技术为社会发展提供了最强大的动力，其影响至20世纪最为显著。

在从传统社会向近代社会的转型中，国人知识结构的质变，第一代科学家群体的登台，与世界接轨的科学体制的建立，现代科学技术学科体系的形成与发展，乃至以"两弹一星"为标志的一系列重大科技成就的取得，都发生在20世纪。自1895年严复喊出"西学格致救亡"，至1995年中共中央、国务院确定"科教兴国"的国策，百年中国，这"科学"是与"国运"紧密关联着的。百年中国的科学，也就有太多太多的行进轨迹需要梳理，有太多太多的经验教训需要总结。

关于20世纪中国历史的研究，可能是格于专业背景方面的条件，治通史的学者较少关注科学事业的发展，专习20世纪科学史者起步较晚，尚未形成气候。无论精治通史的大家学者，或是研习专史的散兵游勇，都共同面临着一个难题——史料的缺乏。

史料，是治史的基础。根据20世纪中国科学史研究的特点，搜求新史料的工作主要涉及文字记载、亲历记忆、图像资料和实物遗存这四个方面。

20 世纪对于我们，望其首已遥不可及，抚其尾则相去未远。亲身经历过这个世纪科学事业发展且作出过重要贡献的科学家和领导干部，大都已是高龄。以 80 岁左右的老人为例，他们在少年时代亲历抗日战争，大学毕业于共和国诞生之初，而国家科学事业发展的黄金十年时期（1956—1966）则正是他们施展才华、奉献青春、燃烧激情的岁月。这些留存在记忆中的历史，对报刊、档案等文字记载类史料而言，不仅可以大大填补其缺失，增加其佐证，纠正其讹误，而且还可以展示为当年文字所不能记述或难以记述的时代忌讳、人际关系和个人的心路历程。科学研究过程中的失败挫折和灵感顿悟，学术交流中的辩争和启迪，社会环境中非科学因素的激励和干扰，等等，许多为论文报告所难以言道者，当事人的记忆却有助于我们还原历史的全景。

湖南教育出版社欲以承担挖掘和抢救亲历记忆类史料为己任，于 2006 年启动了《20 世纪中国科学口述史》丛书的工作计划，在学界前辈和同道的支持下，成立了丛书编委会，于科学史界和科学记者群中招兵买马，认真探索采访整理工作规范和成书体例。通过多方精诚合作，在近两年中已出版图书 20 种，得到了学术界和读者的认可。

近年兴起的口述史（Oral History）热潮，强调采访者的责任，强调采访者与受访者之间的互动，强调留下"有声音的历史"。不过，口述史内容的"核心"是"被提取和保存的记忆"（唐纳德·里奇《大家来做口述历史》）。把记忆于头脑中的信息提取出来，方法上有口述与笔述之差别，但就获取的内容而言，并无实质性的差别。因此，本丛书当前在积极组织从事口述史采访队伍的同时，也积极动员资深科学家撰写回忆文本，作为"笔述系列"纳入到本丛书中来。

科学，作为一种社会事业，除科学研究之外，还包括科学教育、科学组织、科学管理、科学出版、科学普及等各个领域，与此相关的人物和专题皆可列入选题。

本丛书根据迄今践行的实际情况，在大致统一编辑规范的基础上，将书稿划分为5种体例：

1. 口述自传——以第一人称主述，由访问者协助整理。

2. 人物访谈录——以问答对话方式成文。

3. 自述——由亲历者笔述成文。

4. 专题访谈录——以重大事件、成果、学科、机构等为主题，做群体访谈。

5. 旧籍整理——选择符合本丛书宗旨的国内外已有文本重新编译出版。

形式服务于内容，还可视实际需要而增加其他体例。

受访者与访问整理者，同为口述史成品的作者。忆述内容应以亲历者的科学生涯和有关活动为主线展开，强调以人带史，以事系史，忆述那些自己亲历亲闻的重要人物、机构和事件，努力挖掘科学事业发展历程中的鲜活细节。

书中开辟"背景资料"栏，列入相关文献，尤其注重未经披露的史料，同时还要求受访者提供有历史价值的图片。这些既是为了有助于读者能更好地理解忆述正文的内容，也是为了使全书尽可能地发挥"富集"史料的作用。

有必要指出，每个人都会受到学识、修养、经验、环境的局限，尤其是人生老来在记忆力方面的变化，这些会影响到对史实忆述的客观性，但不能因此而否定口述史的重要价值。书籍、报刊、档案、日记、信函、照片，任何一类史料都有它们各自的局限性。参与口述史工作的受访者和访问者，即便是能百分之百做到"实事求是",也不能保证因此而成就一部完整的信史。按名家唐德刚先生在《文学与口述历史》一文中的说法,口述史"并不是一个人讲一个人记的历史,而是口述史料"。史学研究自有其学术规范,不仅要用各种史料相互参证,而且面对每种史料都要经历一个"去粗取精,去伪存真"的过程。本丛书捧给大家看的,都是可供研究 20 世纪中国科学史的史料,囿限于斯,珍贵亦于斯。

受访者口述中出现的历史争议,如果不能在访谈过程中得以澄清或解决,可由访问者视需要而酌情加以必要的注释和说明。若对某些重要史实有不同的说法,则尽可能存异,不强求统一,并可酌情做必要的说明或考证。因此,读者不必视为定论,可以质疑、辨伪和提出新的史料证据。

本丛书将认真遵循求真原则和史学规范,以挖掘和抢救史料为急务,搜求各种亲历回忆类史料,推动 20 世纪中国科学史的研究!

欢迎各界朋友供稿或提供组稿线索,诚望识者的批评指教。谨以此序告白于 20 世纪中国科学史的研究者和爱好者。

樊洪业

2011 年元月于中关村

亲历者说"引爆原子弹"

Witness the Detonation of China's Atomic Bomb

 CONTENTS 目录

引　言

　　1964 年春，托举原子弹的百米铁塔在罗布泊拔地而起，中国第一次核试验的现场准备工作全面展开。5058 名参试人员来自解放军总部、各军兵种、新疆军区、兰州军区、二机部、公安部、国防部十院、军事工程学院、中国科学院等 26 个单位，他们怀着为祖国争光、为民族争气的豪情壮志，搭起帐篷，连营数里，誓夺原子弹爆炸的成功。二机部九院派出 222 人的第九作业队奔赴试验现场。他们担负着极其重要的任务：押运原子弹元器件，在"596"铁塔下面装配原子弹，再把原子弹送上铁塔安装、测试、保温，直至插雷管，最后完成点火引爆任务。1964 年 10 月 16 日 15 时，在新疆罗布泊成功地引爆了我国第一颗原子弹。

　　九院人在试验场区最核心的部位，围绕着"596"铁塔上的核装置奋战了三个多月，他们亲自引爆原子弹，更亲眼目睹了波澜壮阔的核爆炸场景。这些核试验的点火者、见证者，40 多年来一直严守秘密。如今，他们集体向外界披露核爆炸的有关细节，详细叙述了 48 年前第一颗原子弹试验的悠悠往事，成为九院人第一本集体口述著作。

　　随着时光的流逝，参加过第一次核试验的亲历者年龄也越来越大，老一辈领导者如张爱萍、李觉、张蕴钰、张震寰已经去世；科学家如王淦昌、彭桓武、郭永怀、邓稼先、朱光亚等

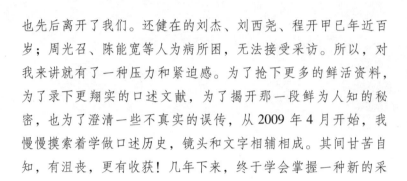

也先后离开了我们。还健在的刘杰、刘西尧、程开甲已年近百岁；周光召、陈能宽等人为病所困，无法接受采访。所以，对我来讲就有了一种压力和紧迫感。为了抢下更多的鲜活资料，为了录下更翔实的口述文献，为了揭开那一段鲜为人知的秘密，也为了澄清一些不真实的误传，从 2009 年 4 月开始，我慢慢摸索着学做口述历史，镜头和文字相辅相成。其间甘苦自知，有沮丧，更有收获！几年下来，终于学会掌握一种新的采访方式。

由于受到长期的保密教育，很多亲历者要么闭口不谈，要么需出示单位的证明，这给采访带来了一定的难度，经过近一年的外围采访，我才渐渐地接近引爆原子弹这个重大历史事件的核心。说来也巧，那还是由一张发黄的老照片引起的。

2009 年 7 月，我正在做朱建士院士的口述，他拿出了一张老照片，在我国第一颗原子弹即将爆炸的铁塔上，8 位同志紧挨着核装置一起合影。这张照片拍摄于 1964 年 10 月的某一天。幸运的是，照片上的 8 位同志有 7 位健在，这引起我极大的兴趣。随后，我便找到照片上的人，努力说服做他们的口述。很快，由这张照片引起一个惊心动魄的故事，一段辉煌无比的历史。最后我和其他两位同志完成一部电视专题片《亲历者说"596"铁塔的故事》。2010 年元月，我又陪同中央电视台科技频道的编导，重新采访这张照片上的人和事，参与制作了一部《塔上塔下那些事儿》口述专题片，在中央电视台《科技人生》栏目播映。节目播出以后，在社会上引起反响。一位受访者告诉我，他的老家陕西户县从中央电视台播出的节目中得知他参加了第一颗原子弹试验，在他 80 岁生日的时候，县政协主席特意来祝贺，称他是家乡人的骄傲，并收入县志名人录。

按理说，电视片拍了，中央台播了，这件事本可以画一个圆满的句号。但是，我心里一直觉得，由于电视镜头始终没有脱离那张历史照片，采访的人限定在 8 个人的范围内，讲述的内容局限在铁塔上最后几天，必然留下了很多遗憾。照片上的 8 个人仅仅是一个作业分队的代表，无法涵盖整个第九作业队的工作，更不能用以全面描述引爆原子弹的过程。于是，我没有停下采访脚步，手上的名单继续扩大，口述内容也继续往细节延伸。我开始寻找那些直接参与第一颗原子弹的运输、保卫、装配、吊装、安放、保温、插雷管直至到引爆核武器的九院人。围绕着"596"铁塔，围绕着第一次核试验，不断增加采访亲历者，不断找到新的佐证，不断充实丰富那段可歌可泣的历史。

据《当代中国的国防科技事业》一书记载，参加第一次核试验的参试人员总共是 5058 人，这其中包含九院派出的参试人员。采访过程中，第九作业队的受访者有的说上去 200 多人，有的说 208 人。到底是多少人？众说纷纭，没有人能说出准确的数字。毕竟过去了快 50 年，搞不清楚作业队的具体人数 一直是我的心结！一直到了 2011 年年底，我终于有机会查找档案。在翻到朱光亚撰写的《参加首次核试验工作总结》一文时，第九作业队 222 位参试人员的数字跳入眼帘，让长久的困惑顿时化为乌有。更加令人惊喜的是，总结中还有第九作业队各个分队代号及分队负责人的名单。这让我兴奋了好一阵子，因为已经完成的 28 位受访者中间，许多人恰好是各个分队的负责人，他们既是领导者，也是具体完成试验任务的执行者，所负责的工作基本囊括了核试验的各个环节。后来，我又补充采访了两位老同志，重点谈原子弹的押运和作业队组织管理工作，最后变成现在的 30 位受访者。

这里，我不得不说到陈云尧同志，感谢他从浩瀚如海的原始档案中整理摘录下这些重要文献，让我这个查阅者"得来全不费工夫"。别人付出辛勤的劳动，我则顺手摘了"桃子"。在感激、兴奋之余，我还要说，这份第九作业队各分队负责人名单里面，已经有近 10 位老人去世，无法留下他们的声音和笑貌，让人不胜唏嘘！不过，这反而更增强了我把口述整理出来的信心和紧迫感，并期盼尽快出版。

这里有必要提一下受访者群体，本书选的 30 位亲历者都是原子弹巨响的见证人。他们参加第一次核试验的时候正值年富力强，很多人是作为科研技术骨干从全国抽调到九院来的。他们的口述没有华丽辞藻，没有渲染拔高。尽管当时个人所处的岗位不同，负责的工作各异，讲述同一历史事件时却可以互相补充，互相印证。受访者用极其朴素的语言，不经意之中给我们展示出一幅波澜壮阔的历史画卷。

他们参加第一次核武器试验时，没有任何可借鉴的经验，只有一步一个脚印小心翼翼地完成试验前的各项准备工作。从原子弹押运到原子弹装配，每一个步骤、每一个环节、每一个动作都是反复演练，真正做到一丝不苟。甚至拧螺丝钉的动作，拧上几圈都要烂熟于心。在这种严谨的工作作风下，整个核试验过程中没有出现一点纰漏。面对采访者的提问，受访者说的似乎都是试验现场的工作细节和生活琐事，没有多少戏剧性故事，更缺乏豪言壮语。叙述者说得越平淡，越值得读者细细地品味。因为那些现场的细节，是经过一生的过滤沉淀还能留下来的记忆！那个年代，人人都铆足了劲干活，庄严的工作，铁一般的纪律，政治上的压力倒是残酷的现实。九院人富于理想，严守纪律，重视集体和国家荣誉远远胜过个人名利和待遇。正如受访者张振忠老人说的那样，"责任胜于能力，有了责任，没有能力可以提升能力，没有目标可以创造目标！"

我虽然在采访中摄下了这些大多年近八旬老人的照片，但在最后整理编辑时，我没有选用他们的近照，而是刻意选择了老照片，选择上个世纪 60 年代他们参加工作时风华正茂的年轻照片。我想，受访者讲述的是上个世纪的核试验，照片的年龄也要尽量与那个时代相吻合。遗憾的是，受当时保密制度的限制，一旦进入了二机部或其他军工系统就不能随便拍照。所以，受访者几乎没有现场工作照片也就不足奇怪了。

对一个历史重大事件，不同的人的回忆能呈现出事件的多样性和多视角，给采访者带来许多新的启发，这些启发又不断地帮助我修正对该书编辑整理的认知。面对着 70 个小时的录音和一大堆口述材料，我曾经计划把每一个人的口述按照采访日期、采访内容包括提问、对话，从头到尾地原文刊出。但是，这显然是一个偷懒的办法。最后我决定把这些口述资料打乱、重组，按照第一颗原子弹出厂、进入核试验场区的时间顺序；九院先遣队到第九作业队大部队进入试验场区直至最后撤离；按照核试验准备程序，从装配到点火引爆，分成若干个小标题，再把不同人的口述穿插其中，努力勾勒出一条从试验前准备到成功引爆的清晰脉络，以便符合一般人的阅读习惯。这样一来，整理就需要花费大量的精力和时间。许多个深夜，我坐在电脑前，头戴耳机聆听着不同方言口音，阅读着既熟悉又陌生的历史，同时也被自己不断的发现时而惊喜，时而嗟叹。

应该承认，在新疆罗布泊第一颗原子弹试验现场的参试人员，多数人不知道北京中央最高领导人的决策过程，即便在试验现场指挥的将军、科学家们也要听从"中央专委"的具体部署。所以，我又翻阅了大量传记、回忆录，整理出作为本书主题事件背景的"大事记"。中央领导人在北京指挥运筹帷幄，与奋战在"596"铁塔上九院人的工作身影形成对照，互相映衬。从北京到新疆，从决策到试验，从前沿到二线，浑然一体，让读者从更大的视角来看待 48 年前的这一壮举。

时至今日，反映第一颗原子弹爆炸的那段历史，已经有很多报道和出版物，包括传记、回忆录、纪实文学等有十几本之多。唯独没有核武器研制单位的人发出的声音。也许，我们需要一本没有任何修饰的有关当事人的回忆，用他们自己的亲历，自己的讲述来还原那一段历史。"纪实"也好、"揭秘"也罢，都无法替代亲历者声情并茂的讲述，无法替代见证者发自内心的激情迸涌，这是积蓄多年的情感释放和吐露，这是经历那一刻惊心动魄的历史瞬间的感受。

侯艺兵

　　这里曾经是一望无垠，牧草肥美，牛羊遍地的大草原，被当地人称做金银滩。这里海拔3200米，年平均气温在零下4摄氏度，高寒缺氧，自然条件十分恶劣。这里建成了我国第一个核试验研制生产基地，这里装配出我国第一颗原子弹……

第 *1* 章

草原大会战

背景资料

221 厂位于青海省海西蒙古族藏族自治州海晏县境内的大草原上，是中国第一个核武器研制生产工厂的代号（现已退役）。

1958 年 7 月开始筹建的这座西北核武器研制生产基地，它占地面积 500 多平方千米，位于青海省海晏县境内。这里曾经是一望无垠，牧草肥美，牛羊遍地的大草原，被当地人称做金银滩。这里海拔 3200 米，年平均气温在零下 4 摄氏度，高寒缺氧，自然条件十分恶劣。因为气压低，人们常年吃那种做不熟的夹生饭和蒸不熟的馒头，喝 80 摄氏度就开的水。

221 厂从 1960 年 3 月开始施工准备，5 月工程全面铺开，到了 1964 年底生产基地基本建成。

1964 年 3 月，二机部九院①成立。李觉任院长，吴际霖、王淦昌、彭桓武、郭永怀、朱光亚任副院长。李觉主持北京与青海两地全面工作，

————————

① 九院前身为二机部北京九所。

吴际霖抓青海 221 厂工作，朱光亚拟定了《596 装置国家试验大纲》①。

1963—1964 年，九院包括理论部（部分）、实验部、设计部、生产部在内的大批人马来到 221 厂。中央批准的 126 名高中级技术干部和一批转业军官也来到这里。至此，我国第一支核武器研制力量便都集中到了这片大草原。一顶顶帐篷星罗棋布地夹杂在绿色的草原周围，221 厂领导干部带头住进了简易工棚，科技人员被安排住进为数不多的几栋黄色楼房。221 厂二生产部部分厂房尚在建设之中，被戏称为"东西伯利亚"。面临如此艰苦的工作生活条件，第一颗原子弹试验前的"草原大会战"正式揭开序幕。

一切为了"响"

在西北核武器研制基地（221 厂）具备了科研、生产、生活的基本条件之后，集中在北京的科研生产人员便从 1963 年 3 月起，陆续迁往大西北。整个搬迁工作进行顺利。经中央专委批准增调的一批技术骨干也按期报到。领导、技术骨干和理论、实验、设计、生产等各方面工作人员都汇集到西北基地，并迅速全面展开工作。第一颗原子弹的研制，在西北基地形成总攻击的态势。

摘自《当代中国的核工业》②

———————————————

① "596"为我国第一颗原子弹代号。取自 1959 年 6 月 20 日苏联领导人赫鲁晓夫拒绝按照两国政府协定，向中国提供原子弹的样品和设计的技术资料的年月。

②《当代中国的核工业》，中国社会科学出版社，1987 年。

访谈时间：2010 年 3 月 2 日

访谈地点：北京科技大学教工寓所

受访人简介

　　方正知（1918—），安徽枞阳（原桐城）人。1943 年毕业于国立西北工学院，1949 年在美国密苏里大学获硕士学位。1950 年回国任北洋大学（后为天津大学）副教授。1957 到莫斯科钢铁学院金属物理系进修，1959 回国后在北京钢铁学院任教。1963 年调到二机部北京九所。1964 年参加我国第一颗原子弹爆炸试验，任第九作业队技术委员会委员，时年 46 岁。曾任九院实验部主任、一所所长，中科院空间物理研究所所长，北京科技大学教授。1989 年退休。

　　方正知（第九作业队技术委员会委员）：我 1959 年回国后在北京钢铁学院任教。1963 年 1 月中组部来调函，调我到二机部北京九所工作。3 月去北京花园路 3 号报到。此时，九所大批人员已去了青海 221 厂。6 月初我也上了青海草原，加入到以原子弹研制任务为中心，一个意气风发的科研群体中来。当年有个口号——"响了"就是最大的政治！我到 221 厂正式就职时，陈能宽①是实验部主任，我担任实验部副主任。在整个核武器

————————

　　① 陈能宽（1923—），湖南慈利人，材料科学与工程专家，中国科学院院士（1980）。1950 年至 1955 年，在约翰·霍普金斯大学从事物理冶金研究。1955 年底回国后，任职于中国科学院应用物理所、金属所，后从事原子弹、氢弹及核武器的发展研制。1999 年被授予"两弹一星"功勋奖章。

20 世纪 60 年代初，北京长城脚下的 17 号工地

研制系统中，起爆元件小型爆轰试验在北京长城脚下 17 号工地①已取得了成果。我正赶上全面展开大型爆轰装置试验的阶段。

1963 年 11 月 20 日缩小尺寸整体模拟出中子试验取得成功，综合验证了原子弹理论设计，从试验角度认识了引爆到出中子的聚合爆轰物理全过程。这次缩小比例的出中子试验标志着原子弹研制的新突破。

试验中，关键的出中子测试由室主任唐孝威负责，理论预估由理论部胡思得、薛铁辕、朱建士、孙清和与实验部的章冠人、何柏荣、邹永庆承担试验方案，爆轰装置和现场组织指挥由陈常宜承担，引爆和电测仍由林传骝和赵维晋负责。我负责整体出中子试验方案论证、计划实施与相关部

---

① 长城脚下的 17 号工地，原是工程兵试验靶场，1960 年部分交给二机部北京九所作为第一个核武器爆轰试验场地。

门协调，检查现场预演，担任试验总指挥，并且最后在试验结束后编写试验总结上报。

第一颗原子弹研制工作进展到第二次冷试验阶段时，经福谦[1]、吴世法对光靶结构做了创新性改进，使一发试验便获得两发光测数据，加快了试验进度，取得了与理论预估相一致的试验结果，表明有把握进行全尺寸出中子试验。打炮"司令"仍为陈常宜，各部门领衔者是唐孝威、赵永盛、惠钟锡[2]、祝国梁以及 221 厂第二生产部（简称二生部）的蔡抱真。

1964 年 2 月，实验部陈能宽主任调任九院副院长。张兴钤[3]接替他任实验部主任，我仍是副主任，负责大型爆轰物理试验。胡仁宇负责核物理及放化方面的工作，苏耀光[4]负责核安全技术制度的管理，姜靖[5]负责器材和加工，王义和[6]负责行政管理，吴益三[7]任党委书记。全尺寸分解试验原本计划要做四次，经福谦和吴世法创新地设计出新的靶结构，把三到四次分解试验合并为一次，同样取得了原定第三、第四次所要取得的结果。于是九院决定在 1964 年 6 月 6 日进行全尺寸爆轰模拟试验，验证几年来爆轰物理的理论工作，它的成败决定着国家核试验（指我国的热核试验）能否如期进行。

在举行冷试验的前一天，吴际霖[8]、陈能宽乘车勘察试验装置由 221 厂二生部运至六场区即爆炸场区的道路平整情况，遇有坑洼之处立即修

---

[1] 经福谦，时任九院实验部 21 室主任。
[2] 惠钟锡，时任九院设计部五室主任。
[3] 张兴钤，时任九院实验部主任。
[4] 苏耀光，时任九院实验部副主任。
[5] 姜靖，时任九院实验部副主任。
[6] 王义和，时任九院实验部副主任。
[7] 吴益三，时任九院实验部党委书记。
[8] 吴际霖，时任二机部九局副局长、九院副院长。

刘杰

整。试验当日,草原天气特别好,是草原黄金季节。小草开始发绿,蘑菇遍野可摘,远处的旱獭有的探出洞口张望,有的就在洞口附近打闹,真是一派大好时光,预示着这次试验定有好的结果。一大早,参试人员集合,由陈常宜带队,吴益三作动员令。吴际霖、陈能宽两位领导随同二生部运送试验核装置到达试验场,用起重机吊入用于保温的临时小屋。陈常宜小组固定好核装置、待命插接雷管,所有操作人员都在检查、装接各自系统,使之处于待命状态。上午,中央各有关部委办领导和青海省领导、二机部部长刘杰①(在西宁)、副部长刘西尧率领几位总工程师(其中我认识张沛霖)来视察爆炸现场。在现场领导都很自觉地只看不提问,参观完毕后退至场外安全观望区。实验部第二办公室和核放射安全室,事先已装好碉堡排风孔和通气孔的放射尘过滤器,准备好碉堡内工作人员防护服,布置好外场放射物品洗消站,苏耀光忙着检查一遍。各方都准备就绪后,陈常宜小组、唐孝威小组、胡仁宇小组进入工号。

这时李觉、吴际霖、陈能宽等领导以及实验部吴益三书记、张兴钤主任、苏耀光和我几个副主任在碉堡内听取陈常宜、唐孝威、林传骝三个组汇报,我也讲了几句。陈能宽表示可以起爆。李觉下令准备起爆,这时场区拉响警报。打炮"司令"陈常宜才把口袋里的钥匙交给按钮员(打炮

---

① 刘杰(1915—),河北威县人。曾任中南军政委员会重工业部部长,国家地质部副部长,国务院第三办公室主任,国家三机部副部长,二机部副部长、部长。

"司令"一定要把钥匙装在自己口袋里以确保安全）开始起爆。

刘西尧在核试验场地

炮打响以后等了一段时间，等待铀放射尘埃沉降以后，人才能出碉堡，穿好防护服装走出场区。每个人都要到洗消站清洗合格后，才能放行。我第一次洗消时因鼻部未能通过，再洗消一次才通过放行。当天下午试验结果出来了，电测给出总作用时间，出中子合乎国家核试验要求。至此原子弹研制进程成功地进入冷试验，即爆轰物理试验的最后阶段。根据理论论证和试验结果，根据这次铀238出中子试验的成功，可以认为将同样的核装置运至国家核试验场，换上铀235裂变部件后，一定可以实现核爆炸，完成原子弹研制的全过程。至于核裂变到什么程度，要靠国家核试验最后揭开。这次试验结果与理论预估一致，与缩小尺寸出中子试验结果相当。这次全尺寸爆轰模拟试验的成功，标志着国家核试验成功在握。我经历了全过程，对实现核爆炸具有十分的信心。

在铀238出中子试验成功的第二天晚上，刘西尧在草原举行了一个小规模庆贺宴会。当时有221厂的党政和专家领导，厂、部领导和室领导参加。我记得会上专门赞扬了王淦昌放弃基础理论研究来从事核武器事业，还感谢青海省政府的支援和对生产研制基地周边社会治安的维护。1964年青海省省委书记杨植霖曾到草原上，我受命向他汇报了原子弹研制试验的进展。

访谈时间：2010 年 4 月 26 日

访谈地点：济南山东大学教工寓所

受访人简介

高深（1935—），山东济南人。1953 年考入天津大学电力系发电厂配电网及联合输电系统专业。1955 年留学苏联列宁勒工业大学电机系改学自动控制和遥控专业，1960 年毕业回国后分配到二机部北京九所。1964 年 3 月上青海 221 厂参加第一颗原子弹爆炸试验，担任 720 主控制站操作员，时年 29 岁。1978 年调入山东大学电子系任教授，1995 年退休。

高深（第九作业队 720 主控制站成员）：1960 年 8 月份我从苏联列宁格勒工业大学电机系毕业回国以后就分配到了二机部北京九所。刘杰部长、钱三强副部长在北京三里河部办公大楼接见了这次分配到九所的留苏生，大约是 5 位吧，记得有武胜（他后来当上中国工程院院士）。两位部领导都讲了话，畅谈了国内外政治形势，所从事的工作性质、意义、困难和注意保密等等，我们很受鼓舞，很想马上投入工作大干一场。到九所后我分配到一室，室主任是邓稼先，副主任有周光召、周毓麟、秦元勋等人。在一室，我主要参加刚组装完毕的苏制"乌拉尔"电子计算机和中科院计算所为二机部研制的我国第一台半导体电子计算机的调试工作。1962

1958 年建的北京九所北红楼

年下半年，朱光亚①副所长把我调到五室一组（引爆控制系统研制组），后来承担了第一颗原子弹（代号是"596"）引爆控制系统设计任务。当时这个任务是组长惠钟锡直接布置给我的，并说要注意保密。"701"②铁塔上引爆控制系统设想方案完成后，惠钟锡组织了王树棠和董学勤两位同志听我汇报。方案确定后，我开始在实验室里做模拟试验。最终方案经审批后，由九院提出技术要求，国防科委组织下属单位实施。1964 年 3 月份我随全室大批人员去青海参加 221 厂大会战。

① 朱光亚（1924—2011），湖北武汉人。美国密歇根大学研究生院物理系原子核物理专业研究生毕业，我国核科学事业的主要开拓者之一，中国科学院、中国工程院资深院士，中国工程院原院长、党组书记。1999 年被授予"两弹一星"功勋奖章。
② 国家核试验场地按代号划分工作区域。"701"是核爆铁塔所在位置的站点代号。"702"为装配工号。我国第一颗原子弹爆炸以后，才简称"596"铁塔。

访谈时间：2010 年 1 月 23 日

访谈地点：四川绵阳科学城寓所

受访人简介

贾保仁（1937—），河北省巨鹿县人。1957 年考入北京工业学院（现北京理工大学）导弹专业，1962 年毕业分到二机部北京九所，1963 年 4 月上青海 221 厂实验部。1964 年参加第一次原子弹爆炸试验，第九作业队 701 队队员，时年 27 岁。先后在 221 厂实验部、九院一所工作，研究员。1999 年退休。

贾保仁（第九作业队 701 队队员）：我 1962 年毕业后直接分到二机部北京九所二室，跟陈常宜、张寿齐①一个组，我们二室四组是搞爆轰和元件的。1963 年 4 月份，青海 221 厂基本具备了试验和生活条件之后，北京九所一大批搞爆轰试验的，包括光测的、电测的、爆轰物理的同志都奔赴 221 厂。我在 221 厂实验部主要做雷管的性能和安全试验，为第一次核试验做准备。

雷管试验，主要是测雷管同步性。多个雷管的同步差要少于 0.2 微秒，就是千万分之二秒，这要做大量的试验研究。我们组进行光测、电

① 张寿齐，时任九院实验部 22 室副主任。

测，就是要测它的爆炸同步性、安全电压、起爆电压。为了确保万无一失，还要安全可靠，又对雷管做了大量的静电试验。过去在 221 厂进行场区试验的时候曾经出过事故，实验部九室一个搞电子学的同志，他拿着雷管在手里就爆炸了。那个时候，雷管是对静电特别敏感的一种火工品。后来分析原因，对雷管做摔、砸、碰撞加静电等很多试验，最后确认这是由于静电产生的爆炸。

做爆轰试验时，火工品的静电危害是非常严重的。我们分析了静电引起意外事故的原因，以后在核试验上采取了安全措施，首先就要采取接地措施。221 厂的各个工号都建有接地装置，以后在罗布泊核试验场区也要有接地的装置。

访谈时间：2010 年 2 月 18 日

访谈地点：四川绵阳科学城寓所

受访人简介

耿春余（1936—），辽宁辽中县人。1957 年考入长春汽车拖拉机学院机械系，1960 年 8 月由国家征召进哈尔滨军事工程学院二系，1963 年 7 月毕业分配到二机部北京九所。1963 年底上青海 221 厂实验部。1964 年参加第一颗原子弹爆炸试验，第九作业队 701 队队员，时年 28 岁。先后在 221 厂实验部、九院五所和三所工作，研究员。1996 年退休。

　　耿春余（第九作业队 701 队队员）：我 1963 年从哈尔滨军事工程学院毕业，当年分到二机部北京九所，到了年底 12 月初上了青海 221 厂。221 厂实验部分二室、三室、九室等几个室。我分到实验部二室，室主任任益民，副主任有陈常宜、经福谦、刘长禄、章冠人，他们四个人各管一摊。当时我分到三组，三组组长是陈学印①，副组长是张培煜和马耀贤。我分到那里以后，陈常宜和刘长禄找我谈话，希望我搞雷管。虽然我不是学雷管的，领导说这个工作很重要，关系到武器引爆系统能不能成功的工作，那时候，我们思想很单纯，领导一提出来马上就服从分配，没有二话。于是，我便做这个雷管的鉴定工作，开始只是我和贾保仁两个人，后来王作妮加入，变成三个人。那时候还没有研究雷管的鉴定、挑选和装配。到了 1964 年才成立"109"雷管组，除了鉴定、组装、检查雷管之外，还探索性地搞一些新雷管研究，提供给厂家为我们生产，这是后来的事了。

　　我开始进入工作角色，包括草原上一系列的爆轰试验，打炮时雷管的挑选和装配工作我都参加了。那个时候雷管装配很简单，但是挑选雷管过程中需要分几步。先是从 804 厂出厂的多批雷管中，我们选择比较好的。比较好的标准主要有两条：一是它的击穿电压比较好，且极差比较小；二是它的爆炸时间一致性比较好，同步性好。当时给我们提供好多批次的雷管，我们挑出三四批或五六批留下来，不准别人动，就是不能用这个了，它是我们专供大型试验用的。

　　挑好雷管以后还得鉴定，鉴定击穿电压，鉴定同步性。我们要看看它的数据与出厂标准符合得怎么样，做完这个对比，确实跟我们符合比较好就留下来，先储存起来。因为国家核试验要求相当高，相当严。挑出的雷

---

　　① 陈学印，时任九院实验部 22 室副主任。

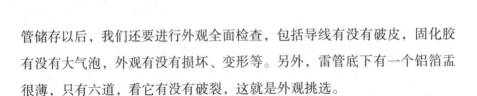

管储存以后，我们还要进行外观全面检查，包括导线有没有破皮，固化胶有没有大气泡，外观有没有损坏、变形等。另外，雷管底下有一个铝箔盂很薄，只有六道，看它有没有破裂，这就是外观挑选。

另外，我们还要量雷管的直径，因为雷管的直径出厂有一定的误差范围，将来和我们那个部件要配合，大了装不进去，太小了也不行。最后，我们对雷管内部还要检查，还要用 X 光透视，我就负责这个工作。X 光透视主要是看导线在里面扭曲没有，露出电极端面没有，缩回去没有，缩回去就打不响了。还要看看"氮化铅、特屈儿、太安"，看这三层装药的一致性怎么样，对雷管起爆性能的影响怎么样，这个我们都进行比较。因为雷管出厂有一个数据，标明了每一层药量的多少，我们仔细检查，全部选好的。最后，我们还有一个装配工作，就是把这些雷管怎么跟插座装在一块儿。不像现在，现在是自动插接，插头都是配好的。那个时候就是手弄手拧，拧导线的结合柱，弄一个眼穿过去，然后再绕一圈，"596"产品雷管就是这样的。

还要讲讲雷管插件的装配。预先要试配，将插座跟元件先配上，配完了以后比较合适的再编上号。对号入座，一对一，二对二，还得需要备份的，一般就是三到四发备份。备份选择比较通用的，装哪个都可以，这些我们预先都得做好，试配好。"596"产品也是这样操作的，"596"核装置上的雷管插件就更严格了。

再说说静电的故事吧。静电的危害是怎么发现的呢？1963 年 11 月，在草原外厂试验时，实验部九室的刘贵成手拿着雷管还带了一串钥匙，走着走着，走到半道，雷管就响了，把手炸伤了。我们认识到草原六厂区很干燥，可能是静电引起的爆炸。后来实验部领导要求我们做实验，张寿齐是室副主任，当时他带着我负责这个事情。我先用羊皮和有机玻璃棒摩擦生成静电，模拟雷管意外爆炸时的情况，因为刘贵成手上拿的钥匙还有塑料。实验过程中，先做空载实验，就是没有带雷管去测试，摩擦确实能达到一万多伏电压，甚至达到十几万伏电压。

后来设计一个爆炸装置，雷管装在里面，一头接地一头悬空。我用一个有机玻璃棒去接触雷管另外一端，还没有到那儿，估计有十几个毫米的样子就炸响了，火花很大，别人在那儿看着，我也吓了一跳。后来做了很多次实验，确定套管跟羊皮摩擦得更厉害。钥匙上面有塑料导管，雷管碰上这个，加上羊皮摩擦，确实能产生几万伏电压。咱们用的雷管电压和这个电压是 7 千伏以上，一般 12 千伏才保证 100% 的爆炸。但是 7 千伏就可以使雷管引爆，做一个成一个，那是绝对没有问题的。后来发现除了塑料，很多材料都能产生静电，就连布衣服都可以产生静电。测试以后，221 厂规定，雷管操作时必须穿棉衣，不准穿化纤的，一定要杜绝塑料。而且场地必须要加湿，泼上一些水在地上防止干燥。我还在实验部做了一个报告，大家认识到，这种火花式的雷管最怕静电，起炸能量很小，只有 10^{-4} 焦耳，零点零几个焦耳，但是起炸电压高啊！因为雷管本身很敏感，只有一点火花就能够点火。这样就把这个静电的问题搞清楚了。

这个实验是在草原 221 厂做的，做完以后，通报各个单位，一定要安全操作。制定的安全程序有好多条，不准穿什么衣服都有具体规定。即便是这样规定，有的人背后还是违规操作出了事故。我们组蒋伯平操作雷管的时候，搞了个塑料垫，操作过程中就引爆了雷管，14 个雷管全部爆炸。结果，他的眼睛炸失明了。他是上海技校毕业的，跟我在一个组工作。他还是疏忽大意，违反了操作规定。那个事件之后，大家吸取了教训，以后再没有发生静电事故了。

爆轰出中子

当时"596"在技术上的关键之一，是需要验证已进行的理论设计和一系列试验的结果。1963年10月20日，进行了缩小比例的聚合爆轰试验，使理论设计和一系列试验的结果获得了综合验证，为原子弹的设计打下了可靠的基础。在各项研制和试验进展顺利的基础上，1964年6月6日，进行了全尺寸爆轰模拟试验。这次试验除了不用核活性材料之外，其他部件全部采用原子弹装置核爆炸试验时所用的材料和结构。引爆系统也是采用核爆炸试验时相同的系统。这是原子弹装置核爆炸试验前的一次综合预演，试验取得完全成功，它预示着原子弹装置核爆炸成功在握。

摘自《当代中国的核工业》

访谈时间：2009年9月7日

访谈地点：北京花园路一号院老干部活动室

受访人简介

叶钧道（1931—），陕西户县人。1955年毕业于东北工学院，分到中国科学院力学研究所，1960年调入二机部北京九所。1963年上青海221厂实验部。1964年参加第一颗原子弹爆炸试验，任第九作业队701队副队长，时年33岁。先后在221厂实验部、九院一所工作。曾任221厂研究所副所长，研究员。1991年退休。

20 世纪 60 年代青海 221 厂六分厂爆轰场地

叶钧道（第九作业队 701 队副队长）：我 1955 年从东北工学院毕业后，开始分配到中国科学院力学所。1960 年 4 月份，又从科学院调到二机部北京九所，当时朱光亚跟我说，调你进来搞爆炸力学。我也不知道爆炸什么，只能从头学起，一点一滴做了大量的试验工作。

1963 年 4 月到青海 221 厂后，赶上 1964 年草原大会战——221 厂集中各个部门的力量大会战，我当时在实验部二室五组负责大型试验的爆轰试验。在会战期间，221 厂开了一次表彰大会。二机部刘杰部长参加了这次大会，在会上树立了两个标兵：一个是个人标兵马耀贤，他已经去世了；另一个是集体标兵，就是我们实验部二室五组，我代表五组上台领了奖。这次大会战对我们起到很大的鼓舞作用。当时大家的精神状态都非常好，竭尽全力，完成了"596"的研制任务。

我到 221 厂以后，先做缩小尺寸的局部爆轰模拟试验，再做全尺寸整体爆轰模拟试验。经过这次试验取得的波形符合理论要求。因为聚焦波形符合以后，中子源在中心的温度就可以得到保证。中子源小球需要千万度（本书所说的"度"均为"摄氏度"）以上的温度才能出中子。聚焦得不好，温度达不到，我们的中子源就不会产生大量的中子，试验就会失败。

我们进行全尺寸爆轰模拟试验的时候，开始里面用的是铀238材料①，大家没有见过放射性材料，心里有顾虑。我是组长，我首先得打消这个顾虑，专门请王淦昌副院长给我们讲课。王淦昌对我们讲："我做了一辈子放射性工作，人家说做放射性工作对生育有影响，你看看我，有5个孩子，我身体现在还挺好。大家不要害怕，只要采取正确的防御防护措施，就可以避免放射性的危害。"王老给我们做思想工作，因为当时我是打炮

20世纪60年代青海221厂六分厂爆轰场地

① 1964年4月，兰州浓缩铀厂生产出铀238、铀235产品，随即加工出第一套原子弹核部件。

"司令",首先我得把这个防护工作做好。

221厂六分厂进行全尺寸聚合爆轰试验以后,要清理场区,铀238材料的放射性非常厉害。我们每个人都发了一副防护面具,然后把那些散集的放射性材料,拿刮子刮到一块儿,然后堆在坑里边的箱子里,最后用吊车把那个脏箱子吊走,埋起来。清理场区时,吊车司机坐在吊车里面,我摆摆手让他开进来吊,他就是不进来。怎么办呢?我就到吊车司机驾驶室里面问他:"你怎么不进来呢?"他说:"你们都穿着防护服,戴着防护面具,我只戴一个口罩,让我吊,我的人身怎么保障?"我听他讲得有道理。于是,我干脆坐在他的旁边,把我的防护服也脱了,防护帽子也卸了,然后说:"你看看我这个样子,你又不用下车,没有什么影响。"当时我已经没有办法了,就坐在他的旁边,把自己的防护面具都去掉了,说:"你看看我都不怕!"后来这个司机把车开了进去,把那个带放射性的脏箱子给吊走了。

这次试验以后,我到221厂澡堂洗澡,发现身上有很多红点,但没什么感觉。我当时也没有想到是放射性的影响,别人都说你赶快去看看,因为工作很忙,我也没去管。没多久,慢慢地身上那些红点也没了。我现在想想,可能就是放射性的影响。当时我们都是为了"596",什么困难都不顾了,一切都不顾,只想把工作完成。在这种思想指导下,别的什么都不考虑,只想完成任务,早日做出我国第一颗原子弹。

1964年6月6日,221厂进行了全尺寸整体爆轰模拟试验。这次试验除了不用核活性材料之外,其他部件全部采用原子弹装置核爆炸试验时所用的材料和结构。此后,原子弹的原理和试验两个方面都过关了,我们完成了"596"的各项准备工作,就准备做国家核试验了。

访谈时间：2010 年 1 月 23 日

访谈地点：四川绵阳科学城宾馆

受访人简介

　　贾浩（1937—），河北平冶人。1957
年考入哈尔滨工业大学后由土木系转到工
程物理系。1963 年 2 月毕业分到二机部北
京九所。3 月份上青海 221 厂实验部。1964
年参加第一颗原子弹爆炸试验，第九作业
队 701 队队员，时年 27 岁。先后在 221 厂
实验部、九院一所、情报所工作，研究员。
1998 年退休。

　　贾浩（第九作业队 701 队队员）：我 1963 年 1 月从哈尔滨工业大学毕
业，2 月份到二机部北京九所报到，3 月份就上青海 221 厂了。我一上草原
就分在实验部，开始跟着做炸药雷管的小试验，就是摸清楚基本规律的试
验。到了 1963 年 6 月份，要准备做缩小尺寸的爆轰模拟试验。这样就开
始成立试验队伍。1963 年 9 月份做了第一次试验，12 月份做了第二次试
验，1964 年 3 月份做了第三次试验，我们缩小尺寸的爆轰试验总共做了三
次。到了 1964 年 6 月份开始准备全尺寸爆轰模拟试验。就是这个装置和
原子弹是一样的，结构完全一样，只是材料不同，模拟形状上以及爆炸过
程完全一样。从缩小尺寸到全尺寸爆轰模拟试验这一系列的试验都证明，
我们这一套设计系统是可以完成预期的核试验目标的。所以，草原大会战

完了以后就很快准备做国家核试验了。

访谈时间：2010 年 1 月 23 日

访谈地点：四川绵阳科学城宾馆

受访人简介

李火继（1937—），广东龙川县人。1956 年参军，1957 年考入哈尔滨军事工程学院，1963 年毕业后分到二机部北京九所，1963 年 11 月到青海 221 厂实验部。1964 年参加第一颗原子弹爆炸试验，第九作业队 701 队队员，时年 27 岁。先后在 221 厂实验部、九院一所工作，研究员。1998 年退休。

李火继（第九作业队 701 队队员）：我 1956 年 2 月份参军，原来是铁道兵。1957 年考入哈尔滨军事工程学院，考进去以后预科学习一年，1958 年正式上学，在哈军工学的是原子工程系内爆专业，1963 年毕业分到二机部北京九所，11 月底到青海 221 厂报到。上了草原以后，我分到实验部二室，就是陈常宜那个室。实验部二室管爆轰还有测试项目，就是负责"596"这个东西，我们平常叫"产品"，实际上就是核武器装置。我具体做爆轰试验，先做缩小尺寸爆轰模拟试验，再做全尺寸爆轰模拟试验。就是用冷试验来验证这些数据能不能达到做出原子弹的要求。实际上，那时候我们武器化的各方面的工作也一直在做，当时叫作核试验装置①。

访谈时间：2012 年 8 月 25 日

访谈地点：北京中国科学院高能物理研究所寓所

受访人简介

唐孝威（1931—），江苏无锡人。1952 年毕业于清华大学，进入中国科学院近代物理研究所，曾奉派到苏联杜布纳联合原子核研究所工作。1960 年 4 月回国，到二机部北京九所报到。1964 年参加第一颗原子弹爆炸试验，担任第九作业队 9312（试验）作业分队副队长，时年 33 岁。先后在 221 厂实验部、九院二所、中国科学院高能物理研究所、浙江大学工作。研究员，中国科学院院士（1980 年）。

唐孝威（第九作业队 9312 作业队副队长）：我 1960 年 4 月从苏联杜布纳联合原子核研究所奉命回国，到二机部北京九所报到，担任九所三室二组组长。1963 年上青海草原后，仍在 221 厂实验部三室担任组长。1964 年 6 月上级领导决定进行全尺寸爆轰模拟试验，这是一次激动人心的关键性试验，各方面都为它开绿灯。试验前，我们全组人员搬到试验场区（六

---

① 文中出现的"596 产品"、"核装置"都是九院人对原子弹的不同称谓，受访者从各自不同角度叙述核武器时用词不一，文中没有统一。

1964 年青海 221 厂六厂区正在做爆轰试验

厂区）的平房里去住，以便就近在爆轰场区和实验工号中安装仪器、准备测量。为了保证试验结果可靠，全组同志开动脑筋，找出可能存在的隐患并一一加以排除。在组内我特别强调这是"一次性"的试验，一定要确保成功，万无一失。我们多次进行和实际试验情况一样的操作预演，使全组同志能正确熟练地进行操作。

1964 年 6 月 6 日正式进行全尺寸爆轰模拟试验，爆炸一结束，我就把示波器底片送回总厂冲洗。当暗室里冲洗出底片后，我看到用不同探测器记录的示波器底片上都显示出清晰的脉冲波形，马上告诉旁边的胡仁宇同志："试验成功了。"

接着我急忙拿着底片去附近的会议室，九院领导同志都在会议室里等待着这次试验的结果。当我跨进会议室时，室内一片肃静，在座的所有人一声不吭，静极了。我大声汇报说："测到信号，试验成功！"顿时会议室里响起热烈的掌声，大家一片欢腾、鼓掌、互相拥抱。这次试验的成功，为第一颗原子弹爆炸奠定了基础。

我们组完成了这次大型爆轰点火装置的测试试验后，领导通知立即准备第一颗原子弹试验的测试工作，我和徐海珊、杨时礼等同志参加了准备工作。当时，我们先在221厂制造仪器设备，对于重要的测试项目，要同时研制出几台完全相同的仪器，这些仪器在布放时都是各自独立进行测量，万一有的仪器出现故障，其他仪器照样可以获取测试数据，还可以起到互相校验测试数据的作用。对同一类型仪器，要准备不同量程的多组仪器，以备某一组仪器测不到正常数据时，另一组仪器仍可以测到，使核试验真正做到"一次试验，多方收效"。测试准备工作基本就绪后，要把所有的仪器按系统进行编号、加固装箱，以备运往核爆试验现场。然后，我们就准备到新疆核试验场地参加原子弹爆炸试验了。

原子弹试装配

原子弹试验装置的零部件不仅精度要求高，而且有的部件形状特殊，难以加工，有些关键部件成型、加工、检验都很困难。为了解决这个问题，刘杰部长亲临车间勉励工人和技术人员坚定信心，克服困难。经过较长时间的试验研究，终于攻克了技术难关，生产出合格产品。炸药件的生产与加工，是在第二生产部主任钱晋、副主任吴永文等人带领下进行的。工人和技术人员为了达到质量要求和安全生产，不断改进生产工艺，为原子弹装置核爆炸试验和爆轰物理试验提供了大量合格的零部件。

摘自《当代中国的核工业》

访谈时间：2010 年 4 月 10 日

访谈地点：苏州市老年公寓

受访人简介

蔡抱真（1929—），江苏无锡人。1951 年从清华大学航空系毕业后分配到沈阳发动机厂。1959 年转到成都 420 厂，1963 年调到青海 221 厂第二生产部。1964 年参加第一颗原子弹爆炸试验时，任第九作业队 702 队队长，时年 35 岁。1979 年调到苏州 520 厂任总工程师。1989 年离休。

蔡抱真（第九作业队 702 队队长）：因为我在成都 420 厂发动机厂工作的时候就在装配车间，1963 年调到青海 221 厂以后，被分配到第二生产部分管装配工作，与核武器打交道。所以，我觉得这一辈子非常幸运，能够看到中国研制原子弹的全貌。草原上 221 厂有好几千人，当时见到原子弹的没几个，我是其中一个，很幸运地参加了第一次核试验。我们第二生产部主任是钱晋，副主任有孙维昌、吴永文和我三个人。第二生产部承担着炸药理化性能分析、炸药成型研制和弹头总装任务。钱晋是总管，管炸药研制这一方面的工作，我管装配这方面的工作。孙维昌、吴永文现在还在九院，可惜钱晋不在了，他在"文化大革命"中不幸去

世了。

1963 年我去 221 厂以后，是从原子弹的小部件开始一点一点搞起来的，那个时候就开始有元件装配的任务了。后来到半球的装配，一直到最后全尺寸整体爆轰试验产品的装配，那已经是 1964 年 6 月份的事情，我们的装配工作一直做到冷试验成功。

访谈时间：2010 年 2 月 18—20 日

访谈地点：四川绵阳科学城寓所

受访人简介

吕思保（1937—），四川南充人。1956 年考入四川财经学院机械系，1958 年院校合并转入重庆大学机械系。1962 年 10 月毕业后分配到防化兵总部，然后调到二机部北京九所二室八组。1963 年 12 月上青海 221 厂。1964 年参加第一颗原子弹爆炸试验，第九作业队 702 队队员，时年 27 岁。曾任九院六所副所长，研究员。1998 年退休。

吕思保（第九作业队 702 队队员）：我 1962 年 10 月从重庆大学机械系毕业后就入伍参军了，同年年底从防化兵总部调到二机部北京九所。

1962 年 12 月上青海草原，正好赶上 221 厂草原大会战，为第一颗原子弹试验做前期的准备工作。1963 年春，研制工作重心已经从北京转移到青海，按照中央的计划和部署，全力以赴准备第一次国家核试验。当时，我在 221 厂第二生产部总装车间从事核武器装配工艺的研制工作。总装车间分三个组——总装组、部件组、核心部件组。总装组组长是潘长春，核心部件组组长是杨春章，我是部件组组长。

当年，蔡抱真是 221 厂第二生产部副主任，他原来是成都 420 厂的总工艺师，作为技术骨干调来的。总装车间副主任吴文明是从包头坦克厂调来的，他是坦克厂的技术员，当时从坦克厂一起调来的还有李必英，他任总装车间主任，吴文明任车间副主任。我开始分在实验部工艺组，后来工艺组划到第二生产部的总装车间。当时总装车间没有厂房，采用"游击战"，打一枪换一个地方。一开始在炸药车间装元件，又转战仓库装"半球"。当时除元件装配有一个又笨又粗的检测装置外，其他的就是几把螺丝刀，几把扳手。第一个"半球"就是在桌子上一层一层扣磨到桌边用手工翻转的，开始加工的产品问题比较多，遇到"卡脖子"时就用刮刀一刀一刀地刮出来。

在我的记忆中，最为壮观的是我们装配全尺寸整体爆轰模拟试验装置。那是 1964 年 6 月，草原天气比较冷，小草还未发芽，一片枯黄。新的工号已经修好，"产品"就是在新工号装配的。这是一个关键的"产品"，它将考验理论设计，也将考验加工、装配工艺。事关国家试验能否出厂，各级领导都十分重视。

访谈时间：2010 年 3 月 31 日

访谈地点：北京朝阳区安惠北里寓所

受访人简介

　　吴文明（1930—），1956 年北京工业学院（现北京理工大学）坦克设计专业毕业。先分在 617 厂工作，1960 年调到二机部北京九所。1964 年参加第一颗原子弹爆炸试验，任第九作业队 702 队副队长，时年 34 岁。一直在青海 221 厂工作，高级工程师。1993 年退休。

　　吴文明（第九作业队 702 队副队长）：我 1956 年从北京工业学院（现北京理工大学）毕业以后分到内蒙古第一机械制造厂，代号叫 617 厂，研制生产军事坦克。我参加了中国第一辆坦克的制造。在 617 厂工作了 4 年，1960 年的三四月份突然把我调到二机部北京九所，在长城外面的 17 号工地，参加小型元件的爆轰试验。在 17 号工地，我还设计了一个压铸件的工房，打了一口井，当然这个井没打成功——没出水。我记得是 1961 年 7 月份去的青海 221 厂，那时候草原很艰苦，住帐篷，我一直参加第二生产部的建设。1964 年把我调到第二生产部去管 207 车间，负责总装车间。总装什么呢？装配爆轰元件和"内球"。因为那时候第一生产部没建好，所以内球也在我们第二生产部装配。反正根据 221 厂实验部的要求，生产哪个元件,我们就装配哪个元件,实验部再进行爆轰试验。他们的爆轰试验结果,我们一般也不知道。那时候是严格分工、严格保密,互相不知道。

我们还做过"半球"试验。"半球"元件是总装配组的潘长春同志坐在吉普车里怀里抱着,怕震动,一路抱着运到六分厂的。"半球"试验成功以后,接着就做"整球"试验。我们那个时候最困难的是装"内球","内球"由5号、8号放射性元件构成,是用四个柱的支架来装配"内球"。因为我们车间原来是炸药车间,没有地方,另找了一个很小的房间装配"内球",那个房间只有二十多平方米。主要的工作人员有郭学标、王华武,王华武不知道调到哪儿去了,郭学标现在在廊坊的军工厂,他好像退休在那儿。那个时候我们反复地练习装"内球",当时装配车间的放射性防护非常简单,就发个手套、口罩、眼镜,还有一个大褂子,就这么点东西。我们这些人可以说是"以身许弹",当然这个弹是国家的原子弹。以身许弹,都无所谓!我是车间的副主任,负责主持工作。车间主任是李必英,后来调回北京。当时还有蔡抱真、孙维昌,他们是第二生产部的领导。我记得八一电影制片厂还在我们的车间拍摄过一次,我和车间里的几个同志都被摄入镜头,不过这个片子我们没有看到过。

"整球"试验以后就进行冷试验。我们装配好了的"产品",被运送到六分厂那儿去,最后冷试验成功了。我们知道成功了,但是没人向我们说具体情况,说实在的,说了我们也不懂。

运这个"整球"产品的时候,为了防震还想了好多办法。可以说整个221厂,我们二生部是最危险的一个分厂。二生部是管炸药件的,包括放射性的元件。冷试验成功以后,上级就定了说要在1964年爆响原子弹,爆响第一个核装置。

　　"596"产品的装配就是在 221 厂二生部，各个零件汇总到了我们这儿以后，我们就开始装配。装配完了再分解，分解以后就装箱。产品包装箱进行了特殊的设计，它有三防：防电、防温度变化和防潮湿。里面要放干燥剂，我们想了个土办法，那时候没有什么湿度记录仪，就一个简单的温度计显示最高、最低温度，就是知道运输过程中的最高温度是多少，最低温度是多少，我们就记这个温度差，看对炸药部件有多大的影响，装箱完了以后由铁路运输部门运走。那个时候包装箱还没有什么泡沫塑料之类的东西，一般保温用的是羊毛毡，防潮湿好像用的是二氧化硅。我们没有什么控制温度的办法，只能靠记录，就买了一个温度计，那也是在市场看到以后买的，突然想到这个应该可以用，就采购回来放在包装箱里，大致就这么一个情况。

　　"596"产品在 221 厂出厂之前，也进行了模拟地下装配的过程。在我们第二生产部 207 车间附近盖了一个和国家核试验场区 702 工号一样的房子，我们就在那里装配，装配完了起吊出来，随后再放回去。我记得是一共装了两发"产品"，备份了一个，怕万一出什么问题，有预备。"产品"包装箱我记得好像是涂了绿颜色，反正这个包装箱为了保密是做了点文章才运到核试验场区的。

　　核装置从我们 221 厂二生部 207 车间运出去以后，移交给专门的运输保卫人员，我们就没有参与了。到达核试验场区以后也没参与运输，有专人把"产品"给我们运到"701"铁塔下的 702 工号里面。

　　吕思保（第九作业队 702 队队员）：在 221 厂二生部 207 车间装配时，我们保密要求很严，分工也是非常细的。三个组干的具体事情相互不能参观，不能打听，不能记录做笔记。我作为组长是骨干嘛，各个组的图纸都看过,知道个大概。但是,不知道各组的具体工作,各人做各人那一摊子事,所以去了试验场区以后就得多操心,不然事情就办不好。我们开始在221厂做准备的时候,做了很多工艺研究性的试验,在221厂做什么呢?做那个模拟吊装试验。因为核试验场区离"701"铁塔150米远的地方,有一个地下工号,要从地下工号把"产品"吊到地面的铁轨上来,然后推到铁塔底下去,再吊上塔。这个过程必须要事先经过演练,没有演练,"产品"吊装动作谁也没有把握,没有把握就要做模拟试验。

所以,在221厂第二生产部装配车间旁边20米左右的地方,我们修建了一个跟核试验现场一模一样的地下工号,在那里头进行装配试验、吊装试验。从地下装好了以后,把"产品"吊到地上来,地面也把铁轨铺上,我们推运,看看推运"产品"有什么问题,吊装有什么问题,指挥有什么问题没有,反复做了演练。演练过后觉得没有什么问题了,紧接着就是准备出厂的工作。当时在厂里先把那些该准备的工作都做好,装配了两发"产品",一发真的"产品",一发演练的"产品",准备8月份正式出厂。

正式出厂的命令下来后,各个组就按照事先的要求进行组装。组装当中,我记得那个"产品"非常大,印象中的装配元件,一个部件大概都有七八公斤重。这时要进行反复的测试,原来这个"产品"有许多环境试验没有做过,如温度试验、运输试验、粘接试验,炸药相容性试验等都没做过。当时就想尽量把可能出现的问题都想到,都在家里把它解决掉,最后才能出厂。

第一,比如说温度试验,就是要研究"产品"经过火车、汽车、飞机运输后,炸药裂不裂,我们做了零下5度到零上40度之间的温度变化试验。当时,我们做温度试验的条件非常差,不具备什么测试手段。怎么做呢？草原上正好是冬天，屋里有暖气，我们把房间里的暖气开得大大的，让它升到40度，然后又把暖气缓慢地关掉，让温度慢慢地降到零下5度。一个是酷暑的夏天，一个是寒冷的冬天，我们和"产品"都经受着寒冬和酷暑的考验。每小时我们都记录温度缓慢变化的参数，用放大镜仔细观察"产品"有无裂纹。最后结论，在温度缓慢变化下炸药是不会产生裂纹的。

第二，粘接的问题。炸药与金属部件粘接，有粘接强度，胶粘与部件组相容性的问题。粘接起来过后，规定粘接力必须达到 N 公斤，才够承受运输过程中的震动、冲击。因为汽车、火车运输的道路并不是我们想象的那么平坦，当时我们总装车间没有拉力机设备，只好用土办法来做试验，用布带粘在粘接处后马上用力来拉，直到拉开为止，大概有 $N + 122$ 公斤的粘接力。这样，我们就放心了。

第三，炸药的相容性问题。比如说当时我们用的某种填充材料，发现原来的炸药由黄色变成红色的了，变红过后，它的感应度会不会提高，这就有个安全问题。当时就必须做这个感应度试验。最后，试验结果是感应度并没有提高，这样我们也放心了。那时，尽管我们实验条件不具备，我们做的工作还是认真细致的。"产品"装配呢，我们做到精益求精，我们是反复地进行调试。当时，整个核装置大概有几十个部件，我们一般都准备十来个备份，每个东西基本都有一个备份品，引爆雷管也是有备份的。

当年出厂的时候，我跟你讲，预装时还是出了一次大的纰漏，出了什么纰漏呢？我们有两个总装工人，不知为什么头天两个人吵了架，第二天把情绪带到工作中来。一个工人用丙酮清洗炸药，本来丙酮是不能清洗炸药的，这在操作规程上写得特别清楚，结果他用丙酮清洗，使炸药表面腐蚀出1.7毫米深、5~6厘米宽的一个槽子，因而那个部件就报废了。报废了可就影响整个进度，影响进度，"产品"不能按时出厂就是一件大的事故！听说这个事情最后捅到周总理那去了，当时总理做了严肃的批评！好在后来又及时赶制了一件才没有影响出厂。后来，"文化大革命"中追究了这个事情的责任，因为出事的是一位八级工老师傅，才不了了之。

在221厂的时候，有一次王淦昌到我们装配车间去了，他带来一个中子源。当时从一个盒子里面拿出来，我们也看不懂，有些人开始害怕，因为不懂核材料嘛！

我记得有一件事，221厂第二生产部正式装配厂房还没有建好，我们就在六厂区的一个临时的仓库里面装配，离总厂比较远。正式打炮的时候因为"产品"有铀238核材料，我们都是学机械的，对核材料的辐射不太懂，为了把工作做好、做细、做扎实，我们总装组组长潘长春同志就把这些核材料从六厂区抱到了总厂宿舍。他怕晚上丢了啊！六厂区是个仓库，仓库砌有高墙，有顶篷，外面还有站岗的，核材料的保卫应该说比较安全。但是，因为我们是第一次接触核材料，潘长春觉得这个宝贝东西太贵重了，晚上丢了，责任重大，谁负得了这个责任？于是，他就抱着回到宿舍来了。抱回来后，被陈能宽发现了。陈能宽说："小潘你怎么把这个东西抱回来了？这是有放射性的，怎能放在宿舍里头睡觉啊？赶快送回车间去。"最后又把这个宝贝送回去了。从这件小事可以看出大家的责任心，这要有付出牺牲的精神啊，而且需要有高度事业心和责任心才可能做到的事情！

"产品"进了207装配车间以后，尽管门口有部队警卫，可又不能让警卫他们看见"产品"。我们晚上怕敌人搞破坏，只好自己值班。我们值班一般是两个人值班，不能一个人进去，因为一个人进去有什么情况说不清楚，要进两个人一起进。当时车间外面有一个生活间，和车间有一个隔墙，为了安全起见，人都睡在生活间里面。后来，等到真的"产品"到了的时候，大家不敢睡在生活间，就睡在"产品"底下，值班的人员就在"产品"装配台下睡觉。"产品"有放射性，大家都没有人在乎。因为我们很多人都是学机械的，不是学核物理的，对这个放射性认识不太清楚。有一次，王淦昌去看"产品"的时候，我们给他戴上防辐射眼镜，他是近视眼，他把防辐射眼镜摘了直接看"产品"。我们觉得王淦昌都可以直接看，他是核物理学家比我们知道的多得多，我们胆子也就大了。当时怕什么呢？怕坏人！因为工号后面是敞开的，都是玻璃墙，玻璃一砸，人是可以跨进来的，所以大家很不放心。尽管那个时候车间里面有值班的，外面有部队巡逻，还是不如自己守在那里更放心，我们把"产品"的安全看得比自己的生命都重要。所以，为了"产品"的安全，我们可以不顾一切，大家轮流值班，夜夜守在那里也不在乎。第一次国家试验出厂"产品"试装时，我和同志们就睡在"产品"装配台下面值夜班。

开始，我们对静电认识得还不太清楚。在一次"产品"装配中，我们用塑料布来遮盖。当时对塑料产生静电这个概念没有认识，虽然厂房也有防静电接地的装置。后来发现，掀起塑料布的时候产生静电，产生一个大的火花，这才感觉到有问题！有问题之后怎么办呢？就改用棉布搭盖，结果棉布依然产生静电。最后我们请教了二生部吴永文副主任。吴永文是火工品专家，他想了一个好办法，用水、用湿帕子一擦，静电就可以完全消除了。以后，我们基本找到了解除静电的方法，像插雷管这样的工作，洗手并把身上搞得湿漉漉的，就基本消除了静电。所以，有些工作是在摸索中、探索中掌握的。最后，盖"产品"不用塑料布改用棉布。

　　还有"产品"的保温要求也比较严。我跟你说，为了保温我们想了很多土办法，挺有意思的！比如说我们装"整球"产品的时候，当时车间的温度是20度正负1度。"产品"要从装配车间运到六厂区炮场，六厂区那里还有雪，在场区外面作业多长时间，一路上怎么保温，这也是一个不好解决的问题。"产品"如何保温呢？我们开始用捂热水袋、穿皮袄来保温的办法。首先用包装箱把"产品"装好了以后，包装箱里面吊的是热水袋，"产品"外面穿的是皮袄。为什么穿皮袄呢？当时想，人穿上皮袄不是很暖和吗？"产品"从车间运出来，拉到六厂区炮场要走几十里路，如果穿上皮袄再加上热水袋，那保温问题不就解决了吗？于是，221厂的缝纫铺忙起来了，上海来的几个裁缝师傅用小羊羔皮缝制成特制的皮袄，皮

1964年青海221厂缝纫组给原子弹做保温被

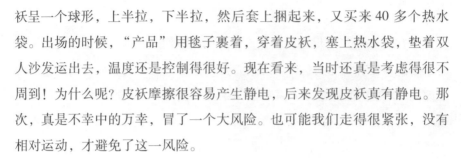

袄呈一个球形，上半拉，下半拉，然后套上捆起来，又买来40多个热水袋。出场的时候，"产品"用毯子裹着，穿着皮袄，塞上热水袋，垫着双人沙发运出去，温度还是控制得很好。现在看来，当时还真是考虑得很不周到！为什么呢？皮袄摩擦很容易产生静电，后来发现皮袄真有静电。那次，真是不幸中的万幸，冒了一个大风险。也可能我们走得很紧张，没有相对运动，才避免了这一风险。

还有运输减震问题。当时减震也没有一个好办法，"产品"运输减震怎么办呢？除非把场区道路弄得很平。于是，就组织一些人用刮板把道路刮平、推平。包括实验部、设计部机关的好多人都去铺路、修路，但还觉得不可靠。那会儿我们想，人坐沙发不是很舒服吗，不颠。大伙就想办法找一对沙发，把"产品"包装箱固定在沙发上，把沙发再固定在汽车上运输，不就解决运输中减震的问题了吗？有一天，我去红楼资料室看资料，路过221厂刁筠寿书记的办公室，看到那有一对大沙发。回来以后，赶紧

青海221厂场区

打了一个报告，希望用他的沙发做减震运输用，请李觉局长批。李觉很快批了，我们把这个报告送到刁书记手中，刁筠寿说："好呀，赶快拿。"我们就把那对沙发弄到车间来。我记得是一对布沙发，是那种方白花格的老式沙发，一共两个抬过去，把"产品"固定在长沙发上，一切考虑周全，由四个人扶着"产品"，前呼后拥地把"产品"运送到了炮场。

这个土办法还灵光，运输过程没出问题。那个年代，人们的敬业精神是很强的。当时一门心思想的就是保证"产品"的质量和安全，为了确保试验的顺利进行，人们心往一处想，劲往一处使，没有人叫苦叫累，更没有人计较个人得失。第一个"整球"试验产品就是这样安全运到炮场，我们戏称"原子弹坐花轿"。

把"产品"送到六厂区炮场后，所有从事研制工作的科研人员，就盼望着这一声巨响。从中午1点钟起，大家的目光就遥望那炮场，等呀，盼呀，盼呀，等呀。下午5点钟左右，一声震耳欲聋的巨响，一朵蘑菇云升空了。正当我们欢呼之时，没想到蘑菇云升空的同时也点燃了厂区周边的草丛，燃起了一片大火。大家已顾不得个人安危，又开始了一场与大火的搏斗。很多人开车去灭火，与大火搏斗近半个小时后，传来了振奋人心的消息，试验成功了！试验打出的中子非常好，相当可观。这次"整球"试验检验了我们的理论设计，检验了加工、装配工艺。我们解决了元件粘接强度的问题，解决了元件在温度影响下会不会产生裂纹问题。这一消息很快报告了党中央。这样，下一步我们可以去国家核试验场区了。兴奋之余我们又镇定下来，因为热试验还有许多工作要做，后面新一轮的战斗又要开始了。对于我们从事装配工作来讲，在正式出厂前，每一个环节都要做得周到细致、万无一失。核试验装置、人员出厂是绝对保密的，这段时间规定是不能与家人通信的。

访谈时间：2011 年 10 月 8 日

访谈地点：四川绵阳科学城寓所

受访人简介

　　吴永文（1926—），辽宁本溪人。1948 年参加革命，1952 年在齐齐哈尔 123 厂任总工艺师，1960 年调入二机部北京九所，1963 年上青海 221 厂参加第一颗原子弹试验时，任第九作业队技术委员会委员，时年 38 岁。曾任 221 厂二生部副主任、九院三所所长，研究员。1988 年离休。

　　吴永文（第九作业队技术委员会委员）：我 1960 年调入二机部北京九所担任二室副主任。1963 年到青海 221 厂。1964 年"596"产品出厂之前，在 211 厂做了一次全尺寸出中子试验。那次试验决定能不能到国家试验场区去，因为能否出中子事关重大，我们也是高度紧张，我当时是第二生产部的副主任，在 207 装配车间装配的时候就发现塞子和整个球体公差大概差了几道，第二天就要做试验了。那个时候张爱萍、李觉、朱光亚等主要的领导都来了，都来看"产品"的装配。最后怎么办？二生部钱晋主任和我们连夜研究，决定不能带任何问题出厂。我记得连夜进行修补，因为修补的工作很危险，只有等大家下班了以后在夜间进行。领导决定参加的人越少越好，环境越清静越好。最后决定由 203 室刘振东主任、郑绥仁主任加上两名工人在我的领导下进行修补。那个工作就像用雕象牙一样的手法一道一道地往上加，一道一道地往下减，真叫精雕细刻，最后做到一道不差。他们干好了以后连夜打电话向厂领导汇报，领导第二天到现场一看，检测很好才装配。最后在221厂六厂区打炮很成功，中子出得很好，后来就准备上核试验场区去了。

访谈时间：2010年4月10日
访谈地点：苏州520厂寓所

受访人简介

陈英（1928—），1945年7月参加八路军。1958年11月调入二机部九局，上青海221厂担任警卫科副科长。参加第一颗原子弹爆炸试验时，负责押运产品，时年36岁。1978年调到苏州520厂，1988年离休。

陈英（第九作业队包装运输管理队队员）：我是穿着军装调到青海221厂的，那个时候叫二机部九局。我一开始任警卫科副科长，专门分管厂区和专家警卫。所以，整天围着局领导、厂领导还有一些专家转，做他们的保卫工作。221厂装配"596"的时候，从装配开始到最后组装成功，我都参加了。装配车间都是我们内卫警卫，我是负责人。车间门口站的是解放军战士，车间里边是厂保卫部负责。当时装配"产品"的时候，由第二生产部总负责。除了蔡抱真，还有钱晋、孙维昌，钱晋是总指挥，担任装配组组长，蔡抱真任副组长，他们都穿着白大褂。那个装配车间是半地下式的，为了防爆，里面通道进去要拐几个弯。装配现场都一排一排地摆上凳子，前面拉上尼龙线。参观人员只有上边来检查指导的领导，张爱萍带了不少部队的人，还有 221 厂李觉等领导。这些人都是一排一排地坐着观看，张爱萍坐在前面第一排，我站在他们后面。看着上边装配，下面鸦雀无声，谁也不敢吭气，连咳嗽都不敢大声。还有一个细节，就是总装配当中，因为"产品"是圆的，一层一层的，也不知道装到哪一部分了，当时大家都挺紧张的，所有的装配人员都围着"产品"。那个"产品"是一个旋转总装架，就是反过来调过去的，这个球就卡在那个地方，转来转去

张爱萍

的。大概是里头有一个不知道什么玩意，用肉眼看不进去，用灯光照不进去。这个怎么装呢？采取个什么措施呢？最后他们说，看牙的医生不是有一个小镜子吗？说把那个东西找来，拿这个镜子反射进去照里边的小部件。我当时在外围，看到他们找来牙医用的小镜子工作。

记得"596"的装配好像是下午装配完的，装配完了之后，蔡抱真说装配成功，完成任务，张爱萍非常高兴。他走出来，我们后面跟着出来，通道有几个弯，到了拐弯那个地方，摆着一排黑板报，黑板上面写着"热烈欢迎张

副总参谋长检查指导工作"。结果，张爱萍走到黑板报前，拿起黑板擦子，刷刷刷，把那些字擦去，然后写上一副对联。他粉笔字写得挺好看的。写的什么呢？上联叫"喜看新装大功成"，下联是"且听春雷一声响"，横批"精益求精"，写了这么一副对联。

吕思保（第九作业队 702 队队员）：1964 年大概在七八月份吧，我们在 221 厂准备装配第一颗原子弹时，张爱萍到第二生产部 207 装配车间来视察。装配车间走廊上有两块黑板，黑板上写着"欣闻首长来车间，群情振奋喜开颜"。张爱萍看了看，笑着对刘西尧说："有意思，咱们一人加一句，不就是一首诗嘛。"刘西尧稍想一下说："一丝不苟加油干。"张爱萍接着说："一声春雷震环宇。"随即，张爱萍拿起粉笔，把这四句话连起来写在黑板上空白的地方。这首诗连得不错，对大家鼓舞很大。当时三组组长杨春章是支部宣传委员，他就号召大家也写，很多人当时写了一些诗和顺口溜，最后车间党支部出了一本诗集。在 221 厂围绕首个原子弹的装配，我们出了一本诗集，大家抒发出自己的感情，而且装订成册。我觉得那本诗集不但有纪念意义，而且有历史价值，可惜没有保存下来。当时大家抒发真情实感写出的诗，记载了装配时的现场情况，要是保留下来就好了。杨春章本人保存没保存我不知道，也可能没有保存。

　　"596"产品进入试验场区要经过第九作业队李觉、吴际霖他们批准。第一个练习的"产品"也是按照正式"产品"的要求保温、防震,在221厂做了多次试验。我们用汽车拉着"产品"到处跑,看看震动后特别是炸药部件,还有那个球体裂不裂,每一个部件包括电子元件出厂之前,温度、震动试验都做过了,才装箱正式出厂。

第2章

整装进戈壁

原子弹运输和保卫

1964 年 8 月 20 日，首次核试验用的试验装置及备品备件全部加工、装配、验收完毕，陆续运往试验场地。试验装置启运之前，各有关方面对整个运输过程，都进行了确保安全的部署，采取了极为严密的措施。在各种安全措施的保护下，试验装置和各种备件都按时送到了试验场地。原子弹试验装置经长途运输后，在试验基地经过检查，质量仍全部符合要求。

摘自《当代中国的核工业》

吴永文（第九作业队技术委员会委员）：我当时参与了"596"铁路押运的全过程。第一次是 8 月份押运模拟"产品"供试验演练用。第二次押运"596"正式"产品"，就是 596 – 1、596 – 2，即两发正式试验用的核装置，前面预演的叫596－0，"产品"都有编号。第九作业队下面设了好几个工作分队，其中"596"产品包装、运输、管理工作分队的负责人有陈学曾、甄子舟、吴永文、张世昌几个人。那个时候陈学曾是作业队办公室的，甄子舟是九院保卫处的，我负责技术保障、技术监测，张世昌负责和铁路系统联系。我们第一次运的596－0模拟"产品"是供第九作业队演练用的。当时，九院乔献捷副院长总负责，596－0模拟试验"产品"装上专列，运到核试验场地历时8天。这个专列是咱们国家从德国进口的带保温设备的专列，是从铁道部调过来的。因为我们"产品"比较娇气，包装箱的保温、防震都由221厂二生部负责设计包装，包装完了一直装在专列车厢里头。"产品"的包装、固定都有专人负责，反正谁负责就负责到底。这个596－0模拟试验"产品"是8月15号在221厂第二生产部专列火车站台起运的，我记得221厂的刁筠寿书记亲自送行，实验部七室还专门派来一个负责做放射性监测试

1964年青海221厂上星站，第一颗原子弹在这里装上专列

验的工程师。

我们这趟车属国家一级专列，沿途停靠站都有保卫人员保卫，停靠的时候车站要清场，无关的人不能靠近。第一次运输演练"产品"，专列车上没挂餐车。所以一到兵站，饭就给送到站台上，我们这些押运人员就在站台吃饭，吃完饭后继续走，什么时候停车都是按铁路部门和保卫部门联合制定的时间表。

在列车上，人住的地方和"产品"是分开的。我们第一次押运演练"产品"没有经验，人就坐在货车的最后一节车厢，那是货车车长坐的一个尾车，比火车车厢短一些。那个尾车车厢抖得不得了，震动得不得了，椅子都是硬木板，人坐着很不舒服。押运的人对"产品"车厢的温度、震动强度一直到"产品"外包装及里面的温度进行 24 小时的监测，大家轮流值班。我记得几名工程师和我在一起，其中一个人叫肖致和，另一个叫花平寰，他们俩是同学。一路上我们几乎没有休息，累了、困了就躺在椅子上面眯一会儿。可是哪里能够睡着呢，再加上责任心很强、压力也很大。当时大家的责任心真是发挥到了极致！

总的来说，我们一路上对"产品"温度控制得很好。列车上有一个副车长，他是技术负责人，我们和他沟通，如果这个温度高了或低了，就马上进行调整。专列带保温设备，能够控制车厢的温度，除了车厢有保温设备之外，另外还要有能源，温度低了要加热，温度高了要降温。但是这个保温列车还不是我们要的保证运输"产品"的专门列车。为什么呢？德国原来是用这种车厢运输水果、蔬菜这些东西的，它的温度要求不是那么严格。咱们的"产品"就不行了，一路上全靠责任心来保证安全。我们"产品"运输当中，火车司机都是选择最好的，技术最高的，责任心最强的司机。我记得还没有到吐鲁番的时候，列车突然一下子来个紧急刹车，我们都很紧张，担心这个"产品"在车厢里面受到碰撞，确实很紧张！最后了解情况，原来在铁路前方发现一个火堆在燃烧，才来个紧急刹车。在运模拟"产品"的时候，和我们坐一个专列的还有221厂政治部的史科胜，这个人后来调走了。他当时是负责协调铁路、保卫、安全什么的，也跟着那趟车一直到了马兰基地。

到了乌鲁木齐车站，乔献捷和新疆维吾尔自治区公安厅厅长负责接站。火车进站时是半夜零点以后，已经是夜深人静的时候，公安厅厅长和乔献捷他们领着队伍卸下"产品"，然后用汽车往乌鲁木齐机场运。中途卸车、运输都是选择零点之后人最稀少的时候，选择深夜运到乌鲁木齐机场。在机场用叉车往飞机上装，都是挑最好的叉车手往上装。飞机从乌鲁木齐通过天山山口飞进去，那个时候乘的是伊尔－14飞机，第一次运输的时候已经是8月份，夏天天气很热，一到天山那个地方又冷，我们的"产品"经过冷暖气温变化的考验。飞机大概飞了四个小时才到马兰机场，然后在马兰卸下来直接装到直升机上，直升机再飞到"701"铁塔底下的702装配工号。

从直升机上往下卸"产品"，多亏了基地部队同志的帮助，帮我们把"产品"直接送到702工号里头。铁塔下面的702装配工号是半地下的，因为考虑到当时装配工号没有空调设备，为了防止太热或者太冷，李觉提出建一个半地下的装配工号。为了模拟核试验场地的装配工号，我们在221厂装配车间前面也建了一个半地下的装配工号。"产品"卸下来以后要用吊车吊进工号里，吊车司机都是咱们带去的，吊车司机和指挥都是702作业分队的人。他们那些人兢兢业业，也是高度紧张地完成了第一次模拟"产品"装配任务。我们模拟"产品"运输完了之后，总结了一下，感觉到运输过程还可以，一路上我们测的温度都在规定范围之内。

我押运完第一颗模拟试验弹以后，先坐伊尔－14 飞机到西宁机场，然后再回到 221 厂。回来以后，我们就正式装配 596－1 和 596－2 正式"产品"，596－2 是一个备用弹。接着开始准备正式运输，我记得是 9 月 28 号从 221 厂起运的，吴际霖亲自到海晏车站送我们，那个时候他亲自负责了。我们押运列车上增加了李信（221 厂）厂长随行。李信和我们列车一起到了马兰基地，到了国家核试验厂区。总的来说，这次运输"产品"比第一次运输有经验了，专列给我们挂了一节餐车，又挂了一节卧铺车。这样列车上的生活条件改善了，有卧铺车就不用在尾车待着，吃饭也不像第一次运输时靠兵站送饭。

596－1"产品"运输过程中的安全保卫和运输模拟弹是一样的，"产品"不是装配好的，也不是单独装在一个车厢里面，而是分开放，哪几个部件装在哪几个车厢里都事先安排好了。我们二生部有一个装配工人点子很多，采取了一个什么办法呢？在一节车厢里面把所装的产品部件四周一个一个地用挑水扁担和这个车厢前后左右都顶在一起，就是用四根硬木头给它撑住，让"产品"不怕紧急刹车时产生的晃荡，真是绞尽了脑汁。这次运输历时 7 天，安全运到目的地。

咱们 596－1 和 596－2 正式"产品"都是一个列车运去的。596－1 运到核试验场地之后，596－2 在乌鲁木齐附近待命。就是说如果 596－1 装配有什么问题的话，596－2 能够很快让飞机运过去。

访谈时间：2011 年 11 月 2 日

访谈地点：北京花园路一号院寓所

受访人简介

　　张珍（1929—），山东泰安人。1953 年考入北京工业学院（现北京理工大学），1958 年毕业，同年分配到二机部北京九所学术秘书室。1963 年任 221 厂生产计划处计划科科长。1964 年参加第一颗原子弹爆炸试验，第九作业队办公室成员，时年 34 岁。曾任九院十一所所长、总体部主任，西南计算中心主任。1990 年离休。

　　张珍（第九作业队办公室成员）：我 1958 年从北京工业学院毕业，同年分配到二机部北京九所学术秘书室工作。1963 年上 221 厂在生产计划处工作。原子弹出厂之前，当时"596"产品准备了两发，一个是正式的，一个备用的，虽然是备用的，也是一个正式的"产品"，就是备有两套正式"产品"。第一个模拟"产品"装箱的时候，我记得是 8 月份的一个晚上，当时我是 221 厂一处计划科科长，处长是李嘉尧。"产品"装箱完了准备待运，这个时候专列来不了，那个专列在兰州等着，我们计划处的刘克俭负责跟二机部六局郭处长联系车辆调度，没有铁道部的命令，刘克俭无论怎么跟郭处长联系，专列的问题都解决不了，我

1964 年核试验前夕，开进 221 厂区的火车

们都着急了。等到第二套"产品"也准备装车了，专列仍进不了 221 厂。那天晚上，赶紧要调车，要专列车进厂，"产品"等着往上面装啊！原子弹进场区不是有一个时间表嘛，一切按照时间表，耽误了可不行！保密电话就在我们计

划处，吴际霖厂长上来亲自打电话，在场有我一个，刘克俭一个，可能还有余松玉。吴际霖直接给北京二机部刘杰通电话说："刘杰同志，我这个'产品'都装配好了准备起运，就等着专列进来装车了，现在专列停在兰州车站，不上来是什么原因？你要给铁道部说，让它赶紧进站，我们好把'产品'运出去。"刘杰在北京那头接的电话，我们都在场。原来当时由于备战，有一个高炮师要往 221 厂调动，这两个都是军列，可能产生矛盾了。吴际霖和刘杰通了电话，刘杰马上给铁道部打电话，铁道部不知道是谁接的电话，是铁道部吕正操部长还是谁，我忘记了。时间不长，火车很快就上去了。咱们 221 厂的铁路总调度向我报告的时候，专列已经到了。我赶紧给吴际霖报告，他马上指示"产品"装车。这个运输的小插曲好多人没有写过，现在吴际霖、刘克俭都去世了，因为这是我们处管的事情。"产品"装车以后，我就从西宁坐飞机到新疆核试验基地去了。

访谈时间：2010 年 2 月

访谈地点：四川绵阳科学城寓所

受访人简介

胡仁宇（1931—），浙江江山人。1952 年清华大学物理系毕业，同年到中国科学院近代物理所工作。1956 年 8 月赴苏联科学院列别捷夫物理研究所攻读研究生。1958 年提前回国，到二机部北京九所负责组建加速器与中子物理实验室。1964 年参加第一颗原子弹爆炸试验，任第九作业队 608（材料）作业分队队长，时年 33 岁。曾任九院院长。研究员，中国科学院院士（1991 年）。①

胡仁宇（第九作业队 608 作业分队队长）：我是 1958 年从苏联科学院列别捷夫物理研究所提前回国的，调到二机部北京九所负责组建加速器与中子物理实验室。后来上到青海担任 221 厂实验部副主任。1964 年 9 月，原子弹里边的两个十分关键的部件，即核裂变部件和中子源，准备押运到新疆核试验场区。从海晏出发时，先由 221 厂副厂长田子钦押运火车至西宁，然后从西宁乘飞机前往新疆。我也记不起来是谁通知我的，让我押运中子源小球，一路上还要负责技术安全监测。反正领导安排让上就上去。

---

① 受访人照片摄于 1964 年 10 月 16 日下午，胡仁宇正在看表读秒，等待原子弹爆炸"零时"（即 15 时）的到来。

火车押运至西宁的北站，当时停在一段废弃的铁路上，在那里停了三天三夜，就撂在那个角落里了，也不知道上哪去，天天就在那儿待着，反正有人给我们送饭吃、送水喝。记得是 9 月底的一天，天还没亮，突然一个命令，我们就赶紧动身，来到西宁机场。公安部四局局长高伦、张世昌和我几个人负责押运，经过保温改装的伊尔－14 运输机运送两个最贵重也是最娇气的部件。第一次搞这样的运输，大家处处小心，生怕出事，原本很小的两个部件，经过层层包装之后，变得庞大无比，连上飞机都要费不少的劲。那架飞机上除了保卫人员外，第九作业队就我一个人。

中子源小球本来就那么一点点大的东西，先要特别地包起来装到一个容器里，充上氩气，然后用一个"大鸟笼"吊起来。为什么叫鸟笼呢？除了底和顶以外，四面都是铁丝网，然后用弹簧把那个东西悬起来，以免震动，就怕把它震出什么毛病。之后再把这个东西装进一个大木箱子。当时没有更好的保温措施，担心在温度剧烈变化的情况下，使它的几何尺寸和性能有所改变，所以搞到最后，东西变得很大很重。那时候从西宁到马兰，飞机直飞是到不了的，可能走的是武威、清水一线，飞机中途停过两次，加油休息。运输机里面边上的座位是铁板的，上面除了机组人员，记得就只有高伦和我两个人。飞行途中，高伦他老让我测量那个东西，我认为是不必要测量的，可是高伦非要我测不可。我那时候晕机晕得特别厉害，我们事前做过研究，知道在飞机运输过程中，那个"次临界"是不会出现问题的。但他是领导，也是二机部安全局的副局长，他叫我测，我就测了，结果一切正常，箱内环境没有超过预计值。我们飞到马兰已经是傍晚了。

我几乎是第九作业队最后一个到达核试验场区的，我印象中是在核试验场区过的国庆节。

陈英（第九作业队包装运输管理队队员）：1964 年 8 月，"596"产品装配完了以后，第二天开始分解，分解了以后再包装、准备运输了。那时候验收装配质量都非常精细、严密。"产品"装箱的时候，警卫科是负责铅封的，铅封好了就交给我，我就组织装上火车往外运。"596"产品在厂里装完了以后，待命了一段时间。当时不知道什么原因，就是装完了以后，等中央发布命令，我们等得非常焦急。那个时候，我们专列从青海221厂到新疆已经来回走了好几趟，运输那些工装、人员，一批一批运了好多趟。

221厂内生产研制的过程中，警卫是非常严格的，"596"运输的警卫就更严格了。因为许多核武器的元部件零部件，都是由全国各地协作厂加工好后运进来的。运输的时候，我们就开始介入保卫。有的是核部件，有的是金属部件，有的是总装部件，这些都是由我们负责往回押运的。所以，全国各地我都要去。我们押运这些"产品"的时候，都是专用的军用车皮。总参谋部军事交通运输部对军用车皮有个规定，用这个三角来区别。比如说三角一、三角二、三角三，一直到三角七，三角七表示运输的是最危险的产品，最重要的产品。一般我们运输"产品"的时候，车皮上面就会挂上一个三角七——一个红三角里边写个七字。铁路内部人员一看这个"三角七"就知道是一个军用车皮，知道上边有武装警卫。这个车停车以后，武装警卫下来，四面八方站上岗。一发车，人就赶快上车。那个时候我记得要运一个核部件的话，比如说202厂（二机部核燃料元件厂）运的铀238部件，运这个"产品"的保卫等级还要高一级呢。

我跟你说，221厂警卫科的押运任务一般都是单独派人随车押运。运这个"半球"装置做试验的时候，基本上要动用专列了。那个时候221厂有好几个专用列车，外表看像是卧铺车，实际上里边不坐人，而是拉"产品"的。像第一颗原子弹出厂的时候，当时有两发正式"产品"，还有一发模拟用的"产品"。装有模拟用"产品"的列车先走，到场区那儿去做训练用。然后，总装正式的"产品"，运到核试验场区交给702队蔡抱真他们，准备上铁塔爆炸。

第一颗原子弹离开221厂的时候是1964年，"文化大革命"还没有开始。那个时候，公安部门非常有权威，调动所有的安全保卫人员保卫这个专列，用现在的眼光看是十分神秘的。当时神秘到什么程度呢？"596"产品由第二生产部207车间往外运输的时候，第一步在车间装上汽车先运到11厂区。11厂区在二生部的东北边，是专供"产品"上下火车的地方。将"产品"运到装上火车的路线，那就甭提多么严密了，就叫"针扎不进，水泼不进"！外人根本不能接近，所有的保卫兵力都用上了。外围有解放军，就是221厂警卫团，那是十步一岗，五步一哨。中间有我的民警队，还有一个摩托队，一个骑兵队在周边巡逻。"产品"由二生部装上火车运到海晏车站，这30多千米的火车路线，大概百八十米就有一个人站岗。中间的重要地方都穿插解放军武装警卫，一般的地方是民警警卫。那个时候我们保卫科民警都有武器的，不像现在的民警，那个时候都有枪的。

厂区解放军站岗，还要配一个民警，两个人都在那个地方，各有分工，就是互相照应，都有重要的责任。再一个就是桥梁涵洞的警卫，火车线路上的每一个桥梁涵洞，都有民兵在那儿把守着。我记得这段路大概有三十几个涵洞，每个涵洞两侧都是持枪的民兵，民兵都是咱们221厂的职工。221厂职工组织了民兵连、民兵营、民兵团，由咱们厂统一指挥的民兵也发武器。

专列火车在出厂的时候，听总参谋部的直接命令，而总参谋部又接受周总理的命令才开始起运的。火车上头的押运人员，有总参军交部的部长，铁道部的副部长，然后是甘肃省公安厅厅长、兰州铁路局局长、青海省公安厅厅长、西宁铁路局局长，专列要上这么多的领导进行押运。

我们那个时候都很兴奋，觉得身上担子很重，很光荣，但又担心出问题，要万无一失，出了问题怎么办啊！结果，那一次运输的时候特别紧张，因为每一个人都十分紧张，所以弄得火车司机精神过分紧张了。专列上拉的第一颗原子弹

青海221厂有专门的警卫部队负责检查出入人员

装置分装成近百个箱子，装在好几节车厢里头。不过那么几十吨重的东西，就编成了一级专列，有20多节车厢，中间挂的是客车车厢，里边有一部分卧铺，是供参试人员住的。

专列其他的车厢要有前有后分挂的，防止互相碰撞，然后要分割车。比如车前面靠近机车头，就要有四节到六节空车厢，都是起缓冲用的。后边的车厢才允许放置"产品"这些东西。由于整个列车20多节车厢，车体比较长，专列从厂区出来到海晏车站拐弯处有一个小的爬坡，咱们叫乙区，从乙区那个地方出来以后，就有一个拐弯，稍微有一个坡度，拐个弯上了坡才是海晏站。结果上这个坡的时候，火车就爬不动了，上一下倒回

来，上一下倒回来。这个时候有人向总理报告，说火车在这个地方爬不上坡，到海晏车站就要晚点了。总参军交部要掌握这个运输时间，一追下来说晚点了，什么原因晚点，这个车为什么爬不上坡去，就是这么一件事情都惊动了周总理。

在这种情况下，海晏车站的张站长很紧张，临时又调了一个机车，前边拉着，后边推着上去了。本来专列一个车头就可以拉上去的，因为四分之一的车厢都是空的嘛！估计可能是因为火车司机精神太紧张的原因。后来听说"文化大革命"期间，这个站长受了处分，很多人为此都挨了整。

专列到了海晏车站又向总理汇报，专列就这样驶出去的，经过海晏车站到了西宁车站。那个时候，青海省委的分管书记、省公安厅厅长都亲自到铁路现场指挥。这时，列车已经把时间抢回来，按正点行驶了。我跟你讲，所有专列经过的铁路沿线，都由铁路公安负责。我们在车上看得清清楚楚，铁路两边不远一个岗哨，不远一个岗哨，有的是骑兵，有的是

221 厂海晏车站

步兵。特别是遇到大小桥梁，桥两头和中间都有警卫。铁路沿线两边都是民兵，一些重要桥梁两头站的是解放军。专列一直向东开到了河口，到河口然后往西拐，奔新疆兰新线过去了。这个一点也不夸张，就是每到一个车站，这个车站就像接待国家元首出访那样的警卫措施，一直开到了新疆大河沿车站。

到了兰州，专列转向西边，路过几个大站在那儿吃饭，都是兵站事先做好饭，然后把做好的饭菜、馒头送上车来，每个车站站台都搞得很清洁。其实他们各个车站也弄不清楚列车运的是什么，连铁路指挥部都不知道这个车里运的什么。所以，我们专列一出去觉得挺神气，就那么押送的。那个时候叫内紧外松，给外人一种感觉好像看不出来运什么东西，而内部则非常严肃紧张。专列上每一个车厢都有值班的，特别是我们警卫科，每到一个大站，还得打开车门进到里头去检查"产品"，比如固定得怎么样，松动了没有啊，还要人去检查。

重要"产品"都在我们那个专用车厢上，这个专用车上边有人，一头装东西，一头是值班人员，每个车厢都有警卫值班人员，都是我们警卫科的。那些参试人员就住在卧铺休息区，不允许他们再接触"产品"了。这个时候"596"就由我们警卫科来保卫，交给我们以后，别人就不能再接触了。到了核试验场区以后还得我们去启封，因为签封是我们负责打的。

不论是空中还是地面，对于运载原子弹的运输震动频率和恒温的标准，都有严格的规定。在将"596"空运到试验场地过程中，要求将原子弹分散装箱，机舱内须保持一定的温度和湿度，运输途中必须防震、防碰撞。包装箱看它装什么东西，当时统一的规格有绿色的，也有白色的，一般都是白色的，上边会画一些暗号，都是"产品"事先编排的号码。像我们"产品"在221厂装车的时候，实验部张兴钤主任，他是管技术的，亲自到专车上检查"产品"，那时候要反反复复检查若干次。装上车以后，防止遗漏下来什么，应该带的都拉上了没有，你这个警卫科长也要说上个一二三。那会儿，领导都带考问性质地问我，这个"产品"叫什么名儿？首先我得把编号说出来，说出编号以后，里边的"产品"形状是个球形的，还是个半球形的东西，我都要说出来。

吕思保（第九作业队 702 队队员）：我们"596"产品是 8 月份出厂的。出厂的时候，中苏关系比较紧张，保卫部门传来信息，说苏联要把我们的核试验扼杀在摇篮里面。青海 221 厂天天跑警报，搞得很紧张。我们装配完了的"产品"就要出厂，保密要求特别严格。当时"产品"包装时，"产品"箱子涂成白色还做了一些伪装，怎么伪装呢？就是用中国红十字协会的标志，每一个包装箱上都画一个"十"字标记，伪装成红十字协会的包装箱。我们在画标记时，有人开玩笑："这是送给赫鲁晓夫的纪念品。"然后，"产品"先装车出发，我们人后出发，好像是同专列一起走的。专列上面还有专门押运"产品"的人，在"产品"车上随时要检查"产品"里头的温度、湿度的情况，里面有温湿度传感器嘛，还要随时做好"产品"的固定，我们不负责押运时都是坐在客卧车厢里。当时专列从海晏出发，属国家一级专列。

一路上都有站岗。每到一个车站，无关的人全部清除，车站只有警卫人员。我们每个人发给一个徽标，这个徽标就像一个胸章，可惜，没有保存下来。还有一个很特殊的标志，就是九院人穿戴的灰工作服、灰色工作帽，和部队穿的黄军装有区别。每到一个车站，专列不是停在普通客货车站，而是停在军用站台上，所有的军用站台都由公安管起来。到兰州车站，不是停在客运站而是停在东站。专列停下来的时候，车站上有人接待，我们也可以下去走走，但不能走远。专列开到新疆大河沿车站以后，我们再转坐汽车进到马兰基地。

当时人人佩戴一个乘坐专列时的徽标，戴着这个胸章才可以上这个专列。我给你说，因为参加第一次国家核试验嘛，不是每人发了一套灰色工作服吗，核试验完了以后，我们说是不是给大家留下来做一个纪念，结果都收回去了。回到221厂，我就去买了相同的布比照着做了一套灰色的工作服，后来也穿烂了，没有留下来。那个胸章现在保存下来也是文物了，当时有很多东西没有留下来。

陈英（第九作业队包装运输管理队队员）：铜锤这个事情是这样的。第一颗原子弹运输时，经过铁路沿线的时候，当时不仅是这一次运输，其他的车辆也有这个规定，只要画上"三角七"，列车检查员在检修车辆时就要把手中铁锤换成铜锤，因为铁锤子敲下去起火花。第一颗原子弹在运输过程当中有这么一个情景，就是专列经过玉门的时候，整个玉门市停电半个小时。首先铁路铁轨道岔，实际上已经是通着呢，道岔谁也搬不动，固定下来了，只能通过我们这一个专列。再就是防止铁路那个高压线通电。玉门火车站上的所有机车那时候全都停了，我们的专列经过玉门市的时候，眼前黑洞洞的一大片，不像经过一个城市。列车上的人问玉门在哪里啊，实际上全玉门市暂时停电，就是为了保证咱们这个专列"产品"的运输安全。我还记得火车一路往西开。押运第一颗原子弹的时候，我们列车没有转弯，没有故意伪装行动。

原子弹运到新疆乌鲁木齐车站以后，一部分"产品"用飞机运到马兰，各方面的参试人员都集中到大河沿①这个地方。我们事先准备了若干辆运"产品"的专用汽车，比如说拉元件的，装在哪个车上，拉雷管的装在哪个车上，参试人员是坐哪个汽车。我记得汽车从大河沿出发时，道路相当不好走，都是搓板路，在那个地方绕啊，在那个天山山里面钻啊，在那个山底下转了好多的弯，边转边抬着头看山。还有这么一个情节，我的印象非常深，在公路边上有一只小鹿，大概由山上下来没

---

① 大河沿是新疆吐鲁番附近的一个转运车站。

地方跑了，让我们给活活捉住了。到了马兰，我们的"产品"先卸在飞机场。开屏机场好像在孔雀河边上，距离核试验场区的"701"铁塔还有很长一段路程。我记得原子弹核心部件是用直升机运到铁塔下面的。

铁塔的保卫不是我们负责，我们就专门管运输。铁塔底下由第九作业队负责，都是穿灰衣服的九院人，那里头有保卫人员。221厂保卫部有分工，我这一部分是专门管产品运输的，飞机、铁路、公路的运输都归我们管。专列一到大河沿车站就开始交班。在严密的组织保护下，我们的"产品"安全地运到了核试验基地。10月4日，正式试验用的596-1全部运至试验场区铁塔下的702装配工房，作为备份的596-2在乌鲁木齐待命。随后，上级命令包装、运输分队想办法隐蔽运输备用"产品"的专列。我那个列车装的备用"产品"就停在大河沿往西至乌鲁木齐市中间的一个叫盐湖的车站，列车停在一个专用线上，两面都是盐湖、盐水，连淡水也没有。在那个地方苦苦地等了一个礼拜。我亲自把原子弹送到核试验场区，但没有亲眼看到原子弹爆炸和蘑菇云！

张珍（第九作业队办公室成员）：核试验"产品"运到大河沿车站之前，大河沿到马兰这段路线我跑过好几趟，主要是看路况如何，我跟保卫干部坐着小车来回跑。因为"产品"运输安全是保卫部门的工作，保卫部的几个处长都参加押运。"596"产品进入试验场区要经过第九作业队李觉、吴际霖他们批准。第一个练习的"产品"也是按照正式"产品"的要求保温、防震，在221厂做了多次试验。我们用汽车拉着"产品"到处跑，看看震动后特别是炸药部件，还有那个球体裂不裂，每一个部件包括电子元件出厂之前，温度、震动试验都做过了，才装箱正式出厂。

1964 年原子弹陆续秘密押运至新疆罗布泊核试验基地

核试验正式"产品"运输时间我记不清楚，反正是确定"零时"①时间以后，倒推时间排的，火车怎么走，飞机怎么运，最后推出一个时间表来。正式"产品"到了大河沿以后是用直升机运进去的。马兰附近有一个阳平岗，那里有一个空军机场，还有一个气象站。因为工作关系，我跟那儿联系多，"产品"先运到机场，然后装上直升机运到"701"铁塔下面。那有一个简易停机坪，可以停直升机。直升机试飞的时候我还到机场去看了，看看试飞行不行。直升机到了以后，我们报告指挥部，告诉飞机安全到达"701"铁塔。你告诉机场，人家也安心，就是说所有的对外联系工作，都是属于作业队办公室的任务。

---

① "零时"，是指原子弹起爆的具体时间。自从第一次核试验以后"零时"这个叫法一直被沿用下来。

访谈时间：2009 年 4 月 14 日

访谈地点：北京花园路一号院老干部活动室

受访人简介

马瑜（1929—），江苏宿迁人。1955
年上海俄语专科学校毕业，1958 年 8 月从
公安部调二机部北京九所保卫科。1964 年
到青海 221 厂负责保卫工作。1964 年参加
第一颗原子弹爆炸试验，第九作业队保卫
保密组成员，时年 35 岁。先后在 221 厂、
九院九所工作，1985 年离休。

马瑜（第九作业队保卫保密组成员）：我 1964 年到青海 221 厂负责保卫工作。221 厂的保密要求非常严格，出入证各厂的就是各厂的，每个车间是每个车间的证件，这个车间不可以到那个车间，这个部门不可以到那个部门。九院负责保密工作的乔献捷副院长带领 7 名处长和 30 位保卫干部，这 30 名保卫干部也是分到哪个厂就在哪个厂，像我分到了第二生产部就待在第二生产部，当时要求是非常严格的。

"596" 运输的安全保密是个大问题。为了保卫 "596"，保卫干部做了大量细致艰苦的工作，我举个具体例子说说。当时 211 厂保卫部警卫科副科长刘相科到 404 厂去取一个中子源，部件不大。当时取这样的部件，保卫干部还要带上警卫，坐软卧包厢。就这样保卫干部还不放心，要是丢失了怎么

办？老刘把它枕在头底下，做到万无一失。这东西有放射性啊，但是他们全然不顾危险将它看管得很紧。虽然是软卧包厢，还带着警卫，但出了事你这个科长是要负责的！所以他始终把它放在自己贴身处。

甄子舟是 1959 年 9 月从公安部调到 221 厂的，他从 221 厂基建一直到生产试验自始

20 世纪 60 年代，青海 221 厂二分厂副主任蔡抱真印有机密两字的工作证

至终负责保卫工作。1973 年 9 月任九院政治部副主任，主管九院保卫保密工作直至离休。这位老同志是工农出身，非常朴实，非常能吃苦。凭他的作风和带头作用，只要说干什么，我们决不犹豫！这就是领导威信和榜样力量。

为保证安全生产，221 厂专门设立一个技安处，专门检查你防护做好了没有。还有保卫干部和科研人员一起运送雷管，保卫干部把雷管抱在怀里，怕汽车颠簸。这不是厂内短距离运输，而是送到试验场区那里。我们从乌鲁木齐下火车，或者到马兰下飞机，到核试验场区去，就把雷管抱在怀里。在 221 厂也是这样，每次做试验前运送雷管都十分小心谨慎。雷管当然在一定电压下才能激发爆炸，但它是一个危险的东西。当时对保卫干部来说，任务重于一切，不能考虑自己。我们许多保卫干部都有不顾自己，为了党的事业奉献自己的精神。

　　1964 年 8 月，在乔献捷副院长的带领下，保卫处长于曦尧和我们几个保卫干部到了新疆乌鲁木齐市，统一在公安部原子能保卫局和解放军总政保卫部的领导，当地公安厅的协助下，在那里制定了"596"运输保管、安全保卫方案，当时就叫"596"运输安全保卫工作方案。我参加了制定运输方案，但没有直接参加运输。运输是由乔献捷副院长和公安部高局长亲自指挥和押车的，"596"运输是一个大系统，不是警卫人员能解决的。我跟你说，公安部早就安排好了。"596"从 221 出厂谁负责？青海省公安厅。这个路上出了事他要负责。到了兰州，甘肃省公安厅负责，到了乌鲁木齐，新疆维吾尔自治区公安厅负责，都是厅长亲自押车。这是国家重大的任务，当时省公安厅厅长、部保卫局局长和九院副院长亲自押车。

　　到了乌鲁木齐，"产品"就靠飞机运过去。飞机都演练多次，先装别的材料，飞过来飞过去，实际上是马兰基地负责。从乌鲁木齐到马兰，当时大的设备、仪器靠汽车运输，精密仪器和"产品"部件靠飞机运输，这一段我就没有参加了。

　　陈英（第九作业队包装运输管理队队员）：221 厂保卫部警卫科的任务除了"产品"押运以外，九局领导李觉①、吴际霖等人，包括王淦昌、彭桓武、郭永怀这些专家的安全我也要负责啊！当年，221 厂归二机部九局管，九局的领导、专家，我们从知密的角度将他们划分了三个等级，有一级保卫对象、二级保卫对象、三级保卫对象。像王淦昌、彭桓武、朱光亚、邓稼先、胡仁宇他们这些人都是一级保卫对象。一级保卫的人知晓秘密的范围非常广，对核武器从原理到试验知道得很详细。二级保卫对象是当时的部主任，包括实验部、设计部、第一生产部、第二生产部的领导，

---

　　① 李觉，时任二机部九局局长、九院院长。

以及重要的工程技术专家。三级保卫对象的范围则比较广了，包括工程师、技术组长、工段长这类人。

"701" 铁塔

访谈时间：2010 年 2 月 21 日
访谈地点：四川绵阳科学城寓所

受访人简介

薛本澄（1936—），山西祁县人。1961年清华大学毕业后分到二机部北京九所。1964 年 3 月上青海 221 厂设计部。参加第一颗原子弹爆炸试验，第九作业队 701 队队员，时年 28 岁。先后在 221 厂设计部、场外试验处、九院科技部工作。曾任九院总工程师，研究员。2003 年退休。

薛本澄（第九作业队 701 队队员）：我是 1961 年清华大学毕业后分到二机部北京九所的。我在清华学了两个专业，先在机械系学习，学了四年半以后改学精密仪器。我 1955 年入学，本来是 1960 届毕业，但是清华大学后来改成六年制，我们推迟一年离校。来到九所以后，我分在六室。到青海 221 厂以后改为设计部六室，当时六室主要进行模拟弹空投实验。

第一颗原子弹试验铁塔

"701"铁塔是由工程兵技术总队设计、安装，北京金属结构厂加工的，是一个叫自立式的铁塔。塔的横断面是正方形，底部 12 米见方，长宽各 12 米。顶部是 4 米见方，整个塔上窄下宽。塔高 102.43 米。爆室定在 100 米，要保证 100 米高度。塔上屋顶稍微高一点，达到 102.43 米。铁塔一共 14 段钢架，绗架结构，都是螺钉连接，由 8467 个构件组成，包括起吊、空调、电气三个设备系统，将来作为第一颗原子弹爆炸的爆心。铁塔是由北京金属结构厂制造，质量做得非常好，比如为了保证每一层跟每一层之间能准确连接，他们做一个大模板，把每一层装好以后，都放在模板上检查。经过这样一个模板检验以后，运到场区，现场再用螺钉连接。铁塔现场安装的精度也非常高，1964 年 7 月份就把整个铁塔装起来了。我们到现场验收、交接，当时用经纬仪检查塔的倾斜度，结果误差很小很小，塔顶上大概左右差了一两个厘米，立得非常精确。

铁塔本身质量好，而且还有一些设备，像钢丝绳的长度、质量，都是国内独一无二的。当时，我们国家生产不了这么长的没有接头的钢丝绳。本来，一般的起重设备，所用的钢丝绳是可以插接的，但是为了确保安全，我们用的钢丝绳不允许插接。我听说是天津钢丝绳厂的技术人员、工人经过技术革新，改造他们厂的技术设备后生产出来的钢丝绳。因为它长度特别长，我记不太准了，大概是 800～900 米之间，一般的设备用不了这么长钢丝绳，为了核试验就生产了这么一根。

1964 年 6 月，由工程兵技术总队安装的铁塔高 102.43 米

严格地讲，铁塔不完全正。从方位讲，铁塔西面虽对着这个马兰方向，但是方位不完全正。咱们作业队的两个工号，也不是处在铁塔正南、正北的，大概在西南角有一个，然后西北角的地方有一个，当时铁塔西面的确没有什么设施。

贾浩（第九作业队 701 队队员）：站在铁塔上，从高处一看四面非常开阔，上面的人看下面的人就像蚂蚁一样。当时周围那些效应物还没有布置好，但是，有一些做效应物的建筑在建设了，比如铁路桥梁有的在搭建，这可以看得见。还有，武器的效应部分有一个安排的方向问题。这个分布是这样的，东侧是飞机、军舰，就是空军和海军的装备；西南方向是陆军的火炮、坦克这部分装备；正西方向是进场区的公路，720 主控站，电源电缆进来都在这条线路上；西北方向是桥梁、房屋、铁路之类的建筑。距离铁塔大概有几十米远，有一个临时装配工号。

访谈时间：2010 年 7 月 10 日

访谈地点：四川绵阳科学城寓所

受访人简介

徐邦安（1932—），江苏镇江人。1957 年北京航空学院毕业，后分配到国防部五院，1959 年 9 月调入二机部北京九所。1964 年初到青海 221 厂场外试验室。1964 年参加第一颗原子弹爆炸试验，第九作业队先遣队队长，时年 32 岁。先后在 221 厂、九院场外试验处、综合计划处工作，曾任总体部主任，研究员。1994 年退休。

徐邦安（九院先遣队队长、第九作业队办公室成员）：我是1964年初赴青海221厂的，开始在设计部十八室（场外处）工作，兼任场外试验委员会主任郭永怀的秘书。首次原子弹试验选用地面塔爆的方式。早在1962年九院研究试验的方式方法时，朱光亚等人提出首次核爆用地面塔爆方式比较稳妥，有关技术要求报国防科委批准。这座高102米、重76吨，全部用无缝钢管建造的铁塔，安装质量是一流的。铁塔建成后遇到八级大风达11次之多，塔顶最大摆幅至少在0.5米至1米之间，在几个月的屹立中经受住了严峻考验。塔顶第14层为爆室、4×4平方米见方，原子弹即安放在此，爆心距地面100米，第13层为空调间，在9月下旬以前用2台冷冻机保持爆室温度20度正负5度。9月底10月初戈壁滩的气温骤然下降，立即拆掉冷冻机改装电加热器，保证核试验时爆室的温度控制在20度正负2度。

技术先遣队

徐邦安（九院先遣队队长、第九作业队办公室成员）：1964年4月，李觉、吴际霖、朱光亚带着我和贾纪共5个人（贾纪后来调走了），到核试验场区及爆心现场进行了一次为期9天的实地考察。考察的目的就是了解场区情况，为试验做好各项准备工作。第一次核试验时，我们九院、马兰基地都没有经验，进行这次考察和交换意见是很有必要的。我跟着九院几个领导考察了孔雀河以北的指挥中心和距铁塔几十千米的简陋机场等处，不仅掌握了基地和试验场的工作条件与生活供应情况，而且在试验产品运输方案中明确提出：在哪一路段需要空运，在空运过程中要注意什么问题；哪一段路需要路上运，在路运中行驶什么路线，翻越天山时要注意什么事项。参试人员进场区，一定要看看空运路线有什么问题，最好不坐飞机。对有关试验实施过程中的每一个环节，事先走访，都经过细心的实地检测。

第一次进到戈壁滩，首先考虑的就是"产品"怎么运进去，这是一个大问题，是考察的核心任务，就是"产品"进场采取什么方案。所以我们看了道路，看了机场，看了场区的条件。当年，马兰基地应该说尽了最大的努力来满足我们的条件。可是当地两个机场都是土机场，马兰机场是土机场、土跑道，开屏机场也是土跑道，只能停降小型飞机。所以一路上我们讨论的问题，在领导脑子里转的问题，就是"产品"怎么运输进场。比如说"产品"运输如何分解，炸药怎么运法，中子源小球怎么运，雷管怎么运。就是用火车、飞机运的办法也分了好几个层次。"产品"还不能一起走，万一出了事儿，全部放在一个"锅"里也不行。所以采取了分头进场的方式。我们对那个地方考察得很细，看得很细。到了乌鲁木齐看机场、公路的条件，看火车转运站的条件。那会儿条件也简陋，像马兰机场，就是一个简易的跑道。我们坐的飞机也是伊尔－14苏联的老式飞机。

我们去的时候，第一颗原子弹试验用的铁塔正在紧张地安装。在召开有关铁塔的技术会议前，特别是对塔顶上工作间的面积，工作间的通风与保温，工作间要安装电话，铁塔应有的简易吊车、电源、照明、防雷击设备及信号灯等事无巨细的各个环节，九院领导都提出了具体要求。这一次跟李觉、吴际霖他们做的调研太有必要了，因为你不做这些准备工作不行，为我以后带领九院先遣队进去带来很大的帮助。

我们乘吉普车在戈壁滩上跑路，随车的基地参谋讲了一个故事。基地在勘察选点时，在孔雀河附近发现一架飞机残骸和几具干枯的尸体。查看遗留物品，才知道可能是一架国民党官员战败外逃的飞机，油料用尽迫降在孔雀河边，不料孔雀河为咸水河，无法饮用生存，最后只能困死于戈壁。听了这段故事，也就不难理解车行几个小时不见人烟的荒凉景象。

1964 年 7 月，九院组织了先遣队。先遣队的任务，一是为试验大部队进场做好各项准备工作，二是沟通九院与马兰基地在准备工作当中的一些协调工作。先遣队出发的时候，几个院领导都亲自接见我们，交代做好先遣工作，迎接大部队，创造条件等一系列任务。我们 10 个人的先遣队员，乘火车到新疆吐鲁番大河沿车站。从吐鲁番进去的时候，坐的是带棚子的大卡车，后头是敞开的，很闷。上卡车时有的人往前头挤，我们几个人傻乎乎地坐在后面一直吃着尘土。卡车一走起来，前面窗口新鲜空气进来，后面却是尘土翻滚。下车以后，大家都互相对视着笑起来，除了两个眼睛以外身上其余的部分全是土。

先遣队的经历也很有意思，反正领导给了任务就去了，到那里开展跟马兰基地联系、安排等一系列的工作。当时，马兰基地很配合我们，因为基地也是第一次搞核试验，这个任务很光荣，担子也很重。所以，九院提出的问题，基地领导基本上都能满足我们的要求。我们把看到的情况及时传回院里面，使得九院领导及时了解场区这边的进展情况，心里有数。有问题及时请示，出面与马兰基地沟通交涉。我们九院先遣队进场的时候，第一颗原子弹试验用的铁塔基本完工，处在最后的验收阶段。进场以后跟马兰基地联系，跟青海 221 厂联系，有什么问题及时地通报情况，并提出我们的意见或建议，先遣队能处理就尽量处理。做好迎接大部队的准备工作是我们先遣队的核心任务。

我们到了核试验场区以后，工作还是比较顺利的，场区给我们开通了电话专线，每天可以与家里打两个电话，上午一个电话，下午一个电话。我们电话专线是直接跟 221 厂联系的，当然中间须经过一次转接——基地

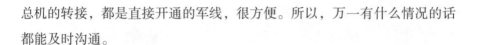

总机的转接，都是直接开通的军线，很方便。所以，万一有什么情况的话都能及时沟通。

访谈时间：2010 年 2 月 16 日

访谈地点：四川绵阳科学城寓所

受访人简介

杨岳欣（1937—），江苏江阴人。1956 年考入西安航空学院（1958 年改名为西北工业大学）飞机系。1958 年转入无线电系雷达专业。1961 年毕业分到二机部北京九所六室，1964 年 3 月上青海 221 厂。1964 年参加第一颗原子弹爆炸试验，第九作业队 701 队队员，时年 27 岁。先后在 221 厂、九院场外试验处、科研生产处工作，研究员。2000 年 10 月退休。

杨岳欣（九院先遣队队员、701 队队员）：1964 年 7 月初，九院组织一个技术先遣队到核试验场区去。到试验场区的主要任务，一是跟马兰基地核试验部门联系协调，了解他们整个的试验计划及试验整个程序的安排。先遣队要去了解这方面的情况，然后把这个情况向九院汇报，让院里做好相应的准备。

二是去验收、接收核试验场区与九院有关的工程和设备，并学习熟悉这些工程设备的使用方法。比如说铁塔,"702"装配工号,我们使用的测试工号以及相应的一些设备如卷扬机、吊篮、工号里面的吊车等设备;铁塔上的空调设备、供配电系统等这些东西要了解,要熟悉。熟悉了以后把它给接收过来,供我们使用。

我理解先遣队主要就是这两个任务,但也还有打前站的作用。比如说,为我们第九作业队大队人马进驻后能迅速展开工作创造一些生活上的方便条件。记得先遣队是1964年7月4号动身,离开211厂的。7月5号到了兰州友谊宾馆,那里有我们九院的办事处。去新疆的车票也是办事处为我们预购的。我们在友谊宾馆住了一夜,第二天坐上海到乌鲁木齐的火车再往西走,大约7月10号到达新疆大河沿车站。在马兰基地大河沿招待所住了一夜。7月11号,再乘班车前往基地所在地马兰。在马兰休息了一两天,然后从马兰乘班车前往试验场区。我们的最终目的地是核试验场区的701站,701是"701"铁塔所在位置的站点号。因为我们大队人马还没有去,我们就临时住在马兰基地在701站开设的兵站——代号六分站,大概是这么一个情况。

先遣队一共10个人,由徐邦安同志带队。队员有我,还有搞引爆控制系统的高深,我们3个人是设计部的。然后有实验部的赵维晋、李火继、贾浩(原来叫贾栓贵)、张振忠、任汉民(任汉民很早就调走了)。还有两个工人,一个叫杜学友,另一个姓谭叫什么不记得了。他们两个主要是负责塔下卷扬机的操作。

先遣队的任务我前面已经说了,验收702工号包括铁塔及其设备,这只是其中任务之一。验收了以后交接,我记得是开了个交接会。那个时候验收铁塔由徐邦安牵头,他是组长他牵头。

我们住在基地兵站六分站,实际上是马兰基地在那里的一个招待点,接待来往人员的食宿。我们一共 10 个人，就吃住在那个兵站。第一次核试验条件很差很艰苦，工作也辛苦。我这一辈子参加了很多次核试验，对第一次核试验的艰苦程度印象是最深的。特别是我们先遣队碰到的困难，生活上那个艰苦程度，后面去的人都没有法子跟我们比。因为后面去的人，他们基本上有帐篷住，坐的车也比较好了，吃的水也是马兰拉的甜水。我们去的时候啥都没有，反正是跟部队战士一样生活。

我感到最艰苦的有以下几个方面：一个是交通。那个时候根本就没有像现在这种水泥路、柏油路，场区内外都是沙石路面，场内站点之间甚至沙石路面也没有，汽车在戈壁滩上碾出的印迹就是路。即使是沙石路，车子长期走了以后都变成了搓板路，高高低低、坑坑洼洼，汽车在上面颠簸得很厉害，上下、左右、前后就像摇煤球式的。我们乘的汽车都是解放牌大卡车，卡车顶上蒙了一层帆布，啥都没有，进场区都是坐这种卡车。因路况、车况都不好，又是上山下山的缘故，车的速度也很慢，时速也就是二三十千米。而且车一路走一路尘土飞扬，车轮卷上来的灰土弄得车上的人一个个都灰头土脸的像个泥人。从大河沿到马兰230 千米，现在小轿车走两三个小时，大轿车也就走三四个小时就到了，那个时候我们走了十多个小时。

我们早上 8 点多钟从大河沿出发，没有走多远就要休息，因为夏天比较热，发动机老是开锅，加上路况不好，一个是爬山，一个是路面差。所以，汽车一路上走得很慢，走到托克逊就用了两个多小时。到了托克逊又要休息，休息完了以后，从托克逊开出就一直爬天山。爬天山中间又不断地休息，有时候汽车开锅了得等水凉下来后再走。然后翻大天山，大天山翻过了以后到库米什又要休息，中间还要翻越小天山，翻两座天山。我们坐的那辆卡车根本就没有座位，二十来个人就坐在那个车厢板上，累了起来站站，走了 10 个小时才到马兰。从马兰到"701"铁塔路途更长，有

320 千米。一路上全是戈壁滩，渺无人烟，路况也更差。汽车紧赶慢赶地走了 14 个小时。早晨七八点钟从马兰出发，晚上十点多钟才到 701 六分站。一般送货的车都要走两到三天。

所以，我们先遣人员对道路交通不好，对出入场地的艰苦条件的体会是很深刻的。后来，九院大部队的人去了以后，马兰基地给我们配了大轿车，情况就好一点，大部分人还是坐大卡车进去的。

第二个是水的问题。当时我们 10 个人吃住在六分站，跟战士们生活在一起，喝的是苦咸水。在核试验场区有数千名指战员，当时的条件根本无法保证淡水供应，只能靠拉孔雀河的水做饭和饮用。孔雀河里的水硫酸镁等矿物质的含量非常高，水是又咸又苦，人们用这种水做汤做面条不用加盐，事实确实是这样。喝那个咸水根本解不了渴，场区天又热人又渴，而咸水又不解渴，喝了又拉肚子真是苦不堪言。所以大家都希望能够喝点淡水。从场区跑马兰基地的汽车，不光拉东西，旁边都带一个汽油桶装水，一般车上都有，不是用汽油桶就是用汽车内胎来装水。基地跑场区的车因为路程长，温度高，水消耗量大，发动机需用水降温。所以，他们从马兰过来的时候一般都灌满了水，在途中一路上用。开到这边来的时候，车一般只剩一点点水。我们一看有汽车来了，都拿着水壶去排队灌一点点淡水。实际上那个汽油桶里面的水，汽油味重得不得了，也不好喝。但还是比孔雀河的水要解渴，比孔雀河的水好喝得多！至少不苦、不咸也解渴。孔雀河的水我们根本喝不惯，喝了没有几天大家就拉肚子。李火继二十几岁，是个体格非常棒的年轻小伙子，没有几天就拉垮了。我们大部分人都拉了，过了一段时间后才慢慢好起来。等九院大队人马来的时候，我们基本上也都习惯了。前十几天那真是难受，大队人马比我们晚了近一个月，他们是 8 月初过来的。

先遣队的日常工作就是验收铁塔，具体工作就是熟悉这些设备。我们到铁塔上面熟悉一些设备的运转，并试着操作这些设备。因为人员还比较少，没有办法做更多的工作。

那个时候铁塔上面已经有空调，有保温设备，基本设备都有了。"701"铁塔顶上有一个小房子，它分两层，顶上面一层是爆室间，放原子弹的，空调用的压缩机和控制操作系统都在下面一层。那个时候的空调机不像现在，要手动操作来调整压缩机的运行，操作完了以后，还要随时监视着，这些工作都在下面一层进行操作。

访谈时间：2010 年 5 月 17 日

访谈地点：陕西西安西北光学仪器厂宿舍

受访人简介

赵维晋（1929—），陕西蓝田人。1950年考入大连工学院电机专业，又调俄语训练班学习一年。留学苏联列宁格勒电工学院后改学电力专业，获工程师学位。1959年6月份回国后分配到二机部北京九所。1962年到青海221厂实验部，参加第一颗原子弹爆炸试验，任第九作业队631（控制）作业分队副队长，时年35岁。先后在221厂实验部、九院十所工作，曾任科技委主任，研究员。1991年退休。

赵维晋（九院先遣队副队长、631作业分队副队长）：九院先遣队出发的具体时间记不得了，我反正是跟着先遣队一起去的。先遣队一共10个人。徐邦安是队长，我是副队长，其他部门各一个人，有实验部的，有设计部的，具体人名我记不太清楚了。我们出厂前，221厂李信厂长组织开了动员会，也叫我参加了。草原大会战的时候，221厂实验部做了很多次冷试验。在冷试验过程中，我负责雷管的检查、起爆，还有电测试。每次大型试验时我都是作业队的副队长，第一次核试验时，保证起爆雷管的同步性很重要，对雷管要一一地检查，还用高速转镜来看雷管的同步情况。所以，出厂前的一次会议，李信厂长把我叫去一起参加。我当时没有提前上去的心理准备，突然让我参加先遣队，连家里人都没有来得及告诉就走了，那个时候只要组织上需要就没有二话。从西宁坐火车先到新疆吐鲁番大河沿车站。到了大河沿再坐汽车到马兰。到了马兰之后，徐邦安暂留在马兰招待所，我和其他的人一起先进去。九院先遣队由各个单位的人组成，都是一个人负责一摊子事。我们10个人分头负责铁塔、工号，还有与外单位的联系。每天晚上碰头汇报工作，发现问题集中起来，我直接打电话给徐邦安，徐邦安再打电话到221厂请示。开始徐邦安在马兰基地住招待所，我们在场区住工棚，每天与221厂电话联系。我们是夏天上去的，天气越来越热，中午热得睡不了觉，怎么办呢？我们想出的办法就是人躺在床上，床下放一个水盆，把脚浸泡在水里面才能睡着。另外就是喝水，喝孔雀河里的咸水，里面咸味很大，又不能不喝，还不敢多喝，喝了又怕拉肚子。在先遣队这段时间，生活确实很艰苦。

贾浩（九院先遣队队员、701队队员）：1964年7月上旬，221厂组织成立了先遣队，当时派了10个人的先遣队上核试验场区，这批人去的任务是为大部队进场做准备。我们10个人，各个部门的都有，主要是实验部和场外处的。我们去的目的是了解"701"铁塔的安装情况，为第九作业队接收铁塔做点准备工作。

验收铁塔时，九院和工程兵之间具体交接是个什么过程，我记不起来了。我们主要是为了验收铁塔，并且了解一些情况反映给领导。我去了之后，就是做铁塔的配重试验，把沙子装进麻袋当配重，这个配重试验前后做了一个多礼拜。在戈壁滩那个地方没有沙子，都是盐碱地，硬邦邦的，跟石头一样。只好到处找沙子，在风吹得坑坑洼洼的地方有些沙子，就把它收集起来装进麻袋。

将来核试验装置放到铁塔上以后，要有一段时间。那么，铁塔承重能不能够承受得住？铁塔倾斜不倾斜？如果斜了的话会不会倒塌？如果倒塌将会发生严重事故？所以要对整个铁塔的强度、结构各个方面做试验。当时还开了一个会，这个会议由马兰基地的"四号张"主持。为什么叫"四号张"呢？"一号张"是基地张蕴钰司令员，"二号张"是张志善副司令员，"三号张"记不太清了，"四号张"是张英参谋长。参加这个会议有马兰基地的人，有工程兵技术总队的人，有我们九院的人，就是我们先遣队成员参加。几个方面的人坐在一起，九院有什么要求提出来，下一步该怎么做。我们希望知道这个铁塔承重之后的情况，包括变形、倾斜等方面的情况，还有塔摇摆不摇摆，晃不晃，如果晃得很厉害，到时候出毛病怎么办。我们提出这些要求以后，开始工程兵总队的人表示，好像没有必要做这些工作。但是，最后拍板的是"四号张"，他说，就按九院的意见办，去准备，一句话就完了。所以这个会议开的时间并不长，很简短。

我们要求铁塔上面最大的承重量是 3 吨。"产品"本身 1 吨左右，加上人员，再加上其他的一些配属东西，要求承受 3 吨的重量。这个配重按我们的要求放了三天，就是把沙袋运上去，爆室里面装了一大堆的沙袋。

有人说是铅罐，实际上我们不用铅罐，如果用的话应该用铅砖，但是开始没有这个东西。我们跟吊运"产品"是一样的程序，下面不是有吊篮吗，把沙袋子装到吊篮里，用吊篮吊上去，完了以后把这些沙袋子一个一个地先码放在旁边，等重量达到了以后，再把那个盖合起来，再一袋一袋放在上面，很简单，就是这么一个过程。

李火继（九院先遣队队员、701队队员）：1964年6月底，实验部领导通知我们要出差，二室有我、贾浩、张振忠三个人，还有其他科室的人像徐邦安、杨岳欣，他们属于管核试验的场外处，当时叫七处。我们一共10个人组成先遣队，7月初从221厂出发。记得我们10个人是一起走的，第二天到了兰州，在那里住了一个晚上，然后就坐上西去的列车。也就是7月5号左右，那时候火车速度比较慢，差不多一个礼拜时间才到达新疆大河沿车站，实际上就是马兰基地在吐鲁番的一个兵站。我们在兵站上休息了一两天，他们就用一辆卡车把我们送到马兰基地。当时条件不怎么样，在马兰休息了一段时间，为我们介绍一下周围的环境，再用部队的车送我们到核试验场区的地方。第一次核试验场区离马兰大概有300多千米，靠近敦煌那边，是个戈壁滩。

我生平第一次见到戈壁滩，以前对戈壁一点印象都没有，去的时候坐的是卡车。我们从马兰出发，要走多少时间？走一天多。那个时候，场区的路就像搓板路一样，走起来颠得很。到了目的地，工程兵已经建好了一座高高的铁塔，所有这些工程设置都是工程兵部队干的。我们提前去的目的就是要熟悉铁塔设备，熟悉它周围工号的环境条件。另一方面，我们要为后续部队到来做准备，像叶钧道他们大部队人马来的时候大概已经8月初了。

我们7月12号到了"701"铁塔那个地方，基本上挨着工程兵他们住。当时喝的水是孔雀河的水，里头含有氟。喝这种水是越喝越想喝，喝完还是不解渴，喝完还拉肚子，那段时间生活特别苦。

先遣队的任务除了熟悉情况还要干活，因为带有火工品，我们先要挖一个地堡，说地下室也有点像。戈壁滩那个地可不是那么好挖的，到处都是石头子，一镐头下去基本上是一个点，但不好挖也得挖。新疆戈壁那个夏天太热了，中午地面上温度可能有五六十度，热得很！这个火工品不能受热，只能放到温度低一点的地下室。所以，我们要做这些准备工作。

戈壁滩最苦的是刚去那几天，人很不适应。吃又吃不好，喝了水就拉肚子，拉得一点力气都没有，走路都走不动。但是你毕竟还是要干活！因为我们任务很清楚，要在大队人马来之前，给他们创造一个能工作的条件。我们 10 个人的目的就是打前站，你不可能不工作啊！尽管那时候很

当年安装"701"铁塔仍健在的老技工们合影（摄于 20 世纪 90 年代）

艰苦，拉肚子拉得都有点脱水的感觉，你喝进去就拉，因为水里头有氟化镁。过了一段时间才感觉好些点，肚子能够适应了。

我参加了"701"铁塔验收，还做了承重试验。我觉得这个铁塔四根钢管扎在四个水泥地角上，支起来的钢管上头相互连接着，结构上应该没有什么大问题。我们检查了铁塔上头的一些设施，包括电、空调，检验它们符不符合要求，安全不安全，主要做这些工作。我们还要熟悉这些设备，为了以后的核试验用。当时工程兵总队的大部分人都走了，留了两三个人作技术指导。一个是牛工段长，一个是王工段长，还有一个姓李的管吊车。我们去的先遣队员当中，有两个人管吊车卷扬机，后来第九作业队里头还有一位七级吊车司机。

高深（九院先遣队队员、720主控制站成员）：我因为参加了技术先遣队，提前进入到核试验场区。先遣队队长徐邦安，副队长赵维晋，队员有杨岳欣、李火继、任汉民、贾栓贵（即贾浩）、张振忠，还有两位工人师傅，记得一位叫谭世书，另一位叫杜学友，连我一共10人。

在221厂是惠钟锡组长通知我参加先遣队的，参加核试验虽然觉得光荣，但也感到责任十分重大。当时有一句口号是"一切为了'596'"嘛！出发前我写了保证书交给了指导员徐世忠，详细内容记不清了，但是还记得其中一句话："绝不会由于我自己的疏忽大意给党和全国人民的事业造成损失。"

我们先遣队的人各有各的任务，互不打听。出发前夕，大约是1964年6月下旬，221厂李信厂长给我们讲话。我记得要点是，一要严肃认真、谦虚谨慎，不要翘尾巴，不要当老大，要搞好和兄弟单位的关系；二有重大问题必须请示汇报，不要自作主张，不要急于发表意见，要蔫一点儿。我把随身带的两块仪表做了防震包装，简单收拾一下行李就出发了。到兰州后转火车到了吐鲁番大河沿车站。在那儿乘军用卡车在天山里头转来转去，最后到了马兰基地。在马兰停了一天，每人发了一个行军壶和一顶小白遮阳帽。第二天从马兰去核试验场区，吃完早饭，每人拿了几个馒头，装满一行军壶水，就乘军用卡车出发了。卡车大约跑了两个小时就停了下来，司机把汽车前盖掀开，用水浇发动机降温，水浇上去就像开锅一样热气腾腾的。司机说，这次没有别的车同行，在戈壁滩上一般都是两辆车同时走，曾经发生过事故，半路上车抛锚了，没有救援很危险。卡车差不多开上个把小时就停下来浇浇水，到试验场区的时候天已经黑了。大家在接待站吃了点饭，给行军壶灌满了水，找了一顶空着的帐篷，支起床来休息。我带有检测用的温度表，一测帐篷里的温度是 40 度。

　　别人的具体任务我不清楚。我的任务是在核试验场主控站（代号 720）、701 甲和铁塔上的工号（代号 701）检查线路和调试引爆控制系统，

1964 年核试验前夕，"701" 铁塔下工作人员正在铺设电缆

保证大部队到达试验场区时，系统能立即正常工作。我们传送控制和测量信号用的是多芯铠装电缆，电缆从 720 主控站通过地面下的电缆沟铺设到各测试站，九院用的是其中一个分支。从 720 主控站到铁塔下的工号 701 甲，电缆全长约 20 千米。电缆外面包有钢铁保护层，像给电缆穿上铠甲一样，可增加电缆抗压、抗拉强度，防止鼠咬和岩石损伤，又可抗电磁波干扰。

我们去的时候电缆已经埋好了，还有一些工程没有完工。从 720 主控站到"701"铁塔中间有一个小山头，妨碍主控站里的摄影机对铁塔拍摄。平掉小山头的任务交给了工程兵。他们干活时，我看到大部分工程兵战士戴的草帽都没有了帽檐，就剩下了一个帽顶。上百名战士在烈日下赤着背，穿着短裤和磨破的鞋，有的开山，有的推着小铁车不停地运送碎石块，个个精神抖擞，欢声笑语不断。我默默地看着他们，充满敬意，很是感动。

在铁塔底下，701 甲实际上是一个小工号，铁塔上所用的电源和中继控制继电器都在这个工号里面。里面还备有柴油发电机，由基地技术人员负责。在铁塔附近要挖一个约 1 米深的坑来存放雷管。因为离铁塔近，挖坑时不允许用炸药，只能靠人工来挖。这项任务就由我们技术先遣队的人来完成了。记得挖坑时，我自告奋勇手握钢钎，由谭世书来抡锤。谭师傅个子不高，胖乎乎的，看样子浑身是劲。他说在部队的时候，可以一左一右抡着打钢钎。我说这里用不着左右打锤，你看好，我这个手和胳膊就交给你了。一开始，我都不敢看他抡锤。他说，你不要怕，抡起锤就砸向我握住的钢钎。杜学友师傅和他替换着打锤，很快就挖好了这个小"工号"。

720 主控站的电缆是始端，701 甲和铁塔顶上是终端。检查完始端后，到终端再检查，终端检查完了以后，有时还要再返回 720 主控站核对和讨论。戈壁滩虽然干燥，但有时也下雨。有一天走在半路上忽然来了一场暴雨，没地方躲避，人浇成了落汤鸡。幸好暴雨过去后身上很快就干了，地上也没有积水。有时路上遇见大风，飞沙走石，只能哈着腰侧着身子走。年轻嘛，谈不上辛苦，没当回事。那时，一行军壶装一升水，一天能喝七行军壶的水。孔雀河的水既苦又咸，越喝越渴，越渴越喝。

部队战士们常年喝着苦水，我们才喝了一个来月，不算啥。大部队来了后，就喝上了甜水。当时还让我做个计划，说九院大批人要来了，一天需多少水。我说，一是人员陆陆续续地来，二是又不在场区跑，先拉一车淡水试试看。拉来淡水后，我一天只喝两行军壶水，主要是淡水解渴。在铁塔上面工作的时间长了，就不去 720 主控站。开始每天两地往返一次，后来就不需要了。我或是在铁塔上，或是在主控站，因为电缆已经铺设完毕，我只是检测电缆主要参数。从铁塔上面的爆室沿着铁塔的柱子铺有一百多米的电缆，要经常测量电缆表面温度（白天约摄氏 70 度），查看温度对电缆的影响。

同步装置是引爆控制系统的核心部件，与"产品"在一起放在铁塔上面的爆室里。主控站的控制信号通过地下电缆传送到 701 甲，经过中继控制继电器，沿固定在铁塔柱子上的电缆传送到铁塔顶上的控制屏上，再传往同步装置。监测信号传送方式与此类似，只是方向相反。

关于同步装置，我再简单介绍一点，因为核试验领导小组高度关注的核试验刹车问题与它有关。同步装置的作用是当输入端加上额定输入电压时，输出端产生的高压加在装置里面的冷阴极电子触发管的阳极和阴极上，同时向与两极并联的高压电容组充电。触发管的触发信号，也就是原子弹起爆信号，加在触发管的第三个电极（触发极）上。当出现起爆信号时，触发极与阴极间产生火花，触发管导通，同时电容组通过触发管放电，产生的高压电脉冲通过多路传输电缆加在电雷管上实现同步引爆。触发管相当于一个可控的电开关，它是青海 221 厂设计部五室的一个组与北京电子 12 所协作研制的。之所以叫"冷阴极",是因为触发管的阴极不需要灯丝加热。以上是同步装置正常工作情况。大概是 1964 年 5 月份,忽然出现了几次触发管"自击穿"现象,也就是说触发管的两极出现稍高于额定值的电压后,没有触发信号就导通了。这相当于核试验时原子弹处在待爆状态,没有起爆口令就爆炸了,这可

720 主控制站操控台

了不得!以前没出现过这种现象,于是设计部领导紧急召开会议商讨解决办法。先是考虑自动监控方案,出现不正常高压时自动切断同步装置电源。自动监控一般情况下不难实现,但用于核试验就需要精心设计电路、筛选元件、进行环境试验和装配调试等,时间来不及。加之初步调试电路时出现过误动作现象,于是决定采用人工监控方案。在监测高压输出的电压表刻度盘上,用红线标出允许高压的上限作为警戒线,电压表指针超过警戒线时,人工切断同步装置供电,也就是"紧急刹车"中断核试验。这样一来,这项重大任务就落在监控人员身上了。那时,没有考虑这会给监控人员产生多么大的精神压力,也没有想到"紧急刹车"任务竟由惠钟锡和我来执行。

贾浩(九院先遣队队员、701 队队员):有一天,正当我们做准备工作时,陈常宜从 221 厂打来电话,让准备一个雷管库。这个雷管是比较危险的东西,铁塔其他几个方向没有地方啊。我们看也就东边这个地方比较合适,东边圆台的外面有二三十公尺,圆台的半径是 50 公尺,我们想在那儿盖一个小房子,或者挖一个地下坑洞,看行不行,就请示基地指挥

部，找指挥部有关单位提出申请，不是书面的而是口头申请。那天，我们去了基地指挥部，指挥部在一个兵站，我们在那个地方找到一个作训处处长，给他提出这个要求，我们需要在这儿搞一个小的地下仓库，存放雷管。他说，那不行。我们说为什么不行？他也不明确说，"反正这个方向不行，你们选另外的方向"。我们很奇怪，说就这个地方是空的，其他地方不合适，这是爆炸物啊，不是随随便便地放哪里都可以啊！他说，就是不行，东边那是敌人进攻的地方。我说敌人进攻的地方，这个地方还有敌人吗？哪来的敌人？非常不理解，不知道这个话是什么意思，也没有人给我们解释这个事，这次他没有答应。我们回来不久，指挥部通过电话告诉我们，你们可以在那儿挖个小地库，也没有解释为什么现在又可以了。我的想法可能是这样，我猜测因为将来核爆炸之后，风向选西风，西风会把这个核尘埃往东吹。他可能是以为试验以后那个方向是去不得的，以为我们要回收测试什么的东西。其实雷管是一次性的东西，试验完了就不要了，对不对？后来理解他是这个意思，实际上那是一个误会。

2010 年 7 月 10 日，徐邦安讲述"701"铁塔周边部署的工号

徐邦安（九院先遣队队长、第九作业队办公室成员）：火工品是单独放在一个地方的。火工品又分炸药和雷管，炸药和雷管又分别放在两个地方。我们先遣队去的时候，铁塔底下的 702 装配工

号已经基本完工，将来"产品"来了以后，就直接进入装配工号。铁塔周围的那些测试工号，都是半地下室，就是一半埋在地下，有个门儿进去，这些工号就比较简陋了。我当年有一个笔记本，上面有1964年在核试验现场我亲手绘制的工号布局示意图，当时是随手绘制的。你看看，这是进场区的路线，这是吐鲁番、托克逊，这是翻天山……

九院朱光亚副院长亲自拟定的《596装置国家试验大纲》阐述了这次核试验目的："最后检验596装置的动作性能，测定其威力、效率（有效作用系统）以及各

徐邦安手绘记录首次核试验现场工号代号及任务

种核物理、放射化学参数，验证其理论与技术设计。"因此，"596"核爆试验是根据我们九院的程序运行的，实际上我们是最重要的程序，或者说是核心程序，马兰基地负责制定整个试验的大程序。比如说什么时候供电、什么时候给哪个系统下指令，他们要根据我们这个程序才能来协调基地的大程序。因为核装置的装配、调试、检测、装罐、吊装上塔、接插雷

管，这是核试验的一条主线，是我们九院自己编制的。这个程序和时间是核试验大程序的核心。所以，从这个意义上也可以说我们九院跟马兰基地联合制定了整个核试验的程序。

第九作业队进场

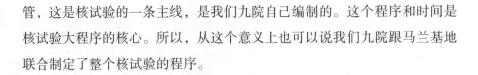

背景资料

　　1964 年 7 月，221 厂组成了以李觉、吴际霖、朱光亚为首的第九作业队，李觉任第九作业队队长，吴际霖、朱光亚任第九作业队副队长，吴际霖兼党委书记。

　　第九作业队成立了技术专家组成的试验委员会，负责现场研究解决核试验中出现的各种问题。成员有方正知、疏松桂、陈学曾、何文钊、倪荣福、吴永文。

　　第九作业队专门设置了办公室。办公室主任谷才伟、副主任陈学曾、李嘉尧，成员有张珍、徐邦安、余松玉（女）等六人。生活管理组由王义和、李荣光等负责。技术保障组、保卫保密组、政治处，分别由刘克建、赵泽民和刘志宽负责。

　　第九作业队下属七个工作分队，各分队领导是：

　　608（材料）作业队队长胡仁宇，副队长倪荣福，政治指导员赵星福。

　　631（控制）作业队队长惠钟锡，副队长祝国梁、靳铁生、赵维晋，政治指导员徐世忠。

9312（试验）作业队队长林传骝，副队长程洪涛、唐孝威，政治指导员贾懰修。

701（试验）作业队队长陈常宜，副队长叶钧道、潘馨、吴世法（理论部朱建士是701作业队成员之一，负责安装、理论计算）。

702（总装）作业队队长蔡抱真，副队长张寿齐、吴文明。

"596"包装运输管理队队长陈学曾，副队长甄子舟、吴永文、张世昌，政治指导员苏义清。分别负责"596"原子弹的运输、装配、上塔吊装、就位、产品保温、测试、插雷管、起爆装置等任务。第九作业队围绕着"596"在核试验场区奋战了三个多月，一直到原子弹爆炸成功。

摘自朱光亚《参加首次核试验工作总结》

方正知（第九作业队技术委员会委员）：1964年8月间，九院组织的第九作业队进入核试验场区。李觉、吴际霖、朱光亚是第九作业队队长、书记、副队长，他们和王淦昌、彭桓武、郭永怀、陈能宽、邓稼先同时也是首次国家核试验委员会委员。第九作业队也成立了由技术专家组成的委员会，负责现场研究解决核试验中出现的各种问题。我和疏松桂①、苏耀光②、陈学曾③、何文钊④、倪荣福⑤、吴永文一起担任第九作业队技术委员会委员，协助吴际霖、陈能宽协调第九作业队的工作计划。作业队有什么情况先告诉朱光亚，朱光亚直接面呈国家核试验指挥部。

---

① 疏松桂，时任九院设计部副主任。
② 苏耀光，时任九院实验部副主任。
③ 陈学曾，时任九院厂外处处长。
④ 何文钊，时任九院一生产部副主任。
⑤ 倪荣福，时任九院技术处副处长。

1964年我国首次核试验委员会成员在试验基地合影。前排从左2起为张蕴钰、程开甲、郭永怀、彭桓武、王淦昌、朱光亚、张爱萍、刘西尧、吴际霖、陈能宽、李觉、邓稼先。

第九作业队有二百多人，701 队、702 队都是围绕着核装置、核爆试验的。作业队还有办公室人员、保卫人员和后勤方面的人员，吃喝拉撒睡有一批人专门在负责。九院场外处陈学曾处长也去了，场外处的人员是第九作业队和马兰基地之间的联络员。当然他们还有管理核试验以后九院留在马兰基地器材的任务，以备下一次再用。

我是 8 月份才进场区的，核装置开始运往场区的时候，我们就马上坐飞机赶到新疆。到西宁正好空军有一架飞机，让我上那架飞机，同机的有空军作战部恽部长，空军后勤部张部长，我和他们一起坐飞机到了马兰基地。

"596"核装置所有的部件都是 702 队蔡抱真他们分开包装好后，交保卫部门押运的。专列上肯定有装配人员参加押运，至于谁参加押运我就不知道了。

吴永文（第九作业队技术委员会委员）：1964 年 7 月 221 厂召开会议，那天成立"596"技术委员会，参加开会的人都是 221 厂各部主任、副主任，组成了一个"596"技术委员会和"548"技术委员会。在这次会议上吴际霖宣布我为"596"技术委员会的委员，钱晋是"548"技术委员会委员。我们到了国家试验场区后，这些人又组成第九作业队技术委员会，李觉是第九作业队的最高领导，第九作业队技术委员会有吴际霖、朱光亚、王淦昌、彭桓武、郭永怀、陈能宽、邓稼先、方正知、苏耀光、疏松桂、陈学曾、吴永文、何文钊、倪荣福共 14 人，负责研究解决核试验中出现的各种问题。像李觉、王淦昌、彭桓武、朱光亚、邓稼先、陈能宽他们几个又是国家试验委员会的成员。我们技术委员会则是九院核试验技术领导核心。我那个时候负责"596"产品从青海 221 厂用保温专列一直押运到核试验场区^①的任务。

张珍（第九作业队办公室成员）：我是 1964 年 8 月份进入核试验场区的，记得 8 月 1 日从西宁坐飞机到了乌鲁木齐，为什么记得这么清楚呢？因为是八一建军节嘛。飞机到的时候已经是中午了，我一看表 12 点了，该吃饭了，可人家食堂不开门，说下午 2 点才吃饭，我这才知道乌鲁木齐跟北京有 2 个小时的时差。第二天我们又乘飞机到马兰，221 厂技术处余松玉跟我坐一个飞机，同机还有一个保卫处的人。第九作业队在马兰招待所有一个办公点，我们到了以后在那儿做些准备工作，有一台保密电话跟 221 厂联系，221 厂的保密电话也归我们技术处管。在马兰办公点我们同试验场区包括产品运输、调度，什么时候出发等都是通过保密电话联系的。后来"596"产品一到，我们就搬到"701"铁塔那儿去了，进场区以后就一直住在作业队的帐篷里面。

第九作业队办公室主任是谷才伟，副主任是李嘉尧，成员有我、徐邦安、余松玉，还有一个打字员叫马存让，我们就在帐篷里面办公。办公室还有一个贾纪，他负责场区这一块工作，他到核试验场地比较早，马兰去过好几次，有什么事情吴际霖直接派他去和基地联系。作业队办公室首先要解决的问题就是通信线路问题。铁塔底下原来有一部电话，叫 701 电话，是工程兵保障施工用的电话。开始上级为了保密没有给我们单独架设电话，基地打电话找我们作业队就找"701"，有一个部队士兵在那守电话再传给我们。在这种情况下，我们很难跟外面联系，尤其是与 221 厂联系不上。后来，试验基地给第九作业队专设了一个保密电话，就可以直接和 221 厂联系了。这部保密电话安在我们办公室帐篷里面，

---

① 新疆罗布泊核试验场区约 10 万平方千米，相当于浙江省的总面积，中心点在北纬 41 度 50 分、东经 89 度 50 分。

1964 年从 "701" 铁塔上俯视第九作业队驻地

平时没有事哪儿也去不了，就在帐篷里面守着，办公室的人吃饭、睡觉都不能离开。

薛本澄（第九作业队 701 队队员）：我是和作业队大部队一起进去的。当时 221 厂保密非常严格，走的时候都是通知到个人，不公开。当然更没有敲锣打鼓欢送之类的活动，到时候你上车走就是了。221 厂里的很多人不知道这个人到哪儿去了，大家也不打听。甚至一直到核试验成功了，许多人还不知道这个原子弹就是我们自己研制和试验的，当时保密工作做得非常好。

我们走的时候静悄悄的，记得是在 7 月底，具体日期记不准了，坐一个专列走的。青海草原 7 月份的气候相当凉爽，一到新疆罗布泊，那正是最热的天气。其实，西北戈壁滩我去过两次，都是在天寒地冻的冬季，最冷的时候去甘肃酒泉。但是炎炎夏日去新疆罗布泊马兰基地还是第一次。

列车从兰州再往西，一直到新疆，到大河沿，就是吐鲁番车站。这一段路天气非常热，刮的全部是热风，把人吹得口干舌燥。在 221 厂从来没有经受过那样的热天。好在大家兴致很高，人人都是满腔热情，奔赴核试验场区，这一点困难算不了什么。到大河沿以后，在简陋兵站住了一夜，第二天改乘汽车往里走，天不亮就出发，趁着凉快走。车过托克逊的时候还有不少当地居民在大街上睡觉呢。就这样一路颠簸，走了一天，翻过天山两个山脉，就是大家习惯说的大天山、小天山两个山，最后到了马兰基地。

在马兰休整两天，然后第三天进试验场区。进去的路全是土路，而且比一般的土路要难走得多。戈壁滩这个路，没有去过的人可能不会理解，就是所谓的搓板路。你采访过的人，都会提到这个搓板路，真像搓板一样，就是路上都是一沟加一沟，一个坎儿加一个坎儿，横在车前进的方向。每一个坎儿的距离大概 60 厘米左右吧，汽车在搓板路上开，不断地上下跳动。

从大河沿到马兰，这一段就是搓板路。我记得九院有自己的客车，那时候客车虽然差一点，总还有座位。从这个马兰基地往里开，一直开到咱们驻地，还有 320 千米，一天到不了。九院自己的客车第二天都开走了，剩下的少数人第三天走。我第三天走的时候就坐基地的通勤车，也就是往来于各个兵站之间的班车。那个车是矮帮的解放牌大卡车。为了防晒，从前到后拉上一块帆布，人坐在上面一个是颠簸，一个是尘土。上车的时候，基地部队的人大概都了解坐这种车的滋味，他们都抢先上。我呢，算外来人，咱谦虚一点最后上的车，这回真正体验到坐在车后面是什么滋味了。车开起来以后，我坐在最后面，坐得越靠后颠簸越厉害。我说"坐在车后面"其实不准确，因为没有座位，席地而坐颠得受不了，但站起来没有可以抓的地方，蹲着也不能持久，一路上只能不断变换各种姿势待着，真盼着早点到达目的地。

这里讲一个笑话。走到半路上，车子后面卷起土来，尘土飞扬。我坐在最后面，自然是灰头土脸就不必说了。天那么热，就是渴！还好走的时候作业队发给我们每人两瓶汽水。那时候没有什么矿泉水，发的是玻璃瓶汽水，渴了，就想在车上喝两口。你坐在车上汽水打开盖，无论如何都喝不到嘴里头，因为车在震动，你手也在震动，头也在震动，全身都在震动，不是磕着牙，就是磕着腮帮子，无论如何都喝不到嘴里去。最后只好不喝了。那天出发比较早，从马兰坐车到甘草泉才吃中午饭，这一段路还可以。下午从甘草泉再往里开，12 点以后，中午最热的时候，一直没喝水，想喝但喝不上水。这一瓶汽水放到背包里，背包放在一个脸盆里。我们都自己带洗漱用具，包括脸盆。等到了开屏机场，下车一看，背包磨出一个洞，脸盆磕得掉瓷了，一路上就是这样颠簸进去。那个时候，第一次领教这个戈壁滩的路，真是如此之难走。

头一天跑到老开屏（代号叫 201），那儿开设了一个兵站，我们头一天的目的地就是兵站。开屏这个地名很好听，大概是基地部队的人起的名儿。它为什么叫开屏呢？我猜想和地处孔雀河边有关，所以给这个地方起了个很美丽的名字。

那个时候，201 兵站为什么建在那个地方？一个重要的原因可能是为取水方便。孔雀河那时候河水已经断流了，变成了一段一段的水坑。但靠近开屏的河水稍微多一点，实际上是很大的一个水塘，取水比较方便，附近还有一个简易机场。另外，这里与核试验爆心的距离大于安全距离，属于安全地区。开屏那个地方是典型的雅丹地貌，没有见过雅丹地貌的人，到那儿看看也挺有意思。我们观察核爆的观察点还相当远，比开屏距离爆心要近一点。

马兰基地的班车就开到 201 兵站，我们在那儿睡了一夜。第二天，咱们第九作业队来车了，把我们拉进这个大戈壁深处。从老开屏到场区里头，大概还有八九十千米，路依然很难走。大约走近 20 多千米，远远就能看到那个铁塔了。

车过了 720 主控制站，不久就能看到"701"铁塔，远远的天际边有一个高高的塔，那就是第一次核试验的铁塔，终于到了。虽然一路颠簸，搞得满身灰土，心情还是很激动的。谁也不在意那点艰苦，就盼早一天赶到场区去。当然，那时候人也年轻，要是搁在现在，这身子骨一颠簸，就够呛了。

我们去的时候，第九作业队的帐篷大部分搭起来了，没有完全搭完。后来的一些人，他们打开一批帐篷，自己动手，自己搭。第九作业队的人都住在那个地方，一个帐篷住 10 人。当时 200 多人没有全部到齐，有些是临时来的，包括运输队伍。当初，为了保证运输，有一个庞大的汽车队，那里没有直通列车，要铁路、飞机、汽车多次转运，沿运输路线每一个转运站都要有人。比如在西宁、乌鲁木齐都有九院的人。当时九院负责运输的是乔献捷副院长，公安部、铁道部、空军等部门协同作战。不光是车队，还有铁路和空运。核装置是从陆运到空运，再接着陆运这样进去的。空运是用运输机运到开屏机场，再用直升机把"产品"运到核试验现场，降落在"701"铁塔附近，然后再运进 702 装配工号。

杨岳欣（第九作业队 701 队队员）：第九作业队宿舍营地离铁塔不远，

1964 年新疆罗布泊核试验基地第九作业队住的帐篷群

也就几百米，具体距离现在也记不清了。作业队的帐篷围成一个四合院的样子，中间是活动场区和停车场。

代号 702 的装配工号，那时候已经修好了。装配工号离铁塔也有百来米吧，上下铁塔的吊篮也都可以用了。

第九作业队进场前，工程兵技术总队那些建设铁塔的人还没有撤，虽然设备交给我们了，但是他们人还在。第九作业队进场后，工程兵技术总队的队伍就撤走了，只留下牛工长和王师傅两位配合我们 701 队的工作，负责塔上设施的维护和技术把关。还有一个人叫邝国斌，邝国斌是一个工程师，空调设备就是他负责的。我和李炳生在铁塔上面的时间比较多，因为我们的任务是负责空调设备的运行。每天要上去操作，要随时观察空调设备运行情况。所以我们比 701 队安装的人上塔的时间多。另外，塔上还要值班，每天都要有人上去值班。

访谈时间：2010 年 6 月 26 日

访谈地点：辽宁大连理工大学教工寓所

受访人简介

　　吴世法（1928—），浙江省东阳县人。1949 年考入大连工学院，1952 毕业后分配到长春光机所。1960 年调入二机部北京九所，1962 年上青海 221 厂实验部。参加第一颗原子弹爆炸试验，任第九作业队 701 队副队长，时年 36 岁。先后在 221 厂实验部、九院一所、大连理工大学工作，研究员。1990 年退休。

　　吴世法（第九作业队 701 队副队长）：1964 年 7 月，我们乘专列出发，前往新疆核试验场地。专列走走停停，走走停停。大家一直都在火车上，到了一个叫大河沿的车站下来住宿，第二天再坐汽车一直到马兰。当时马兰基地的生活条件非常简陋。到了马兰以后，再往里走，一路上可以看到一些沙漠的风景。要说真正到了戈壁滩，还是到了甘草泉以后，从甘草泉再往里走，就是一望无垠的大戈壁，汽车一直开到了"701"铁塔下面。我们去的时候铁塔已经建好了，在距离铁塔大概 500 米左右，一个地势比较平坦、低洼的地方，第九作业队搭起了帐篷。所以，我们上下班很近，到铁塔上工作很方便。到了核试验场区以后，马上就开始工作。尽管当时的生活很艰苦，因为喝的甜水都是拉进去的，用水非常非常地节约。我们洗脸水可以凑合用当地的苦水，生活上喝的水还是有一些咸，有一些苦味，实际上并不甜，但是已经不错了，已经是属于甜水了。在那个时候，吃的伙食、住的条件领导和群众没有太大的差异。当时，"拉"可就是一个大问题了。我们男同志还好，只要对面没有人，就可以方便。或者适当走一段路，到低洼的地方就可以大小便。女同志就非常困难了。当时，第九作业队去场区的人仅余松玉一人是女同志，她要出去大小便的时候，到一个低洼的地方，她常请我到离她老远的地方站岗，不让其他男同志走过去。过了好几天，才专门搭了男、女厕所。所以，余松玉生活上遇到的最大的困难大概就是这个事了。

蔡抱真（第九作业队702队队长）：702队属于第九作业队，我们从青海221厂出发的时候，带着这个练习的"产品"先上去，整个702队就是何文彬一个人是后去的。"产品"是专门由保卫部负责押运的，练习弹也没跟着人走，而是先用专列运到大河沿，完了以后还是靠汽车往里运，汽车到马兰以后再用小飞机运进去。我们人是直接坐火车，然后转乘汽车进去的。

吴文明（第九作业队702队副队长）：我们从221厂上火车，坐火车的过程中，我觉得沿途一路上非常紧张，可以说每一个车站都是站长带着人轮流值班。当时我们也觉得挺奇怪，就是太重视这次核试验了。火车经过的每个车站不管大小车站全有站岗的，大的车站还有军代表，一路上都是这样的。到了大的车站检查都非常严格，完了以后才能通行。我们到了马兰基地以后，待了几天才进试验场区，是从开屏机场坐汽车进去的。702队的人进去之后，到了场区住帐篷。说实在的，生活就是再艰苦我们也不在乎，反正人家已经把工作条件创造好了。试验场区也没有特殊的生活待遇，挺平常的。当时，大家脑子里面装的就是怎么样开展工作，怎么样严肃、认真地完成好这个任务。

吕思保（第九作业队 702 队队员）：1964 年 7 月份，我们在 221 厂完成了所有的冷试验工作。有一天，蔡抱真主任对我说："老吕，现在 221 厂大的试验已经做不了了，很快就要到国家试验场去试验了，你要做好思想上的准备，把工作做得更好更细啊。"那时候，核试验很保密，只有很少的几个人知道这个事情。当时蔡主任叫我老吕，我脸红了半天，那时我才 27 岁啊！

1964 年 8 月份，准备上核试验场区的时候，也是总装组、部件组、核心部件组三个组的人都去。我们大概去了十几个人。带队队长是蔡抱真，副队长是吴文明，我们属于第九作业队 702 工作队。

运"产品"的专列到了大河沿，用汽车运到马兰，进核试验场的时候是用直升机运进去的。我们作业队的人再坐汽车进去。那个时候，戈壁滩的道路很不好走，道路坑坑洼洼的，又不平，上路以后灰尘很大。后车看不到前车，一路上我们看到了各种效应试验物，还有测试项目，在路上都看得见摆放的那些仪器设备。

马兰离场区 320 千米，但是开屏机场离场区就近了。开屏机场到试验场区那一段路必须坐汽车，要坐一两个小时的汽车。"产品"怎么办呢？"产品"是从马兰用直升机运进去的，在"701"铁塔下面有一个直升机停机坪，"产品"都是用直升机运进去的，分多次运，不是一次，直升机一次运不了那么多。

我们是人先到试验场区，后来才把"产品"运进来的，人先到你要接"产品"嘛。直升机来了以后卸箱子啊，往工号吊运包装箱等都是 702 队的人自己干，其他的人不能随便进入装配车间。

戈壁滩 8 月份的天气很热了。当时核试验的时间不知道是哪一天，试验时间要中央来定，我们就一直在那里待命。核装置要随时检查温度变化、精度变化，要检查很多次，这中间还做了很多的检查工作。几十个部件的同步性，几十个雷管会不会瞎火，这是个关键，要有效地监控。我记得 702 队有一个师傅，他身体很瘦，一个元件重 7 千克，每天搬上搬下几十次。每装一次都要进行检查，检查完了复查，复查完了卸装，装了以后还要查。尤其是弹性材料的应用对精度变化有什么影响，要最后弄清楚，弄清楚了才踏实。

访谈时间：2010 年 4 月 9 日

访谈地点：上海普陀区寓所

受访人简介

余松玉（1937—），女，上海人。1958 年南京工业学院毕业后分到二机部北京九所，1961 年上青海 221 厂。1964 年参加第一次原子弹爆炸试验，第九作业队办公室成员，时年 27 岁。先后在 221 厂、九院综合计划处、十一所工作，副研究员。1997 年退休。

余松玉（第九作业队办公室成员）：在 221 厂我是搞科研生产计划的，

所有进核试验场区的名单、计划，哪一步安排什么工作，哪一步工作什么时候完成，都是我们计划部门排的。那个时候计划处没几个人，我说我可以上去，我就加入第九作业队了。也不是说你想去就能去的，那个时候是服从分配，需要你做什么就做什么。

当年221厂计划处领导有谷才伟、张珍，张珍开始在221厂，因为家里也必须有人，场区和221厂的电话是捆在一起的。后来他们也都上了核试验场区。

我进核试验场区的时候，既没跟先遣队走，也没跟着大部队进去，是单独坐飞机进去的，因为要快嘛。我们那一趟人很少，飞机是从兰州起飞的，我记得在酒泉还停了一下，然后到乌鲁木齐，到乌鲁木齐再换成小飞机到马兰。

我去得比较早，比先遣队晚，比大部队早，因为来了以后有好多的事情要做。后来，第九作业队大部队来了，帐篷什么的运过来了，最后从飞机上卸"596"产品。大部队进场区、进工号都要做事，这边进场工作进度怎么样，怎么安排，你还要排计划。另外，我们坐机关的人要下去给领导了解情况，比如什么地方卡住了要给疏通之类的事情。应该说，我上去得还是比较早的。

在221厂计划处，我对口实验部，但是第二生产部蔡抱真他们那边也要去。王淦昌下去时就带着我，我跟着他也不叫什么秘书，就是跑腿的，替领导了解下情、上报，上情、下达。上面指示检查工作进度，你别查错了。跟领导们汇报的时候，专家业务自己会判断。其他行政领导不懂时，你还要起个参谋作用，你跟他们汇报的时候，他们很注意听。我们这些人确实没有什么私心杂念，也没有什么好恶，就是说跟谁好像近些，跟谁好像远些，没有那个杂念，完全从工作需要出发，尽量把工作做好就是了。

到了核试验场区以后，我们在基地试验指挥部安排部署试验程序的时候，部队领导一级一级的上下层次非常明显。你知道吗？要是大头头在，小头头都不说话，吭声都不吭声。对我们九院的人，基地上下各级领导都很客气，因为我们是老百姓嘛。

那时候第九作业队都是男的，就我一个女的，也不能不让我去！我专门住在一个仓库帐篷里。可是，戈壁滩上哪有女厕所啊！实验部周泽利是搞电子学的，周泽利就帮我挖厕所，在作业队领导住的帐篷后边一点的地方挖个坑，还要有点坡度，周围用一两张破芦苇席卷起来遮一遮，能稍微挡一挡就行了。

试验场区的天气炎热，男同志平时光膀子穿裤衩。但是，来个女同志就不方便了。他们再烦也没有用啊，又不能不让我去，因为我平时就是搞计划、日程安排等工作，所有的科研项目、试验计划都是我们计划处做的。

其实我本人不喜欢做计划，因为做计划要跑腿，但是在机关里面没办法，起个螺丝钉的作用。我很喜欢做业务工作，搞核武器虽然是外行，王淦昌就教我，每礼拜都给我上课，什么知识都教我，有那么好的条件，有那么好的专家，一有空闲的话我就学习。

耿春余（第九作业队701队队员）：在221厂做前期准备时，我们预先把雷管打包准备好，所有的数据都准备好，也向领导汇报了。上级决定雷管由九院保卫处统一带着保卫押运。雷管都有火工标志，有时候用专机运，有时候用火车运。第一次大概是用火车运的。

我们挑好了的这些雷管，在221厂打"65"炮①时打掉了一些，当时要打三批，打三批看一致性，剩下的还比较多。因为一批雷管有1000多发，我们打掉了大概100多发，剩下的就是留备用的。实际上，打"65"

① "65"炮指全尺寸爆轰模拟试验。

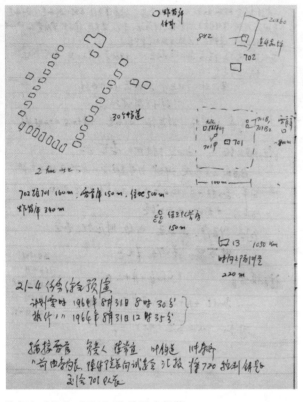

徐邦安手绘的"701"铁塔周边帐篷
驻地、雷管库、直升机坪分布草图

炮和进行国家核试验基本是一致的，先用了一些，觉得确实比较可靠，没有任何问题了，就准备把这些雷管带到核试验场区去。供国家试验用的雷管，都是我们预先在 221 厂挑选好了的，到那里以后就是具体往上装的问题了。

我是随大部队走的，我们坐专列到了马兰以后，全部转成坐大汽车，天很热，风很大，走了几百千米才到核试验场区。

他们先遣队去的时候已经在距离铁塔不远处，挖了一个小小的地下工号，专门储存雷管用。小雷管库好像是半地下的样子，我们有雷管箱，把那个东西放在里面，平常都不动，要等到正式装配的时候才能去取那个东西。

存放雷管的小库距离铁塔有多远呢，一下想不起来了，反正离铁塔很近。因为雷管比较小，不像炸药，炸药放得比较远。雷管不能跟炸药在一块儿，是分开的，主要是保证安全，同时还要考虑方便取用。戈壁干燥，没有去湿机也能保证那个相对湿度，所以是没有问题的。

701 队任务和人员组成

访谈时间：2009 年 6 月 20 日

访谈地点：北京花园路六号院办公楼

受访人简介

　　陈常宜①（1928—），江苏常州人，1952 年复旦大学毕业，1960 年调入二机部北京九所，1964 年参加第一颗原子弹爆炸试验，任第九作业队 701 队队长，时年 36 岁。先后在 221 厂实验部、九院一所工作，曾任二机部军工局局长，高级工程师。1991 年退休。

　　陈常宜（第九作业队 701 队队长）：讲讲代号"701"铁塔的事情吧。第一次原子弹爆炸试验时，参加核试验的第九作业队下面分好几个分队。有 701 队，有 702 队，有测试一队，有测试二队等等，我是 701 队队长。701 队管什么呢？就是管这个铁塔，就是核装置从塔下往塔上吊，在塔上

――――――――――

　　① 受访人照片摄于 1964 年 10 月上旬某一天，在"701"铁塔顶上的爆室，701 队 8 位同志同"产品"一起合影，这是截图。

就位。还有核装置的保温、插雷管、塔上安全等等，这个就是 701 队的任务。

我们 701 队当时有十几位同志，我是队长，另外还有三个副队长——叶钧道、潘馨、吴世法。潘馨是场外试验处的，场外处的任务就是负责国家试验，因此场外处的干部参加到我这个队。我们队员呢，除了搞爆轰试验的同志以外，考虑到"701"铁塔的工程问题，我们不懂这个东西嘛，所以，工程兵技术总队留了几位老师傅参加到我们这个队，任务就是管理维修这个铁塔。

解放军工程兵技术总队在洛阳，这个铁塔是他们建的，建成以后留了两位老师傅在我这个队。记得一个是王师傅，一个是牛师傅，他们都是七级工、八级工，就是把技术很高的师傅留下来。所以，我们这个 701 队啊，有九院的同志，有解放军同志，有技术人员，有工人。另外呢，技术人员里面，我们还有理论和试验结合的人，像朱建士同志是搞理论的，他也在我们这个队。

701 队主要有三方面的工作，一个是负责核装置从塔下运到塔上。第二个就是核装置的保温，因为我们这套装置啊，有温度要求，不是任何温度都可以工作的。"产品"要求温度在 20 度，大概是上下正负 2 度这么一个范围。就是我们做试验的时候，从核装置运送到塔上，安装过程这个温度是要保障的，最起码核装置要保温，上了铁塔以后要保证这个温度。第三个任务是插接雷管，主要是这三项任务。当然，铁塔的安全我们也要管，安全靠工程兵技术总队的老师傅，我们协助他们，701 队的任务就是这些。具体讲是这样的：核装置装配任务由 702 队负责，702 队把核装置装配好以后推到塔下，然后在铁塔下办移交手续，由 702 队队长蔡抱真交给我，我们都要在上面签字的。

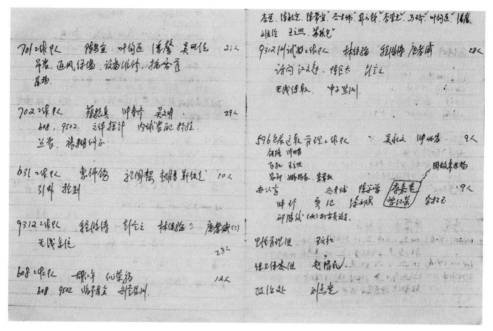

徐邦安当时记录的第九作业队各个分队负责人及人数

徐邦安（第九作业队办公室成员）：第九作业队下边的各个分队，包括技术保障组的名单，我这上面都有。塔上的指挥是潘馨，塔下的指挥是薛本澄。负责手动卷扬机的是李火继、张振忠。产品安装是贾栓贵、李仲春、朱建士；"产品"起吊是曹庆祥、王焕荣；空调维护是杨岳欣、邝国斌、李炳生；线路维护是耿春余；卷扬机手是杜学友、陈名太；安全员是曹庆祥、王焕荣。雷管记录是贾保仁。还有方正知、张寿齐等人。以上名单里也有不是九院的人。

杨岳欣（第九作业队 701 队队员）：铁塔的代号叫"701"。我们在铁塔上工作的分队就叫 701 分队，其余依次是 702、631、9312 和 720 分队。702 是装配工号，720 是控制总站，631、9312 是我们的核测试工号的代号。九院大部队来了以后，我们先遣队成员就和第九作业队住在一块，住在自己的帐篷营地里面了。我、李火继、贾浩、张振忠还有两位工人转到701队，其余同志转到他们所在的机关、分队和核测试分队。

薛本澄（第九作业队701队队员）：当初在青海221厂第一次国家核试验准备阶段做了几件事，一个是设计辅助装置。什么是辅助装置？就是"产品"安装时需要的支架，还有一些仪器设备、天线等等。因为核爆信号传输数据需要天线支架，我们设计部十八室设计了一些辅助的装置。出场前，在221厂设计出图、加工，然后检验验收，最后包装好。实际上在221厂六厂区做冷试验的时候，设计部的人就介入了，我们跟实验部的同志一道，把这些该安装、该调试的装置安装好、调试好。到了核试验场区，这些工作比较简单，没有太多的事，领导就让我做这个吊装指挥。你们在电影上看到的这个镜头，我是在那儿指挥卷扬机、升降吊篮。在现场让我负责做这事，大概是因为没有更合适的人选吧！因为第九作业队进场之前，铁塔都是由工程兵技术总队负责安装、运行的。这个塔从加工到安装，质量做得非常过硬。

我们进去以后，工程兵技术总队把整个铁塔移交给701队。交接后，工程兵总队大部分人都撤了，只留下一个姓邝的技术员。

刚移交给我们的时候，两个操作工人加上我，没开过这样的卷扬机，我也没有指挥过这种升降机。因为领导给的任务，你要不讲价钱地接受。好在自己上大学的时候，一开始学机械，设计过两台卷扬机，专门做过关于钢丝绳性能的一些试验，包括这种吊篮，类似电梯厢体。我还去北京市当时有电梯的几个宾馆做过调研，研究过宾馆的电梯，心里有点底。但是，怎么个指挥法，那得请教，请他们把把关。当时，工程兵技术总队留了三个同志，一个是牛工段长，一个是王焕荣师傅，岁数比较大，大概四十多岁。后来报纸上好几次报道过王焕荣这个人。原来还有一个年轻一点的同志，后来牛工段长把他送走了。这个人有几次跟牛工长、王师傅说他夜里老做梦，梦见"产品"从塔上掉下来了，一声尖叫就醒了。牛工长就骂他，你是梦见原子弹爆炸了，跑不了。他经常有这样一个恐怖想法，牛工长就把他骂走了，最后剩下他们两个人。但是这两个人也没有坚持到最后，"产品"吊装前他们也撤走了。到真正的、正式的核装置吊装的时候，都是九院自己的人。那两个工人师傅人挺好，他们把这个铁塔交给我们，留下做些辅助工作。其实，我指挥吊装虽然没有多少深奥的技术在里头，但是感到肩上的担子挺重的。

为第一颗原子弹吊装立下功勋的老技工王焕荣师傅（摄于 20 世纪 90 年代）

耿春余（第九作业队 701 队队员）：我是 7 月份随大部队去的，戈壁地面温度高达四五十度，天气太热，一动人就已经汗流浃背了，晚上基本上都在后半夜才睡觉。那个时候大家都年轻，睡觉少没关系。我们到那里主要的任务是什么呢？每个人脑子里面都牢记周总理说的"严肃认真、周到细致、稳妥可靠、万无一失"16 字方针。一定要认真去弄这个东西，不能有任何差错。本着这个精神，加上九院以任务为纲，保证"596"一定要圆满成功。好好干吧，我们大家都清楚，去的时候感觉自己非常荣幸，但是也感觉身上责任重大。当时，有的同志们没有上去还闹情绪。不是说随便去的，我们组里面就贾栓贵、我，还有张振忠，就是我们几个上去的。

到试验场区以后，开始是练兵，熟悉场区。练兵就是每天拿假的雷管进行试验，怎样装配，插件怎么插，怎么把这个导线接好。帐篷里面很热，有 40 多度，满身是汗还得穿着工作服，不能随便光膀子，那样操作都是不行的。除了练兵，还要适应那个环境。有时候领导专门让你下午到外面骄阳底下去练习，大家也没有任何怨言。场区的生活还是可以的，国家在那么困难的情况下，还保证我们喝的是淡水，都是从 300 千米以外运来的水，而且还有罐头吃，大家对生活还是比较满意的。

702 队任务和人员组成

蔡抱真（第九作业队 702 队队长）：702 队是由两部分人组成，一部分人是我们 221 厂二生部 207 装配车间的人。207 车间主任叫李必英，副主任叫吴文明。李必英后来离开青海调到北京核二院科技处，已经过世了。当时，李必英留在家里准备正式的"产品"，吴文明和我就上核试验场区去了。二生部的领导就我和吴永文去了，钱晋、孙维昌都没去。

我们先带着一发练习用的"产品"上去了，所以去得比较早。702 队一共有四个组，我们是技术干部当组长。吕思保是元件组组长，还有一个老师傅，叫不上名字了。因为元件是在家里装好了的，到那里测试一下就可以了，所以元件组只有两个人。还有一个"内球"组，组长是杨春章。（他后来调到青岛去了，大概在 2008 年，他来苏州看过我。那个时候他已经得了癌症，感觉到时间不长了，出来转一转，回去不久就去世了。）他们这个组也有一个老师傅叫李文星。还有总装组，总装组长是李崇修。（李崇修现在也去世了。）吕思保、杨春章、李崇修还有一个叫何文彬的都是技术干部。总装组有三个技术干部，两个工人，一个工人叫黄克骥，他现在在廊坊，你们可以去采访他。他身体很壮，那个时候所有的力气活全靠他啊！另一个师傅我叫不上名了，记不起来了。702 队还有一个检验组，组长是潘长春。潘长春原来是清华大学的老师，从清华调过来的，现在不知道在哪里。负责检验的有一个朱师傅，还有一个年轻人叫何文彬，他是跟随着正式"产品"过来的。他后来调回江苏南通，他是南通人，在南通火柴厂工作。一开始我们还有来往，他到苏州开会时见过我，后来就没联系了。他回到南通以后改名了，因为他是过继给何家的。他本姓张，所以改叫张文斌。

我们 702 队还有两个老师傅专门管吊装，一个老师傅叫曹庆祥，这个人很厉害，1958 年修建武汉长江大桥的时候，他在那儿就是吊装师傅。他的年纪很大，比我的年纪大多了，又抽烟又喝酒而且咳嗽咳得厉害。他是打着小旗指挥吊车把"产品"从 702 装配工号吊出地面，最后"产品"运到铁塔下面的时候，他坐在那个吊桶顶上一直跟了上去。另一个是开汽车吊的朱振奎师傅。我们在 702 装配工号的时候，他负责把装满元件的箱子吊下去，空箱子吊出来，最后核装置装配好以后，整个保温桶从地下工号吊出来，都是他干的。

702 队主要是由二生部 207 车间的人组成的，但其中有两个人是一生部 102 车间的。因为所有的放射性材料都由他们负责，他们希望一起到现场参加第一次核试验。结果，他们来了以后基本插不上手，就让他们负责管理冷冻机。地下厂房不是有空调的嘛，他们管那套空调设备，一共就那么些人。整个 702 队包括各个组，全部加起来应该有十几个人吧。

吴文明（第九作业队 702 队副队长）：我记得 702 队有 12 个人，队长是蔡抱真，我是副队长。装配产品分四部分："内球"部分由杨春章负责，元件部分由吕思保负责，吕思保手下应该还有一个人，总装部分由李崇修、黄克骥负责，检验组由潘长春负责。铁塔底下的 702 装配工号有两个房间大，也就是几十平方米。702 工号是半地下工程，离地下五六米深吧！因为我们装配架子这么高，再加上"产品"这么高，上面还有吊车好几米呢。戈壁滩 8 月份的天气很热了，装配工号里有空调设备，冬暖夏凉，基本上在属于我们控制温度的范围内。"产品"要求控制在 20 度正负 2 度，整个生产、制造、运输过程都是在这个温度范围之内。其实，我们 702 工号里的设备很简陋，就是装配需要的几种设备，主要的设备是一个防爆吊车，还有一个真空装置，因为我们的元件都要真空吸吊，抽真空后才吊装。真空吊具上还有安全网，万一有问题怎么办呢？所以元件吊起来以后把安全网挂上，到装配的时候，安全网拿下来再装。最后一步工序叫做"投篮"，它就是一个炸药塞子，然后装一个药元件，装完了之后就盖上，整个球就推过去了。那个"内球"组合件，靠压力保护，有专门的充压设备。

作为 702 队副队长，我负责从元件一直到"整球"装配，最后到吊装、出工号。"产品"吊装出了工号以后，运输的时候我就不管了，由蔡抱真队长负责。在 221 厂的时候，蔡抱真是二生产部副主任，他主管我们 207 车间。但是，第一次原子弹试验的时候叫我去当 702 队副队长，没有想到第一次氢弹试验我也去了，我一共参加了两次核试验。

说实在的，702 的装配工作比较单一，范围也比较小。一个原因是互相协助，另外一个原因是保密。你做完了这道工序以后，要移交给下一个人，你这段出问题你负责，下一段不用负责。我们"内球"组共 3 个人，加上吊装两个人这就是 5 个人了。元件组大概有 3 个人，加在一起就是 8 个人。总装配组有三四个，702 队一共大概是十二三个人。因为我们在 221 厂都试装好了的，我们在 221 厂也盖了这么一个半地下装配工号，来练习装配。所以，我们到试验场区那儿比较顺利。说实话，最后总装配时就怕由于我们工作的失误而影响核试验，要求万无一失。有那么多参试人员在那儿，最后就这么一下子嘛，搞得不好不都一下子报销了嘛！

为什么搞个地下工号呢？试验指挥部领导考虑得比较周到，万一出问题，把这个工号毁掉了，这里的人就算牺牲，部队叫光荣了，是吧？不影响外边的铁塔和器材，不影响整个核试验。毁掉了一个工号，还有时间再盖一个装配工号，工程兵部队两三个月就可以盖完。另外，我们"596"也有预备的"产品"。

徐邦安（第九作业队办公室成员）：702装配工号是个半地下室。为什么设计成一个半地下室呢？具体设计过程我们不知道，是基地负责的。但是，我和李觉、吴际霖、朱光亚第一次到新疆罗布泊考察核试验场区的时候，我们5人到了吐鲁番，看了吐鲁番一个很简易的机场之后，我们特地到机场旁的维吾尔族老乡家里，看了看老乡的房子。他们的房子都是半地下式的，一走进去感觉很凉快，外边很热，屋里边却十分凉爽。这几位领导得到一个启示，以后我们在试验场区的原子弹装配工号，要因地制宜地设计成一个半地下室，不是很好吗？这个思路从实地考察中来，最后也采取了这个设计方案。这样既简化了设计，节省了投资，又很实用。

所以，702装配工房是半地下室，为了装配安全，装配厂房的温度要求非常严格，但又是一次性使用，核试验之后就报销了。为了这个"产品"吊入吊出，在702工号边上设计了一个竖井，也很简单，就是"产品"推出去以后，吊车吊出来，吊进容器里头，由铁轨推到铁塔下面，这个设计是又巧妙，又实用。

绝对机密

李火继（第九作业队 701 队队员）：在 221 厂保密制度很严格，干什么工作不让说，包括工作地点都不让说。我们 221 厂离海晏县城不远，有铁路进去，连海晏这个地名都不让说。曾经有一个同志写信说到九院报到，他在路上就知道青海省海晏县，写信写了这个地名，回来后给他记过处分，定级的时候降了一级，那时候可严了。这种保密对我来说倒是顺理成章，为什么呢？我们在哈尔滨军事工程学院学习时，保密就很严格。我们四个人一个组，我写信寄出去的时候，首先要给别人看看，有没有泄密的东西。你写的信要寄出去，还得给我看，互相看了以后才能够发出去。我在学校念书的时候培养成了保密习惯，参加工作以后，保密对我好像没有什么太大的约束，早就已经习惯了。

我 1963 年从哈军工毕业的时候通过同学介绍认识了一个女朋友，1964 年初我们开始通信，那时候刚认识，还没见过面，主要靠通信保持联系。我参加第一次核试验之后，回家过春节，她正好在上海长明医院实习，她是 1965 年毕业的。我探亲的时候拐到上海住了几天再回到广东，那时候我们才第一次见面。反正我们 1964 年认识后，有很长一段时间不通信，她可能有些想法吧！我就说出差了，只能说出差，不能说干什么事。我们这些人也觉得很自然，很习惯。该你知道的会让你知道，不该你知道的你也不要去问，不打听别人的事情。别人干什么事情，他不说，我们也不问，常年养成了保密习惯。

徐邦安（九院先遣队队长、第九作业队办公室成员）：我记得当时对保密的要求十分严格，甚至带有一点神秘色彩。221厂被选定的参试人员，挑选的都是技术骨干或熟练的工人，仅在出发前四五天才通知本人，不准把出差的地点、时间告诉家人。在场地通信，规定的原则是"无事不通信，有事少通信，通信不泄密"，因此也就很少有人写信了，回厂后不准向无关人员透露出差地点、场地情况和试验的情况，等等。在保密这方面，第九作业队绝大多数人遵守得很好。

访谈时间：2009 年 8 月 31 日

访谈地点：北京一号院老干部活动室

受访人简介

韩云梯（1934—），江苏江阴人。1957年考入哈尔滨军事工程学院，1963年毕业分配到二机部北京九所。1964年到青海221厂。1964年参加第一次原子弹爆炸试验，担任720主控制站操作员，时年30岁。先后在221厂设计部、九院五所、二机部军工局工作，高级工程师。1994年退休。

韩云梯（第九作业队720主控制站成员）：我1964年3月到青海221厂参加草原大会战。8月份就奉命押车把试验器材运送到核试验场区。我们九院保密工作做得非常好，那时父亲、母亲、兄弟姊妹们都不知道。我去核试验场区出差，老婆都不知道我去哪里，家里的孩子更不知道，不知道我去哪里了。我一声不吭地就走了。那时候大家心里都装着国家的事业，并不是我一个，当时所有的人都是这样的。

访谈时间：2010 年 2 月 17 日

访谈地点：四川绵阳科学城寓所

受访人简介

祝国梁（1928—），浙江省温州市人。1949 年考入清华大学电机系学习，1952 年毕业。1953 年分配到成都宏明无线电元件厂工作。1960 年调入二机部北京九所。1963 年去青海 221 厂。1964 年参加第一颗原子弹爆炸试验，任第九作业队 631（控制）作业分队副队长，时年 36 岁。先后在 221 厂设计部五室、九院五所工作。研究员，1992 年退休。

祝国梁（第九作业队 631 队副队长）：1964 年我参加第九作业队上了核试验场区。在核试验场区的时候，测试仪器的盖板缺了一个螺丝钉，我就随便找张纸画了一个螺丝钉的加工图，请马兰基地加工几个螺钉，后来解决了，图纸也就不用了。那里是戈壁滩，刮风时图纸不小心被风吹到外面去了，被人捡去交到作业队里面。作业队的保密保卫组找到我，解释清楚也就完了，不涉及保密的问题。这个手绘的加工螺丝钉的一个图纸用完了，丢了都不行！

应该说我们对保密是非常注意的。我离开221厂时，爱人根本就不知道我去哪里出差、干什么去了，后来，有人从马兰基地回221厂，我让他带了点葡萄干回去，她才知道我是去新疆出差。第一颗原子弹爆炸成功以后，全国欢腾。我爱人单位的领导对她说"老祝快回来了"，她这才知道我参加核试验去了。其实在221厂也好，在核试验现场也好，我对无关的事是不喜欢打听的，也不乱传，严格遵守保密规定。

陈常宜（第九作业队701队队长）：当时保密得很厉害，我们在核试验场区不让通信，不能写信。我的儿子患了大脑炎，我爱人从北京打电话打到青海221厂叫我回去。可音信全无，我在场区什么也不知道，根本不让通信，更不能打电话了。

"596"核试验，当时只有八一电影制片厂拍了纪录片。其实，我们也拍了一些照片，这是历史资料嘛！现在写史料，除了回忆文字什么都没有，好多大的试验都没有留下照片资料。为了编军工史，221厂我去查过，没有查到照片资料，要查到就好了，我们好多工作镜头都在里面，这个很可惜！记得第一次核试验插雷管时，最后不是李觉和张蕴钰①一起上到塔顶去了吗？当时我们制定了一个机要守则贴在爆室里面。插完雷管撤退前，张蕴钰说你撕下来保存，我就撕下来了，后来也归档了。在20世纪80年代，一次国防科工委开会，张蕴钰向我要，问那个机要守则在不在，我说都归档了，后来再查就找不着了。所以我给你说，我们701队参

---

① 张蕴钰，时任马兰基地司令员。

加第一次核试验，整个工作照片只有一张留下来了。

访谈时间：2009 年 4 月 23 日

访谈地点：北京花园路六号院办公室

受访人简介

　　朱建士（1936—2011），湖南长沙人，1958 年北京大学毕业，同年 8 月分配到二机部北京九所。1963 年到青海 221 厂实验部，1964 年参加第一次原子弹爆炸试验，第九作业队 701 队队员，时年 28 岁。先后在 221 厂实验部、九院九所工作，研究员，中国工程院院士。2011 年 12 月去世。

　　朱建士（第九作业队 701 队队员）：我原来在九所理论部工作。1963 年参加理论和实践结合小组①到青海 221 厂实验部工作。张爱萍到北京汇报以后，回来场区试验委员会就规定，不要问什么时候做试验。他说，总理说，这件事情我连邓颖超都没有说，所以你们一定要绝对保密。当时规定了一条，任何人不要问什么时候做试验，连你问什么时候做试验，这都算作涉及秘密了，所以大家都不问。10 月 16 号中午，第九作业队说上车

---

　　① 221 厂实验部成立理论和实践结合小组，组长胡思得，组员有薛铁辕、朱建士、孙清和、刘嘉树、王明锐等人。

大家就上车，车开到一个土坡上面，一个气球吊在前面很远的地方。大家就坐在那儿，这个时候谁也不说话，一看大概是要做核试验了，但是谁也不议论，很有意思，没有任何人议论要做试验了什么的，都静静地坐在那里。过了一会，广播喇叭开始广播，说现在是"零时"前30分钟。这个时候我们知道了，30分钟以后做核试验。所以说，参加中国第一颗原子弹爆炸的人，是在爆炸前30分钟才知道什么时候要做核试验，这是真的。我们的保密观念很强，大家互相都不问，就好像我们不是干这个事似的，实际上心里很关心这个事的，但是口头上大家都不谈。

陈英（第九作业队包装运输管理队队员）：第一颗原子弹试验的时候比较神秘，警卫相当严密。我还跟你说一件事，就是第一颗原子弹试验成功了，正式"产品"爆炸了，还有那个备用"产品"怎么办？要用这个专列往回拉啊。备用"产品"往回拉的时候，路过一个小车站，那个时候全国人民正兴高采烈地载歌载舞地庆祝我国原子弹爆炸成功，对不对啊？我们这儿有一个保卫科长，他虽然不管押运，却挨了处分！是怎么挨处分的呢？就是我们专列车里面装着备用"产品"，当然也是分箱装的，不是在一个车皮里，炸药在炸药车厢，特殊材料在特殊材料车上。结果，专列停在那个小车站的时候，不知道怎么回事老百姓聚在那儿，我们这位科长在非常高兴的情况下，说了一句"爆炸了一个，这里还有一个呢"，没有说是什么，就说了"这还有一个呢"，就这一句话让别人揭发了，说他怎么怎么地泄密了，听说他因为这个事情还挨了处分。

铁塔照相

吴世法（第九作业队701队副队长）：早在长城脚下17号工地的时

候，我就负责高速摄影光学测试工作。我的测试任务是什么呢？主要是对称性爆轰波形的测量，雷管同步起爆装置的测试，除了测试当然也要拍照。在 221 厂六分厂做爆轰试验的时候，这个拍照任务就是我们实验部光学十九室的人负责。所以，到了核试验场区那里的拍照，同样也是我们的工作。

"596"核试验，给我安排的一个任务就是在"701"铁塔试验现场，负责 701 作业队有关的一些试验记录的照相。第二个任务是在核试验场区检测同步起爆雷管和装置的性能。检测雷管经过长途运输以及在场区恶劣条件下储存后的同步性能是否有所变化，同时也检测同步起爆装置的功能，看还能不能保证试验的完成。所以需要把高速转镜相机这一套仪器也带去。既然负责照相，那就需要洗出照片来，那时候还需要带一个暗室去。带暗室就比较麻烦了，只好请示院里专门买了一辆汽车，这个汽车就

测试雷管用的高速转镜相机

是一辆带封闭式车厢的大卡车，我们把里面布置成一个暗室。当时我的岗位是第九作业队 701 队的副队长，除上述任务之外，我还要协助队长分管队内的安全。

为了做好上场区之前的准备，就是刚才我说的照相的器材、洗相的器材以及高速转镜摄影的设备都得带走。跟我一起去的有靳天琪、张至英，我们三个人负责这些上场地的准备工作。我是三人小组的领导，还负责塔上塔下照相的工作。当时，我是被批准允许在铁塔区域进行照相的人。凡是 701 队做演练时的安装、调试等工作，我负责上去给他们照相，所以我也经常要坐吊篮上塔和下塔。所有 701 队的安装、保温、测试的过程，包括全场的演练，需要照相的时候，我都要上去帮助他们照相。铁塔的外形也拍过，701 队练习爬铁塔的几个人，叫我去给他们照相，这些镜头都拍过。

张珍（第九作业队办公室成员）：在核试验场区，只有吴世法带着一台照相机，别人没有拍照的，场区试验的照片都是他拍的，就是说 "产品" 某个关键地方可能有什么需要拍照的，或者是联试时各个分队的工作镜头，他当时拍了一批照片，后来不知道到哪儿去了。我记得直升机飞过来之前，在铁塔北边修有停机场，当时吴世法都拍了照片，第九作业队最后撤退的时候，我们装车的时候他又拍，反正吴世法背着照相机到处转悠。

徐邦安（第九作业队办公室成员）：8 月 26 日，核试验场区的预演工作正式开始，先是由各单位分别组织单项、单元演练，着重检验技术操作和小分队的行动。8 月 30 日，试验委员会常委会根据气象预报，决定 8 月31 日至 9 月 1 日进行综合预演，31 日 8 时 30 分为预演的 "零时"。接着，组织了包括原子弹的装配、遥控启爆、测试、剂量侦察、取样、回收成果、洗消防护以及各项指挥保障的全部预演。场区的照相和八一电影制片厂的拍摄只有在预演期间和联试期间才能拍摄，真正试验的当天是任何人和设备都不能拍摄的。

吴世法（第九作业队 701 队副队长）：我带了一个照相机，当时我没看到有别人带相机。701 队的相机由我保管，只有我一个被允许拍照，靳天琪和张至英负责洗相片。拍照的范围也仅在铁塔区域，拍高速摄影照片和 701 队的工作照片。另外，701 队队长临时叫我拍的，我都要拍。马兰基地春雷文工团曾到我们第九作业队来慰问演出，就在我们住的帐篷中间的场地上演出，我也拍了一些照片，我当时还没有拍舞台演出的经验。

但是，铁塔底下 702 队不是我的工作区域，我没去 702 装配工号拍过照，"701"铁塔才是我的工作区域。最后"596"爆炸前的那一次正式插雷管没有照，也不能拍照片。就是"零时"前的插雷管，我没有拍照。"零时"前，电影摄影机、照相机是绝对不可能拍的。八一电影制片厂拍的很多镜头都是"零时"前演练过程拍的，正式核试验的时候就不让拍了。第九作业队后来在白云岗观看核爆蘑菇云的时候，我有照相机也不能拍照，包括大家欢呼的场景都没有拍。就是说离开了允许我拍照的区域，比如铁塔周围的区域我可以照，其他的区域我都不能照。我负责 701 队的照相，不能到 702 工号里面去，就是这么规定的。

在试验场区，我们专门带了一辆暗房车，作为洗印暗房。当时就在现场拍照、现场冲洗、现场印放照片。照片洗出来之后，谁要我们做照相记录的，我们就把照片给谁，不统一保管。你可以查查当年场区试验工作报告，报告里面有相关内容的照片。如果科研工作报告附有照片，就都是我拍的。工作报告上没有照片，那就没有照。当时拍的底片，凡是我手上还有保留的，以及剩下的部分照片，最后一起带回 221 厂了。

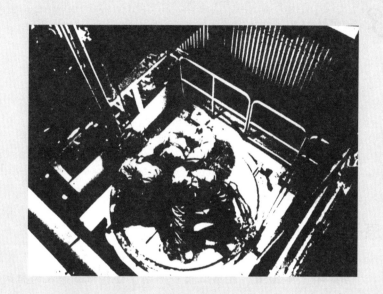

　　"产品"装在有厚厚保温层的一个吊桶里，它本身比较重，上面再坐上几个人就很容易晃动。平常演练没事，但是，真正起吊的那一天，真发生了事，大概停了有几分钟，塔上面的人也没法跟我联系通话。

第3章

奋战在铁塔

原子弹装配

　　1964 年 7 月 20 日，在第二生产部副主任蔡抱真等人的组织领导下，负责各个分装和总装的工程技术人员和工人，投入紧张的装配工作。他们根据前阶段对装配工艺研究的成果，制定了工艺程序和操作规程。大家深知肩负的担子有多重，为了在总装过程中不出差错，每一部分都按总装配程序和规定的要求，精心装配和严格检验，做到了一丝不苟。负责核心部件装配的工人王华武，在正式装配之前做了多次操作练习，正式装配时一次成功。原子弹试验装置于 8 月 19 日全部装配完毕。

摘自《当代中国的核工业》

蔡抱真（第九作业队 702 队队长）：1964 年 8 月份，我担任 702 队队长，参加第九作业队上核试验场区去了。我们 702 装配工号离铁塔有一段距离，因此安装有一条通往铁塔下的铁轨，可能有 100 米长吧，平时我们跑到那里感觉差不多 100 米或 150 米。铁轨稍微有点斜坡，我们往上推是挺费劲的。

702 装配工号多大？有 30 多平方米，因为地下有导轨、吊车什么的，两边还空着，我们箱子都堆在里头。工号距离地下多深？有五六米多，至少有五米，里面有个气窗，有空调。在工号里头那个口上有个吊井，"产品"吊出来以后就上导轨。进入工号口的楼梯外面搭了一个房子，搭了一个休息间。工号门口有部队站岗，李觉经常到那儿站着或坐着跟我们唠嗑、讲故事，都是在楼梯出口上面的小休息间里。

在 221 厂，"产品"装配要解决一个防静电问题。戈壁滩这个地方，天气干燥，也有防静电问题。反正就是进入工号里面，门口旁边有个铜棍儿，人要摸一摸再下去，就是这样的。眼看到 9 月底，我们问什么时候打响啊，领导说要看天气，天气条件可不好掌握。当时第九作业队负责人之一陈能宽传达说，10 月 5 号这天天气比较合适，可能那个时候会炸响，我们就一直按照那个时间准备来着。当时，正式"产品"一共是两发，一发是正式的，一发是备用的。

吕思保（第九作业队 702 队队员）：铁塔是在一个稍高点的地方，我们住在离铁塔不远处，整个作业队的帐篷就在铁塔下面一个稍微洼些的地方，上到坡上就是铁塔和装配工号。702 装配工号是一个半地下室，离地面 1 米多就是房顶，坑深约 8 米，有一个门在地面上，进出工号是顺着一个铁制楼梯下到地下去，里面是铁门。在地下工号里面角落上有一个竖井，就是敞开的一个洞，上面有盖，这个洞是吊出"产品"用的，"产品"推到那个地方，直接可以吊出去。地下工号里的工作间大概有 40 多平方米吧，是场区最大的一个工号。在 221 厂的时候，我们三个组分几个房间作业，各有各的区域，一个组一个房间。核试验场区的工号虽然很大，我们 702 队三个小组仍然要轮流作业，根据工作程序的先后次序，一个组做好了以后另一个组上，最后进行总装。我当时是元件组组长，一个程序一个程序地对"产品"进行精度复查，一个元件一个元件地做漏电性能耐压性能检查。我的心愿是工作做得越细越好，技术问题想得越明白越好，工作不敢有半点马虎。高度的责任感，强烈的事业心促使我做好每一件工作。比如说我们元件组，进入工号以后，先把元件组装工作做完，做完了之后，就是"内球"部件组，他们做完了，最后才是总装组上，它是按照这样一个程序进行工作的。事先，我们有一个演练用的核装置，演练装置也要在工号做吊装练习，不能说正式的"产品"弄过去就吊装，那是没有把握的。先有一个演练核装置，演练是不带火工品的。

为了稳妥可靠，我们反复训练，加强装配的熟练程度。在青海 221 厂，我们总装车间里头有吊车，有吊装工，那个汽车吊也是属于我们车间的，吊装工也在车间跟着一起训练。我们去了之后开始做吊装演练，指挥吊车的人也属于 702 队。吊装主要是工号地下到地面的升降，上下吊装熟悉以后还要推到铁塔下进行演练，这样正式起吊"产品"才能有把握。当时试验场区的环境干燥，戈壁滩八九月份天气很热，装配工号里面还比较凉快，地下室还装了空调，有专门负责空调的人，空调温度控制在 20 度左右。有专人进行反复的测试，记录着"产品"的温度变化情况。

除了这个之外呢，我们还要跟 701 队乙组进行配合，配合乙组做什么呢？做那个漏电检查。他们要测雷管到达爆炸药柱，就是炸药接触的那一块的作用时间，要测它漏电不漏电。监视雷管同步起爆的可靠性。我记得是配合 9312 队林传骦他们做的，他们在铁塔下面的停机坪上反复地做了很多次。他们做，我们配合。一个雷管、多个雷管的同步性怎么样，这是非常重要的！就是测试点火的那一瞬间，几十个雷管看它们的同步效果怎么样，一个都不能瞎火！就靠这个地方来测试监测一下。

我们当时装配主要解决的精度问题是什么呢？要聚焦得很好，压缩得很好，那么出中子效果就会很好，它有物理指标嘛。当时就是反复测，控制在一个精度范围内，我们装配的精度当然装得越精确越好。现在我们装配的水准比起当年要精确、深入得多。原先的装配，开始我们不知道"整球"装好过后，它的中心到底在一个什么里面，不是外头的这个心，而是整个球的聚焦的心。当时，实验部提出一个装配精度，但是我们装配的时候呢，比它提的指标还要高一个水平，因为那是第一次做核试验，怕出不了中子，怕打不好。最后装配的精度控制得非常严，控制严格就是体现在那个聚焦的能力上。开始的时候，我们还不完全认识那个物理偏心的问题，后来就有了物理偏心的概念和几何偏心的概念。所以，当时只能反复地测试，反复地弄，整了好几道。最后看来，正式"产品"从221厂出来运到核试验场区，基本上是稳定的，我们装配得也比较稳定，尽管当时的结构是个"投篮"结构。"投篮"结构总体来说比较烦琐，比较复杂，那个5号球是最后放进去的，然后又用一个筛子塞进去，整体装配是很麻烦的。

你想，第一次做那个元件，都是靠精度性的调整，不像现在用制造尺寸的精度把它控制住，用加工的精度来把它组合。开始的"产品"元器件分散的很多，最后慢慢地组合在一块，所以说很麻烦，就怕可靠性有问题，安装的时候就需要非常非常细心。唉！完全靠人工来调。我跟你说，在221厂装配的时候还真卡过脖子呢，听说过吗？

它是一个什么呢？有一个喇叭管，八号材料跟这个塞子经常发生干涩，还有一个空壳，跟一号部件那个管子那个地方经常卡住了下不去，每一次都要人工修一修的。本来机械加工时，没选正负加工工差，弄不下去就用刮刀刮，不刮八号材料就刮金属材料，要么就刮炸药。因为当时大家对这个八号材料还是很畏惧，有点怕，怕修坏了。于是修修炸药，修修其他材料，就不敢修八号材料。所以当时卡脖子，在开始的时候非常严重，后来积累些经验，这个问题得到了解决。

从 8 月份到 10 月 16 号，这中间经过好几次演练。主要演练是吊装的演练，要反复的演练，才能保证可靠性。你不演练，就拿真的家伙一下子上去没有那个把握！演练完了过后呢，真的原子弹最后才上去。我跟你说，正式装配前，大部队他们先撤，大部分人撤走了，我们才开始装配。702 队装配完了，把"产品"吊出地面，运到塔下，任务才算完成。我们是 10 月 15 日撤退的，就是第二天核试验，头天撤退的。

蔡抱真（第九作业队 702 队队长）：我记得是 10 月 4 日，正式"产品"运抵试验场区铁塔下的 702 装配间。这么晚的时候才到，这样的话，我们的装配时间就很紧了，就是后边工作日程排得比较紧张，是不是？所以开始忙乱了一阵子。因为装"产品"的箱子很多，702 工号里面堆不下。从 221 厂运来正式"产品"，再加上我们原来模拟的那个"产品"一共两发"产品"。702 工号厂房小，放不开，怎么办呢？我说"产品"进工号，先吊入元件箱，两个元件放一箱，一共 16 个大箱子。我安排吊下来一个箱子，地下室准备一个人把箱子打开，打开后把元件取出放在货架上，箱子马上吊出去，可以腾出地方来搞装配。这个操作步骤我没向上面汇报，陈能宽在现场看着我们的箱子一会儿进去，一会儿出来，看着显忙乱！我跟他说工号里面放不下，他才明白。后来箱子卸完了，他们领导下去看我们开启箱子，这儿在开箱，那儿在搬箱，过一会儿又吊下来了箱子，现场显得比较乱。但是我们人员分工好了，现场很乱，工作并不乱。结果，陈能宽不高兴了，领导不高兴就找茬儿，实际上也不能说是找茬儿。他说，你们停下来检查检查！还真查出了一个大问题，啥问题呢？就是有一个元件上面有个小压痕。陈能宽说："你看，你们这帮人把元件磕坏了！"又发现我们货架子固定得不太牢靠，有些晃动，又没人管一管，领导："又说不行啊，怎么这么忙乱呢？你们这些人情绪不够稳定，这么干非出乱子不可，要保证万无一失！"后来就要求不再争速度了。

你不知道，在这之前，10月2号，铀235小球就来了，唉！那可是胡仁宇亲自抱的内核小球材料。具体的情况是这样，10月2号那天，铀235内小球就交到我手里了。正式的"产品"10月4号才运到，我们本来以为10月5号做核试验呢！

我接着讲装卸时的细节。当时702工号现场有点忙乱，元件出现了压痕，大家都很紧张。我们那个时候有一条规矩，每个产品装箱过程和检查过程都要记录。后来，何文彬他们来了，他把在221厂装箱过程的记录资料带到场区，带来以后一查，查到这个元件上面的压痕在221厂二生部时就有，因为它是个备用件，也就带来了。那种情况下可以不选用嘛。所以，虽然我们是忙乱的，但是没有真正出现问题。这个就不管它了，反正那一次我们分队挨了批！接着整个第九作业队集体开展检查安全、检查思想的活动。我们702队也做了检查，我讲到装卸的混乱是指挥得不好，承认是个教训。当然，这个对不对是另外一回事了。

吕思保（第九作业队702队队员）：当时第九作业队有一台专用汽车，汽车上有专门的加工设备供加工维修用。我们还没有遇到过零部件没有带够的情况。有一件事情大家记忆犹新，就是正式"产品"运来的时候，我们还多运来几个元部件做备用。在221厂装箱出厂的时候，曾把一个备用

1964 年 10 月 4 日，第一颗原子弹运抵铁塔下面的 702 装配工号

元件的表面砸了一个坑。到了试验场区，我们开箱的时候，从箱子里面拿出这个元件，没有先在箱子里面检查一下，只是看看牢不牢，拿起来之后再进行检查。当时，陈能宽也在现场看装卸"产品"，他一看到元件上有一个小坑，马上说你们怎么没有发现呢？我们说先从箱子里取出来，最后拿上来再进行检查。他说，是不是你们几个人把这个元件弄坏了，不小心砸了？这是要负责任的！

其实，它不是正式产品件，是个备用部件。元器件表面上有一个小坑，开始以为是螺丝刀不小心掉下砸了一个坑。当时，我们三四个人开一个箱，螺丝刀都用绳子拴在自己的手上，开箱时小心翼翼的，

不可能砸在元件上。到底是怎么回事呢？大家分析说，查一查最后装箱的记录文件。装箱的文件比元件要迟一步。后来，装箱文件由管理的人带来以后打开一看，原来装箱前，元件那个地方就砸了一个坑，当时考虑万一备用件不够，领导研究这个能不能作为备用件就带来了。陈能宽说，是不是你们开箱时砸的？你们怎么开箱后不先检查？我们说先开箱，后上桌面，在桌子上每一个产品元器件都要进行精度检查、外观检查，这是有步

130

骤、有程序的。最后搞清楚不是我们当场砸的，当时还闹了这么一件事，702 队还做了检查。"文化大革命"中间，有人给陈能宽贴大字报。工人们说，你看，本来就不是我们砸的，还说是我们砸了！这件事情也反映出那个时候从上到下，工作确实严格、仔细，不能出一点纰漏。

张珍（第九作业队办公室成员）："596"产品里面放个中子源，核试验的时候用那个探头测出有多少中子出来。领导和专家对测量出中子的事必然重视。胡仁宇、唐孝威那拨人在家里讨论过多少次，221 厂做缩小尺寸和全尺寸爆轰试验的时候，就是说能不能测出中子，探讨能抓住几个中子。邓稼先在办公楼三楼会议室讨论了半夜，会议一直开到 12 点。那天晚上老邓非常着急，邓稼先着急了就问唐孝威，说你能不能抓住中子？唐孝威说："老邓你放心，有一个中子保证我都能给你抓住。"唐孝威拍了胸脯，这下邓稼先放心了。实际上唐孝威他们在冷试验的时候已经抓住了好几个中子，因为我听他们做报告说了没有问题的，唐孝威心中有数，拍着胸脯打包票。

中子源小球是胡仁宇坐飞机亲自用提包提到马兰基地的，到了基地后交给我，这个中子源在"701"铁塔下面没有地方放，就先放在马兰基地。第九作业队在马兰有一个办公点，房子里面有一个铁皮保险柜，先把它锁在里面。等到核爆前联试的时候，校正探头的时候，我又跑到马兰去取回中子源。那天就我一个人，没有保卫干部跟着，司机李书友开的车。我记得是晚上走的，中子源就放在我们办公点，钥匙在我手里头。我拿上中子源，也用个提包提着连夜往回赶，坐上车又跑回来。测试中子源跟中子源一样，校正那个探头，联试就用到它。真正的中子源放得远，当然要放得远些啊！

余松玉（第九作业队办公室成员）：胡仁宇专管中子源小球，在 221

厂中子源小球第一次安放就是胡仁宇负责，和他在一起的还有沈知广、温树槐，沈知广后来调到浙江大学去了，他们是测中子源小球的。中子源小球从 221 厂到核试验场区的 702 装配工号，一路上都是胡仁宇亲自带着的。

胡仁宇（第九作业队 608 队队长）：在"596"核装置的所有部件中，最娇气的部分就是用铀 235 做成的两个半球。原子弹上塔之前，试验指挥部下达了"投篮"命令，即按照设计要求，把核部件从弹体预留孔装进中心部位。原子弹"投篮"时有个临界安全问题，因此，这时的 702 装配间只允许有 5 名工作人员同时在现场，那个场面非常紧张。在装配当中，装"内球"是要特别小心的。开始运来的时候不是把这个东西包装得很大嘛，在这里一个一个拆除掉，拆到最后就是那个东西，你要把它清洗干净。来的时候对它珍惜得要命，外表用去掉水的凡士林油包裹了一层，现在又要把凡士林油擦干净，用的是无水酒精。这个时候才认识到包裹这一层凡士林油，其实并不好，因为腐蚀得更厉害，还不如干燥的空气，所以这时候一擦一层黑。弄完以后把尺寸量好，看是不是原设计的要求，再把这个东西现场递交给 702 队。不是说把整个东西交给他们，他们根本不管，你必须把它清洗好、量好了，跟图纸完全一样才进行交接。就说，你来看，跟图纸完全一样，我交给你，你去装去。当时心里时刻提醒自己，千万小心别摔了啊，万一掉地上了，凹进去一点，变形了，那可不得了！

"投篮"是特别危险的，因为两块高浓缩铀部件合拢成整体时，已达到次临界状态。蔡抱真以前在我的实验里就曾实地看过两块高浓缩铀部件合拢的临界实验。当两块高浓缩铀部件逐渐往一块合拢时，距离越缩短，计算器的嗒嗒声就越密集，眼看着就要合拢时，已连成一片尖叫声。大家的心都抽紧了，气都喘不上来了。次临界状态惊心动魄，因为再往前一步，一超临界，就会产生核反应，也就意味着毁灭。

10 月 15 日凌晨 2 点，"投篮"程序开始，主操作手李文星是个八级工，他和杨春章配合实施。两个人相当紧张，因为这个"产品"是棵独苗，没有备份，万一不慎失手，将成千古罪人。李文星事后说，他最紧张的时刻，是在手持高浓缩铀部件那几个操作步骤的时候，双手捧起高浓缩铀的部件，脚下打滑，衣袖被挂，额头上直冒汗，手都有些哆嗦了。

在两块铀 235 中间，最后再放进点火中子源，由我去放。要放这个球，要保证这个球就是测量过最好的那个。那是保卫部门跟我们测量部门都要贴好的，贴了以后你把它装进去，不能装错了，要保证这一点。其实放那个东西也没什么技术，就往那里一放，但是责任很大，你要把那个对的装进去。最后装小球，就是我放进去的。李觉、吴际霖、朱光亚都在702 装配工号的现场，一声不响地看着。当我把中子源小球放进去以后，李觉脱口而出："你装的是不是真的啊！"领导连这样的话都冒出来了！可以想象当时的紧张气氛。

蔡抱真（第九作业队 702 队队长）：第一颗原子弹是两个人合抱那么大的铝合金球体，里面主要由浓缩铀、烈性炸药和金属构件组成，还要插上几十个引爆雷管。实际上，我们 702 队在 10 月 14 号晚上，"产品"才正式组装完，是 10 月 15 号一早运到铁塔上的。我们 702 队的艰巨任务，就是最后的装配工作，首先把两个正式的"半球"整个地检测一遍。检测完了以后，主要是选元件，几十个元件我们都挑最好的，全部配套好才开始装配。记得是 10 月 14 号的下午开始组装，先把半个球放在那儿，完了以后把内小球装进去，再把上半个球扣上，把元件扶好，调过头来，再把元件装好。铀 235 小球不装，那个工序是最后完成的。什么都弄好了以后就待命，等到夜里 12 点过了，准确的时间记不清了，然后就开始"投篮"。"投篮"那个人是谁呢？不是胡仁宇，是"内球"组的杨春章跟李文星师傅，由李文星投的，每次都是他"投篮"。在 221 厂的七厂区，铀235 刚到草原 221 厂，胡仁宇就请我们李师傅过去装配，那是两半球第一次在中国大地合拢，然后进行临界测试两个半球。第一次装铀 235 部件的时候，人人都很紧张，可是李文星做得非常稳重，还是他装进去的。现在要"投篮"了，就先要把这空间让出来，然后把铀 235 小球装进去。一个半球是先放在工具上，然后中子源小球放入，盖上另一个半球，完了转 90度让合缝朝上，整体用真空吊吊起像投篮一样投入空腔，盖上反射层，然后测量装配精度，按条例要求，盖上盖子，再把炸药球的一个塞子装上，同时塞子周围灌满胶。灌完了之后就粘死了，然后再把最后一个元件扣上去就完成了。等装配胶干完以后差不多快天亮了，完了以后就等着汽车吊，最后吊入保温桶里去。保温桶里面要加温啊，里边拿电炉加温，加温好了以后，把电炉拿出来，把这个正式"产品"放进去。

保温桶是双层铁皮桶，里面的保温层是泡沫塑料，上边有个盖子，"产品"放进去把盖子盖上。装完了之后等到天刚刚破晓，新疆当地时间6 点钟，天还不亮，我们就把保温桶从地下工号里吊起来，放在轨道车上推到铁塔下。新疆比北京晚两个小时。北京那会儿应该是天刚亮了。

八一电影制片厂拍有这个镜头，几个穿着灰工作服向前推原子弹的背影，全是我们 702 队的人，有黄克骥、朱深林、曹庆祥和我四个人，推着原子弹前行。你看镜头，我们几个人全是背影，看不清谁是谁，沿着 100多米长的斜坡轨道，缓缓地把原子弹推到铁塔下。到了铁塔底下以后，我就开始交接了。

吴永文（第九作业队技术委员会委员）：直升机运送 596－1 产品的时候，当时一架直升机装不下，我是坐后一架直升机飞到那去的，到了以后直接运往 702 装配工号。这个工号面积不大，进口很窄，也就几十平方米。702 队开始装配时，按照我们模拟试验时的装配动作，每装配一个部件都有监测、检验，先检验，后监测。我记得一次试装配时，一个老装配工用扳子扳一个部件，一用劲扳断了，他就很紧张，实际上不能怨他劲大了。测原子弹球面度时用百分表，像一个小乌龟一样在那样一边爬一边测量。一个人测报数字，另外一个人要监测，每一步都有监测，每一步骤都很严密。像装中子源小球，我们叫"投篮"，"投篮"以后用百分表检测好几个方向、十几个点，从不同角度检测，每测一步都有人报数，有人监测。总的来说，装配还是比较顺利的。尽管很多人参加了核试验，但是原子弹到底是什么样，第九作业队很多人都没有看到过。702 队装配的时候，工号门口有站岗，保卫部门在门口检查人员进出。

方正知（第九作业队技术委员会委员）：蔡抱真的 702 队负责原子弹的装配，无论预演还是正式装配，陈能宽均亲临现场，他特别关注最后一道工序——装铀 235 部件，一再叮嘱不能错装。这是因为当时尚不能通过核参数检测方法来区别颜色、外观极为相似的普通的与核试验用的铀部件。因此，只能专人分管，从制度上加以保证，避免误装，导致核试验的失败。这一道装配工序非常关键，大家不能不为之心悬，直到 1964 年 10 月 16 日 15 时，我们在 720 主控制站外面看到核爆炸的蘑菇云时，陈能宽握着我的手说："嗨，材料总算没有装错呀！"

吕思保（第九作业队 702 队队员）：最后一次组装正式"产品"的时候，我们知道是真的家伙，真的原子弹要把它送上去嘛！当时心中还是有数的，心里面是比较踏实的，因为已经不是第一次，已经练了很多次了，对安全啊、对装配程序什么的太熟悉了。但是真的家伙要到铁塔上面，最后这个时刻还是有点紧张，紧张什么呢？人们都在想，这可不是以前的练

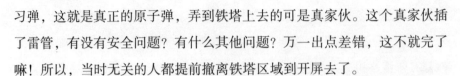
习弹，这就是真正的原子弹，弄到铁塔上去的可是真家伙。这个真家伙插了雷管，有没有安全问题？有什么其他问题？万一出点差错，这不就完了嘛！所以，当时无关的人都提前撤离铁塔区域到开屏去了。

最后装配的时候，在 702 工号现场的领导有李觉、吴际霖、朱光亚、陈能宽等人，他们在地下工号看着我们装配嘛。我记得李觉在工号里头讲了几句话，他讲了什么话呢？就是 702 队的朱振奎师傅，他是一个吊车工，当时他是有些害怕！李觉说，你们都是当兵的，不用害怕。他举个步枪的例子。他说这个步枪里的子弹虽然上了膛，但是锁住了，没扣扳机它是不会响的。他说，你们要相信，原子弹是安全的，没什么问题，而且还有保险装置。李觉说，你们装完了，我们一起走！当然，有李觉在那里给我们打气助阵，我们就更不怕了。

正式"产品"从装配工号吊上来后就放在轨道车上。地面轨道上有一个铁道运输车，这个车是张道舒设计的。张道舒原来是工装设计师，设计轨道车时，大家审查得很严格，主要是车的可靠性怎么样，特别是刹车灵不灵。当时"产品"装在轨道车上直接推到铁塔下，然后再用卷扬机吊上去。轨道长度有 100 多米，"产品"装上轨道车，推到铁塔下的时候，我知道是哪几个人推的。有蔡抱真、黄克骥、曹庆祥、朱深林，这几个人都是 702 队总装组的人，推"产品"是由总装组来完成的。推到铁塔下以后，702 队蔡抱真队长和 701 队陈常宜队长办理移交，还有个交接仪式，很庄严的。蔡抱真说："我的任务完成了，下面任务交给你们 701 队。"然后，陈常宜正式把"产品"接过来，交接以后呢，701 队陈常宜他们才开始把第一颗原子弹通过卷扬机继续往铁塔上运。

吴文明（第九作业队 702 队副队长）：因为第一次装配原子弹，内心感到很光荣，可心里面也有点担心。"产品"一到，我们就拆箱，702 工号距离铁塔大概有 150 米的样子，地面铺的轻轨。我们地下工号有个竖井口，可以把"产品"吊出来，转到轨道车上推过去。我们在工号拆箱的时候，每个元件、器件都进行检查，看有什么变化没有。金属件基本上没有变化，炸药件有个别的有一点变化，有一点变化量出来以后，就用铜刀和铜纱网修一修。修的时候都是接地线的，就是铜刀也接地线。这个修的人是赵震宇还是王文广，我现在记不清楚了。然后，就是按照第九作业队的计划，上面什么时候下令了我们就什么时候开始装配。我记得具体装配完"596"产品的时间是 10 月 14 号。我们装配得快是因为原来拆装的时候都做了标记，各个部件也都检查完了，也都修好了。正式装配前的这些日子里，大家就反复练习，对各个设备和工装用具进行反复检验。主要设备是一个吊车和真空设备，吊车也是防爆的。室内也接地线，每个人进去都要先放电。炸药就怕静电，所以我们在 702 工号里面进行了一些练习，因此我们装配得比较熟练了。当时分工负责装配"整球"的是黄克骥，负责装配"内球"的是郭学标和王华武。"内球"装配好了以后，再装"整球"，最后"投篮"。"投篮"完了以后，整个元件把盖盖上，还要拧好。

郭学标是"内球"组的人，这个人干活那个细心劲啊甭提了！我们有时候开玩笑，说他做工作比女人还细致。在草原 221 厂，李觉曾经说过，你们装配要像绣花那样一丝不苟、一针一线地来做这个工作，绝不能马虎大意。所以，我们在工号里可以说是非常细心，最后装配的现场也非常安静，除了 701 队的张寿齐进去了，别人都不许进，当然第九作业队的领导可以进去。工号里面就 702 队那些人在那儿工作，大家的气氛稍微有点紧张，说实在的，紧张有一个好处就是细心，紧张促使你非常细心，操作起来一步一步地绝不赶时间，一直到装配成功。

我的印象中李觉、朱光亚在场，张寿齐他参加了装配全过程，因为下

137

一步就是 701 队的工作了。"产品"装完了以后外表还得清洁，尤其插雷管那个地方我们是仔细地清洁，因为怕有什么颗粒之类的东西，他们 701 队在铁塔上面不太好办，所以这个做得非常仔细，做完了用吊车把"产品"装到保温桶里，用手推车推到那个竖井口。

蔡抱真（第九作业队 702 队队长）：铁塔下面交接有仪式啊，要报告，先向第九作业队领导报告，说谁谁谁完成任务。领导说，行，开始移交"产品"。交完了以后，他们 701 队正式接收，也有一套仪式，同样报告。在铁塔底下完成交接仪式，交接完了我们就收拾东西开始撤退。出于保险起见，我们手里有两枚原子弹，一发是正式爆的，一发是练习的。练习的一发必须要撤走，然后直升机来运走。"零时"前，14 号那天上午还是下午，直升机飞过来把这个练习"产品"全部运走了。

702 队曹庆祥①师傅一直指挥汽车吊吊"产品"，他负责指挥把"产品"从装配工号里头升到地面。所以，我印象中他是坐着保温桶升到铁塔上去的，最后等"产品"就位，他才下来。为什么我有这个印象呢？因为最后这个"产品"还要从桶里吊出来就位，702 队必须有一个人要跟着上去。

吴永文（第九作业队技术委员会委员）："596"装配好以后，我们把"产品"从 702 工号吊出来装进保温桶，然后由 702 队装配组的几个人推着一个轨道车，载着原子弹，我们都跟着轨道车往铁塔下面运送，也就是百十米的距离。到了铁塔下面两个队开始交接，蔡抱真是 702 队队长，他先向李觉报告："报告院长，装配组装配任务完成，各项指标正常，一切顺利，请指示。"李觉回答得很简练："好。"手往前一摆说"走"。交接

---

① "产品"上塔时，保温桶上面坐的是陈常宜、叶钧道和牛工段长三人，没有曹庆祥。

完了之后，铁塔上的701队那些人接过"产品"也报告一下。塔下指挥吊装起吊的是第九作业队的薛本澄，他指挥着卷扬机，挥舞着小旗子，指挥"产品"慢慢、慢慢地升上铁塔。

吴文明（第九作业队702队副队长）：702装配工号里面有个竖井口，"产品"用汽车吊吊上来，吊车司机叫朱振奎，现在退休在廊坊。指挥这个起吊工作的人叫曹庆祥，他退休到了西宁。"产品"从地下工号吊到地面井口，然后放到轨道车上固定牢了以后，我们在早晨天还不亮的时候推到铁塔下面，与701队办交接。在装配过程中，702队队员们都非常认真、非常仔细地工作。潘长春属于技术部门管总装配，具体操作的是黄克骥。"内球"组由王华武和郭学标负责，杨春章主管。"产品"起吊是曹庆祥和朱振奎负责。曹庆祥资格很老，他参加过武汉长江大桥的吊装。说一句

1964年10月16日凌晨，702队几个同志用轨道车把原子弹推到"701"铁塔下面

实话，我们当时吊装的时候出了点小毛病，就是起吊的时候，吊车卷筒那个钢丝绳没有按照滚筒槽走，一颤一颤的，后来调整一下就好了，没出什么大问题。当时的心情是担心装配的质量好不好，说实话，一点不担心是假的，是不切合实际的。如果一旦核试验失败，一查是由于装配出问题而失败的话，我们可以说是千古罪人啊！所以，整个装配过程都非常仔细。最后装配的时候，我们身上穿的都是纯棉服装，工号里不允许穿混纺的衣服，什么毛衣一类东西也不允许穿。另外就是工作之前都要全身放电，工号里设计有放电的设备。

我在 221 厂为解决静电做了一些工作。当时好多人不懂静电，我们也发生过事故，有个同志穿的毛衣产生静电，结果把眼睛炸瞎了，这以后才知道防静电的重要性。后来所有车间的设计都是防静电的，尤其像那个通风口都容易引起爆炸。加工车间的通风管道里面的炸药粉尘多，多了也会引起爆炸的。

铁塔下面 702 工号怎么样防静电的呢？一进工号，门边就有个铜棒装置，进去的人第一步首先要摸那个铜棒。"产品"装配好以后，我们仅留了多个雷管孔，把它盖好了。正式"产品"上塔以后，插雷管和同步电缆那一套程序工作都是 701 队的任务。701 队属于实验部，702 队属于生产部，我们生产的元器件都由他们做试验，试验结果看行不行。在 221 厂做爆轰试验的时候，也是升起一个大大的蘑菇云，我们用眼睛看，他们还得拿试验数据说话。

"701"铁塔我上去过一次，当时邀请各个队的负责人上去参观一次。在铁塔上有一点风就感觉晃动，更不要说刮大风了，所以在塔上工作的人非常辛苦。我们是坐吊篮上去的，701 队很多人能够爬上去，那爬上去的感觉让人羡慕。这一辈子爬上这么高的塔，也太有意思了！

经常有领导到 702 工号去看看，陈能宽就老去。说实话，我们当时对上面的领导都不太认识。像马兰基地的张震寰、张蕴钰我们都不认识，他们去了谁知道啊！我们只认识试验指挥部刘西尧副总指挥，他去过几次装配工号。其实要核试验了，大家心里面挺坦然。我刚才说了，每个人都是自己内心紧张，表面不轻易表露出来，内紧外松嘛，就是这么个情况，因为我们不能有一点闪失！

蔡抱真（第九作业队 702 队队长）：我们队的人是最接近原子弹的，球心都看到了，就是铁塔上插雷管的人也没我们了解原子弹的内部装置。上到铁塔以后，实际上所有的元件已经全部包在壳子里头了，到塔上爆室里只剩下保温和插雷管的任务。702 队在地下工号装配的时候，除了作业队的领导，701 队的同志也经常来装配车间，而且所有的部件都通过他们测试过、爆炸试验过，他们对"产品"也是很熟悉的。

你知道吗？装配的过程我们都不敢做记录，谁也没写日记什么的，也不许拍照片，什么也没有留下来。701 队他们搞安装和测试还拍了照片，我们什么也没有留下来。

原子弹上塔

还特别设置了专职的安全检查员，要求所有试验人员熟悉安全规程，严格执行岗位责任制，一丝不苟地履行各自的职责。为了避免损伤将用于第一颗原子弹试验的核材料部件，每次开罐、装罐都徒手操作，按既定的守则细心进行。

摘自《当代中国的核工业》

薛本澄（第九作业队 701 队队员）："701" 铁塔下地面有两台卷扬机，一根长 800～900 米的钢丝绳，它从一台卷扬机经过地面水平地上去、下来，再上去，水平到那边，然后再下来、再上去，再下来到另一台卷扬机。铁塔高 102 米，一上一下竖着 6 根，就是 612 米，加上水平方向，加上必要的余量就是 800 米了。所以，这根钢丝绳是一个宝贝。我们知道一般的钢丝绳，即使是电梯这种重要设备所用的钢丝绳，也是允许断丝的，不是说断一两根丝就不行了，不能用了。铁塔卷扬机这根钢丝绳，我们给自己提出一个要求——一根丝都不能断！

这是多股钢丝绳，每一股都是很多根丝绞在一起的，这根钢丝绳里面一根细丝都不能断，这是我们的工作要求。平时，钢丝绳是需要维护，需要检查的。隔那么一段时间，我们要检查一次，这么长的钢丝绳怎么检查呢？靠眼睛是不行的，靠眼睛看不过来。那高悬在空中的钢丝绳怎么看呢？我们想出招儿来，检查的办法就是把卷扬机开起来，人用手握着钢丝绳。只要有细丝断了，它就会呲出来，它划一下手我就知道了。这个钢丝绳直径有 1.5 厘米粗，用自己的手感觉，整个攥一圈握住，不怕断丝把皮肤划破！

对起吊工作我还是心里有数的，但是，哪怕是一点点缺陷，这心里也觉得是一个疙瘩。其实，我们 701 队不光管这套吊装系统的维护、保养、运行，包括整个铁塔，也是我们负责的。要不为什么练习爬塔呢？前面说了，铁塔在北京加工好以后，到现场组装，完全是用螺钉铆接起来的。既然是螺钉铆接的，就有一个防松动的问题。在刮风的时候，大风扰动下铁塔是会摆动的。风比较大的时候，还不是最大的时候，"塔头"，就是爆室的地方，我们叫"塔头"，那个地方摇摆幅度估计可以达到 1 米左右，不过摆的频率很低。

　　因为塔有 102 米高，就像一个单摆一样，它的摆长比较长，因此频率比较低。尽管如此，这个铁塔如果老这么晃来晃去，螺钉会不会松动？焊缝会不会出现问题？这就需要你上去检查。你检查就要爬上去，这是一。第二，也要考虑到会不会发生一些意外情况，需要爬上去处理。比如说，在有风的时候，钢丝绳往上吊吊篮，从地面到塔顶 102 米，上升的时候，钢丝绳在风的扰动下会上下振动。钢丝绳的弹性系数是比较大的，说得通俗一点，就是说它比较软，伸缩性比较大。刮风的时候，吊篮既有上下颤动，又有水平摆动，容易出问题。出什么问题？就是这个吊篮和导轨容易被卡死。

　　卡住的这个现象，如把吊篮卡在导轨上，上不去，下不来，这种故障在建筑用电梯是时有发生的。在吊篮设计的时候，已经考虑到这种风险，设计了自锁安全机构。不能让这个吊篮摔在地上。这是一个自动装置，如果万一钢丝绳断了，就会有两块由弹簧控制的带齿的板，叫齿板弹出来，把它夹紧在导轨上，越往下坠，夹得越牢，让吊篮悬在那儿，不能动。

　　八一电影制片厂拍摄的首次核试验的纪录片中，指挥吊车起吊"产品"，看着挺顺当，那是在演练时候拍的，不能让电影制片厂摄影师待到最后才拍。实际上，真正吊装原子弹的时候，是试验的前一天，吃完晚饭后才吊装的。那时有一点风，不是最理想的静风状态。有一点风，就有一点麻烦。所以真正吊装那天，在"产品"吊到大概三分之二高度的地方，我停了一下。因为吊到三分之二的时候，我看到钢丝绳运动有点不对劲，从什么地方看出来呢，钢丝绳走的时候，不是很平稳地走过来，而是有一点跳动，跳动一下停一下，跳动一下停一下，这是发生振动了，钢丝上下振动了。因为风的原因，我让暂停下来，静一静再往上拉，再往上继续起吊。停了可能有一两分钟，然后又起吊拉上去了。这种情况平常其实很少发生。

"产品"装在有厚厚保温层的一个吊桶里，它本身比较重，上面再坐上几个人就很容易晃动。平常演练没事，但是，真正起吊的那一天，真发生了事，大概停了有几分钟，塔上面的人也没法跟我联系通话。

钢丝绳没有被卡住，只是有点上下振动，我让卷扬机停下来，让它平静一下，稳定一下就可以了。当时我看着钢丝绳不再来回摆动了，比较稳定了就继续开机上去。他们没法跟我通话，不像现在拿一个对讲机，上下可以商量一下，当时没得商量。

吊篮没停多长时间，谁敢把"产品"停在那里不动，老在那儿琢磨呢？我觉得问题很清楚，钢丝绳走起来以后，一下一下往前窜，不像正常匀速的前进，只是走一下，然后停一下，走一下，停一下，就这个现象。

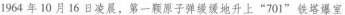

1964 年 10 月 16 日凌晨，第一颗原子弹缓缓地升上 "701" 铁塔爆室

我在下头指挥，看得很清楚，我叫停。停了以后，让它平静一下，然后继续上。"产品"上去以后，那就是陈常宜他们的事，把核装置吊起，放到那个平台上，然后我们把吊桶退出来，再换成拉人的吊篮。

有一次戈壁滩上刮大风，铁塔上困了好几个同志，都是 701 队搞安装的同志，那个时候核装置还没上去。工程兵技术总队的王师傅背着绿色的行军挎包，斜挎在肩上爬上去的。戈壁的风刮起来还挺冷的，特别是空中，铁塔还不住地摇晃。这时，人往塔上爬得有点技术，有点胆量。

我负责操作卷扬机，按照规定，刮五级风以上，卷扬机吊篮就不能启动了。这套设备一遇到大风，吊篮就会上下颤动和左右摆动，一个可能的后果是，吊篮安全自锁装置上的齿板如果碰到导轨，就会把吊篮卡死在导轨上。所以说，不能让它来回摆动得很厉害。而且吊篮的导轨和安全自锁装置要安装调节得很好，正常情况下不能让齿板和导轨接触，只有在事故情况下，比如说上面钢丝绳断了，吊篮下坠，安全自锁装置上的齿板弹出来把吊篮卡在导轨上。

贾浩（第九作业队 701 队队员）：第九作业队进场之后，先遣队的任务自动结束，我们就开始练习吊装核装置，当时是演练用的"产品"。通过整个吊装的练习过程，确定一个正式的吊装程序，这个程序大概是在 9 月份左右形成的。从 7 月份一直到 9 月份这段时间里，我们的工作地点就在铁塔上面，做各种的练习。我们有空闲的时候，大家就在这儿研究怎么做，这一步应该做什么，下一步应该做什么。铁塔上层不是一块盖板，而是两块，可以拉开合拢，产品支架就放在这对盖板的上面。这个盖板下面有一个圆环式的结构，上面打有螺孔。"产品"上来的时候是跟支架一起落到盖板上，然后固定。吊装的事是一个很简单的事，但是这个事儿又是天大的一个事，不能出任何纰漏，得反复地练习。作业队领导要求按照周总理的 16 字方针，做到万无一失，就是反复地练习怎么固定这个支架。完了以后怎么梳理这个电缆，固定接头，就是这么一点事，练了好几个月。怎么说呢，你行动的每一步骤都要事先通过训练、练习，都要形成一个固定的模式，到时候动作是随手就来，不能出现任何失误。比如说，当时我们几个人穿上工作服，每人扣上一根皮带，皮带上有钳子、活扳手、螺丝刀等几件常用的工具，一个人一套，不得乱丢。就是你用什么工具随手就可以把它拿起来，你这一步要用什么工具，而且身上这个工具袋系在什么地方，怎么方便拿出这个工具，都得要考虑。甚至我们交接手续这个问题，因为上头还有人要下去开下面的盖板，有一个上下的过程，中间有一个梯子，什么时候下去，什么时候上来，都要规定得很死，不是看时间而是看动作。从铁塔上面看吊篮上来是看不准确的。为什么？直上直下地看，不是侧面看，所以看不准确，所以得有一个准确的位置。那个吊篮到什么地方了，应该开下面的地板了，你把它打开。那么这个吊篮吊到什么程度下面要关上，这事都要先经过反复练习之后才能把这个位置找出来。不是说下面吊篮一开始往上吊就把门打开，那不行的。铁塔上面的爆室要保温啊，温度要求是 20 度正负 2 度，你打开早了，室内温度就受很大的影响。所以每一点都必须准确，因为当时正在学大庆的"三老四严"精神，还有贯彻周总理的 16 字方针。

"596"产品上到塔上以后，所有的起吊都靠手动。手拉链也不是随便拉的，拉也是经过好多次练习。当时我们是三个人，得互相配合好，拉链是扣起来的铁环，拉力也不重，没有多少重量。那上面有变速装置，起来得很慢，下去得也很慢，这样的话就省力，用不了多大的力量。你这几个人用力得同步，还不能瞎晃荡，那都是不行的。因为拉链是一个环形的，这边有拉的，那边的链子不能随便让它摆动，还得有人扶得比较稳当，不能随便晃荡，或者敲打什么地方都是不行的。这个链子拉到这儿，链子还要回去，你还不能动作太猛，动作猛了就哗啦哗啦地响，搞不好碰到哪里就会有火花，都是很危险的。所以速度还得稳、缓，还得均匀，练到这种程度需要花一点时间。

在铁塔上工作总的要求就是说你不能掉东西，你得稳稳当当，互相之间要配合默契。比如我递你工具递到什么程度，你在什么位置接我这个工具，接了之后你还得有一个信号给我，不能说我给你了，这不行！你必须给我一个反馈的信号，确实是工具拿稳当了才能够放手，一般都是这样要求的。当时来说确实感到非常的枯燥，就这么一个简单的动作得反反复复来回地练。场区演习也有小演习、大演习、全场联试。作业队里面自己的演练更是家常便饭，几乎是每次上塔都要干这个事。

最后起吊正式"产品"，其实就这么一次，其他的都是练习。"零时"前72小时起吊正式"产品"，当时谁在场，现在已经没有什么印象了。我因为要全神贯注，其他的事情不去考虑，谁来了谁没有来，统统不考虑。人也没有感到紧张，就跟平常做试验一样。我们平常做试验，炸药、雷管天天见都是无所谓的事情，已经不像第一次看到炸药，第一次接触到雷管那种感觉，已经没有什么恐惧或者什么感觉，不存在了，而且对原子弹也没有感到害怕。我们很清楚，这是一个电起爆的东西，达不到那个条件它炸不了。而且放射性问题我们也清楚，不达到临界状态，不经过点火，溢出来的放射性也没有多少。

10月15号那天，起吊正式"产品"安装在铁塔爆室。按照事先的程序是这样，702装配工号在铁塔的北边，"产品"装配好了之后装进保温桶里，然后702队的人把保温桶推到铁塔下，再交给701队的人。吊装的时候，塔下负责人是薛本澄，我负责塔上。起吊的过程中吊篮上面坐着三个人，主要任务是怕钢丝绳摆动，在哪里卡住了。如果吊篮卡在半空中，那这个事情就危险了，所以要排除这样的故障。当时还真的卡住了，出现过这样的事情。因为钢丝绳直径大概有 2 厘米多，在那儿就像一个小细线一样，尤其是刮大风的时候来回摆。这个吊篮两边有两个导轨，钢丝绳就像海浪打礁石一样。吊篮上来之后，下边先有两个人在下面的一层，就是刚才我说的，根据事先确定好的位置，吊篮到了那个位置上打开上层盖板。打开以后，吊篮再上一段才停下来，我们挂上吊钩，把装"产品"的保温桶吊起来。把它拉出来之后，空吊篮就下去了。吊篮下去以后，让"产品"往上走一走，当下面支架的底面超过了盖板平面的时候，把盖板合起来。记得盖板的后头还有卡子，要用卡子卡起来，使这个盖板不能相对地滑动。降落的时候要对准盖板的螺孔，支架不是螺孔是一个通孔，支架的孔和地板上座子的孔对准落下。这个时候，我们 4 个人各负责 8 个螺钉，反正 1 个人负责 2 个，对准了之后把螺钉拧上。你拧螺钉要拧到规定的程度，不能拧得太死，也不能太松，就是平常练习要确定这么一个紧度。这个螺杆的直径大约是 2 厘米左右，紧度凭你的手感来决定，没有仪器可以测量，紧到多大的力度没有概念，就凭手感。4 个人拧好了以后，我统一复查一下，每一个都要试一下，基本上保证它的紧度力量差不多。

我是安装组副组长，负责塔上的吊装。平时练习的次数太多了，最后拧紧这个螺钉的时候，大概知道紧到什么程度。先对好了以后把螺杆从孔里面插进去，每个人不是有活扳手嘛，按照螺丝的方向去拧，拧到什么程度呢？紧到平常我们练习确定的手感程度就好了。每个人拧完了之后我再去检查一遍，每个螺钉都要检查，确认这个紧度差不多，符合我们的要求就算完成任务。这项固定"产品"的任务就算完了。

"产品"支架由大螺丝钉固定，电缆的接头还有小螺丝钉。因为下面固定的东西是一个钢架构，钢架构用点力气问题不大。但是"产品"的壳子是铝合金，那个东西很软，用劲不能大了，所以得根据材料本身不一样，用的力量也不会一样。因为接头是很小的东西，接头的那个地方装了一个固定的东西，用4个小螺丝钉固定。

"产品"固定只是一项任务，另一项任务是同步起爆电缆的梳理和固定。"产品"上面有一个起爆装置的支架，先把这个支架装上，这个支架也要固定。然后还有起爆装置，我们都叫它分离盘，它把电源信号分成几十路，然后每一个元件插一个雷管，一个雷管接一条电缆线，一共是××路，包括给测试用的一路。

李火继（第九作业队701队队员）：像我主要负责"产品"的安装、调试。调试也不是去下头，下头不归我管，我就负责"产品"上去的时候把盖子打开，让吊篮上去。吊篮打开以后，把那个葫芦吊钩到"产品"支架上。首先有一个小吊机，小吊机钩好了以后，用手拉吊葫芦慢慢地拉，拉出来以后吊到上头了，那个空吊篮就放走。放走以后我们把那个盖门合起来，然后慢慢地把"产品"放下来，接着用螺钉固定在支架上。别小瞧安装这点事，光是这个动作的演练，我们大概练了半个多月。每一个动作每一个细节都反复地练，每一个步骤都有严格的规定。我们拉葫芦吊的时候，并不是稀里哗啦地这样拉，得有节奏，因为我们三个人，你配合得不好就不行。所以，三个人都是有节奏，基本上拉多少下，拉多少次，每一次都要做记录。按照周总理提出的16字方针的要求反复演练。

我当时想，干这个工作，选一个年轻的工人去干，可能比我们干得还好，为什么选这些毕业的大学生去干？我得好好想一想！后来明白了，就是工作当中我们不但知道怎么干，而且能编写成条例，把作业的每一个步骤，方方面面都能够写出来，写成条例规定。工人可能干得很好，但是他不一定写得出这个东西来。我们就从这些一点一滴的小事做起。这项工作做了以后，对我今后一生的工作都有好处。就是养成一个严谨的工作作风，踏踏实实的工作作风。干什么事，不论是简单还是复杂，都要能够认认真真地对待。

因为你哪一个环节做得不对，弄不好就要酿成大的错误！你想，这个"产品"花了多少人的心血！那个时候，对原子弹感觉很神秘，这个东西以前都没有接触过，因为不知道怎么研制。九院人从头到尾做了多少次试验，现在终于做成了。我虽然刚刚参加工作，既没有工作经验，又没有工作经历，把这么重要的事情交给我，我觉得这个工作必须要认真地对待，绝不能马虎。

"产品"吊上来以后，我们三个人有两个人拉葫芦吊，一个人扶"产品"，边拉边扶着那个"产品"，防止晃动，让"产品"慢慢地落下来，底下有一个事先放好的支架，要把它对上。那个支架是要跟"产品"连在一起的。就是说，吊篮放下去以后，爆室地面那两个盖板合起来的底下有螺钉固定。我们那个架子要落到那上头，然后用螺钉把它固定。就是有一个人看准了，让"产品"慢慢地落下，对准那几个窟窿眼，再用螺钉把它固定。我们两个人慢慢地拉，有节奏地拉。反正是不能太快，不记得是每分钟拉多少米，反正是有一个数的。从上面放下来这个距离大概有两米五左右。具体拉多少时间，我们做了很多试验，得出拉多少下，降多少距离的数据。我记得每一步骤都写了条文，就是按程序办，我们叫做试验程序，这些东西都是事先规定好的。

因为我们对这个核武器认识得不太充分，所以当时尽量小心一点，防止磕碰。不是怕什么,只能说明我们工作细心。你慌慌张张产生碰撞了,总是不好吧!这个时候,包括上螺钉,拧上多少圈,这些东西基本上做到心里有数。我们演练了至少半个月以上,把每个步骤都记得清清楚楚,目的就是不要发生事故,不要让它碰撞。因为原子弹本身大概九百多千克,加上外壳就很重,加上支架大概有一吨半。

当时心情还是比较激动,但是并不紧张,为什么不紧张?因为练了那么长时间嘛。另外,我们这些人对炸药性能基本上是了解的,心里头还是有数的,不会出现什么问题。但是也觉得很兴奋,很激动。我们练了那么长时间就是为了这一时刻的到来,是不是?大家干工作的时候都暗暗下定决心,一定不能出纰漏,要认真做好每一个动作。因为那时候你太紧张也不行,太紧张易出纰漏。我们三个人负责吊装这个"产品",谁管什么,这些都有分工,分工好你就按照程序去做。

我们三个人是怎么配合的呢?我在这边,张振忠在那边,两人负责拉手摇葫芦摇杆。贾浩指挥,同时负责扶稳"产品"。他发口令说开始,我们就开始动作了,就是把"产品"吊上去。怎么落下来,走多少圈,拉多少次,"产品"就落到位了。因为我们事先都练了多少遍了,不会出问题。只要你一喊开始,我们按动作技术要求做下去就没有问题。

练手摇葫芦要靠胳膊上的劲。当时为什么选我和张振忠两个人?我有牛劲。以前我在学校里练过举重,臂力比较大。铁塔底下有一个

参加第一次原子弹试验时第九作业队现场指挥用过的望远镜和电话机

250 千克重的铅罐，不知道干什么用的。我可以把 250 千克重的铅罐提到离地几厘米高，人家都不相信！说你自己才多重？我那时候体重大概是 60 多千克，提起 250 千克，不是吹牛，有好几个人见证过！还有张振忠，他也是牛劲！他块头又比我大，他也能够提起来。我不知道领导怎么考虑的，大概因为我们臂力好，有劲。那时候我的握力都是 75 到 80 千克左右，可能领导考虑了这些因素吧，我具体也不知道，反正是相信你能干好。

访谈时间：2010 年 1 月 22 日

访谈地点：四川绵阳科学城宾馆

受访人简介

张振忠（1941—），安徽界首人。1963 年北京大学技术物理系核物理专业毕业，毕业后分到二机部北京九所。1964 年初上青海 221 厂实验部。1964 年参加第一颗原子弹爆炸试验，第九作业队 701 队队员，时年 23 岁。先后在 221 厂实验部、九院一所工作，研究员。2001 年退休。

张振忠（第九作业队 701 队队员）：我刚毕业不久就非常荣幸地作为第九作业队成员参加了第一次核试验。作业队有一句口头语，因为九院的事业涉及党和国家的命运，寄托着全国人民的希望，所以一定要认认真真地去做，任何一件细小的工作都要认认真真地去做。为什么？往往就在那个细小的问题上容易出错。所以，领导一直交代，没有小问题，都是大问题。我们在青海221厂的时候，在历次聚合爆轰的大型试验当中，我们都要做到百分之百的成功。对于自己岗位上的这些操作，一定要做得非常熟练，熟到什么程度，没有灯，瞎摸着，你都能够很准确地操作。我告诉你，这是九院同志工作的一种精神，必须要做到这样一种程度，不然的话会造成很大的损失。

开始在铁塔上，我们一上来并不知道这些螺丝钉怎么拧，怎么弄，使劲使多大的力气。李仲春师傅就手把手地教。什么样的螺钉，是粗螺纹还是细螺纹，这一圈能进多少，他心里边都有数，都交代给我们，拧几下就可以了，多了反而不好。拧螺丝钉这个东西有一个恰到好处的位置，老师傅在这儿呢，潘馨在这儿呢，所以在练兵的过程中，做准备的过程中，大家练得都已经很熟练了。

安装操作过程当中，特别是交接的过程当中，还有口令的。安装时，需要某一种工具，这时就要递上某一种工具，接到工具的人说接到了，那个递工具的人才可以松手。因为从塔上掉下去一个螺丝刀就不得了，那可不能掉啊！螺丝刀后边是木头把，这个自由落体一下来，那可是不得了，要是砸到人的话那可是大事故！所以，在塔上工作的话要求是非常高的。我管701队整个队的器材设备，每个人佩带的工具袋，对不同的岗位，用不同的螺丝刀，不同的克丝钳，不同的活扳手，你要什么，都给你配好。基本上搞得非常熟练。

我跟李火继两个人操作手摇葫芦吊升降时，我们暗暗地问，抓牢了没有？牢了，他的手就跟我的手一碰，牢了，注意，我要动了，他就知道我就要动了。动好了不动了，下边该你动了，准备好了没有？准备好了，那他就要动了。两个人配合得非常默契，不能我往这儿使劲，他往那儿使劲，那就糟糕了，两个人弄拧了就糟糕了，这个里边还有些费脑筋的事。有一次吊篮上下工作的过程当中，下边电源线有一个接头触电，打了一下火花，刚好把靠近轨道上的钢丝绳打断了两根钢丝，怎么办？一根钢丝绳是由好多股钢丝扭起来的，每一股上有好多的钢丝，每一根钢丝承受的拉力是多少多少公斤，这都是算得很清楚的。断了两根钢丝，你这根钢丝绳可能就承受不了那么大的拉力，马上要把这个钢丝绳弄好。我们都是一根钢丝、一根钢丝地去检查，不能有丝毫问题。特别是在接头的地方，不能有丝毫的问题。就是说，对工作的要求是很严很细的。每一次练兵回来都要查漏补缺，制订下一次的计划，怎么去做。不完全是一个技术方面的问题，更重要的是参加这个工作的同志的思想态度，怎么对待这些工作的态度问题。所以，我开始跟你讲，参加了第一次核试验，给我一生的工作都打下了基础，要老老实实做人，认认真真做事，特别是核试验工作，一定要百分之百，一点不能含糊。

吊装"产品"的时候，这个盖板打开，然后吊篮拉上来，然后再把盖板合拢。先不能合拢，先用一个小的起重机，把这个"产品"从那个吊篮里面拉出来，然后空吊篮下去以后，再把盖板合上。合上以后核装置再落下来，落到这个地基上面，是这样一个过程。

正式"产品"提上去以后安装得很迅速，时间很短，每一个岗位，我们扭螺丝钉也好，吊装也好，每一个动作都非常迅速。贾浩在整个安装过程中负责检查，这边的几颗螺钉我把它拧好，就是说我的岗位上的螺钉全部到位。李火继那边也弄好了，他的岗位螺钉全部到位，李仲春那边弄好了，他的岗位螺钉全部到位，朱建士他的岗位螺钉全部到位。贾浩再一个一个地检查，也是用扳手一个一个检查，检查完以后报告队长。陈常宜、潘馨队长他们过来，再一个一个检查，确保无误，这个工作才算完成。当时都是这样，谁的岗位，谁负责，这些东西都要负责到底，经得起试验考验，检查的人要检查到位，潘馨在后边监督，看看哪个地方还没到位，哪个地方还有什么事要做，他马上就提出来，或者是自己去做。我告诉你，701作业队从领导到群众，每一个同志那都是心心相印，所以大家在一块工作非常顺畅。

朱建士（第九作业队701队队员）：安装"596"产品，这里面要求就是绝对安全！特别是"产品"吊起来，吊篮下去以后，这个"产品"是悬空的，下面是100米的高空，这个时候对安全要求非常高。当时，我们就苦练这个装配动作。预先大家一步步地讨论，每一步谁干什么事情，谁拧螺丝钉，拧几个螺丝钉，这都写到操作规程里面，反复地演练，每个人都记得很清楚。如果有的工具要从一个人手里交到另外一个人手里的话，那这两个人谁说什么话，谁答什么话，回答说我已经拉住了，前面这个人才能松手，这些都写到操作规程里面，并且背得滚瓜烂熟。我们反复地演练，这都是为了保证万无一失。

当时要求在操作过程中，不能掉任何东西，如果掉一个扳手下去的话，那就是重大事故。为了绝对安全，那个时候扳手都抓得紧紧的，就这样一个情况。我们当时就练这个，练了好长时间，并且在正式核试验以前，还进行过一次预演。就是用假的"产品"，整个外形还是和真的一样，只是里面不是炸药，而是代用材料，确保安全。

我们把安装工作反复地练习了以后，张爱萍总指挥到北京汇报，回来就说让第九作业队待命。待命的时候还有一个任务，让作业队提问题，查漏补缺。大家互相提问题，还有哪一个环节我们没有考虑到，可能影响我们最后的装配工作。我可以说简直是绞尽脑汁地想，因为很多问题都考虑得十分可靠了，但是这时候还说查问题，不放过任何一个细节，所以那个时候反复地讨论，怎么样保证绝对安全。

最后核爆这个命令一下来，就开始正式干了。正式安装的时候确实很有意思，因为平常也是有规定的，这个吊篮 5 级风以上为了安全就不能起吊。上面命令下来的时候，正赶上刮风很大，我记得，那个时候就不管这些了，照常起吊。吊上去以后，核装置慢慢落下来，螺丝钉都拧好了。大家一看，这个就是核装置啊！当时就是这么一个球，将来插雷管的地方，是用胶布贴着的。上面还有一个分离盘，几十个起爆元件分出几十路电缆线，这些分离盘都装好了，我们 701 队安装组就负责做到这一步。下面就是搞电子学的人上来测试，这是下一道工序了。

我当时在 701 队的任务是负责考虑将来出中子的问题，如果加工方面有超差的问题的话，我可能要参加讨论，因为我是搞理论设计的。但是，第一颗原子弹加工的质量非常好，基本上没有牵扯到我负责的这些问题。所以，在核试验场区我没有事情可干。当时去一个人必须顶一个岗位，虽然我是搞理论的，但安装工作全是拧螺丝钉，比较简单，复杂的工作我干不了，我就干这个工作。

吊篮把"产品"吊上来以后，我们的工作看起来很简单，就是把舱门打开，两个人上去把那个吊篮的盖打开，然后用那个手摇的葫芦吊钩好，让最有力气的张振忠和李火继把这个核装置吊出来。当时他们两个人最有劲，就负责这个工作。"产品"吊上去以后，吊篮就放下去。下去以后把盖板一合，合上以后大家就松一口气，不会出现高空掉下去的现象了。然后把"产品"放下来，我们的工作先把底下的几颗螺丝钉拧紧，然后再把上面一个支架装上，接着又把分离盘装上。分离盘是这样的，它这里有一个法兰盘，在上面装上以后，我们的任务就完成了。整个过程看似很简单，但是每一步、每一个动作，我们都练了一个月以上。每个人对自己该说什么话，该做什么事情，记得滚瓜烂熟，就是为了保证最后核试验的时候，做到万无一失。

原子弹保温

1964 年 8 月 15 日至 30 日，在新疆核武器试验基地开始进行核爆炸前的综合性演习。原子弹试验装置经长途运输后，在试验基地经过检查，质量仍全部符合要求。

摘自《当代中国的核工业》

张振忠（第九作业队 701 队队员）：我给你说一件很关键的事情。有一天在核试验场地，我从塔上工作下来回到帐篷里，只见朱建士一个人正在床上琢磨事。我跟朱建士两个人的床挨着，朱建士又跟潘馨的床挨着，潘馨的床就靠着帐篷门口。这个时候邓稼先走进来了，进到帐篷来给朱建士交代一项工作，一定要把塔上爆室里边温度分布的情况考虑清楚。我当时一听，就有一个感觉，哎呀，邓稼先的建议是非常有眼光的，高瞻远瞩，未雨绸缪，看到前三步。为什么呢？他已经看到，假如说"产品"安装好，雷管也插好，进入爆室里边的一切电源信号全卡掉，准备起爆的过程当中，如果出现一些特殊情况，比如说温度变化，使爆室的温度急剧下降，比如说有其他的什么情况，"产品"究竟怎么样，受不受影响？因为这个核武器是几十个学科、上百个专业的集合体，是九院的同志经过精雕细刻做出来的试验性成果。"产品"里边的工差配合，要求得都非常高，还有不同的材料，万一温度有变化，材料热胀冷缩不一样，里边出现一些工差变化，就会影响到聚合爆轰的聚焦和偏心，影响到了聚焦和偏心，就涉及核爆炸成败的问题。所以这件事情邓稼先早就考虑到了，让朱建士同志去琢磨，去计算，去研究爆室里边温度变化的情况。

铁塔上的爆室分两层，下层考虑到戈壁滩上夏天很热，周围装有降温的空调装置，上边四个角是我们自己做的土电炉，万一它冷的时候我们加热，让爆室里边的温度能够满足"产品"的要求。在冷试验当中我们已经做了，这个"产品"温度的要求有一定范围。但是，如果说 10 个小时、20 个小时，甚至于其他的情况，这个温度能不能达到这么个要求？这确实是关系到成败的大问题。朱建士是我的老师，专门搞流体力学的。但是，当时在作业队做这项工作很困难，要资料没资料，计算的手段也没有，就是一把计算尺。朱建士根据我们实测温度的情况，创立了一个理论模型，一个平衡态的问题，最后给出了爆室的温度曲线，就是温度随时间变化的这么一条曲线。就是说在十多个小时之内，这个温度波动究竟有多大，满足不满足试验要求，这样为九院领导，为试验指挥部首长下决心，确保咱们核试验成功提供了理论依据，而且这个理论依据是理论和试验相结合的，一个很完美的数据。所以我非常佩服邓稼先的这种眼光，这件事情对我教育也很大。

杨岳欣（第九作业队 701 队队员）：因为"701"铁塔塔顶上是一个铁皮房间，不然的话为什么要保温呢？戈壁滩上太阳晒啊，这个铁皮房马上就热得不得了！到晚上温度很快就降了下来，昼夜温差很大。我们的"产品"要求非常高，对环境温度的要求是 20 度正负 2 度。而试验基地的环境则很恶劣，冬天最低气温可达零下 30 多度，夏天最高可达零上 40 多度。即使春秋季节昼夜温差也很大，晚上几度，白天二三十度。所以，铁塔顶上爆室的设计有保温要求，顶层和四周墙壁有保温夹层。此外还装有空调设备，用以保障"产品"上塔后所需的环境温度要求。那个时候，大队人马去了以后，经常用保温设备。我们主要是检验它的性能，看看它的保温性能到底怎样。实际上，因为我们核试验的时间选得比较好，后来空调基本上就不怎么开，开还是开，就是感到问题不那么严重了。当时那种空调设备降温还是可以的。开始，我们对铁塔上保温的爆室，里面保温性能到底怎样不太清楚，做过好几次试验。

记得有一次我们把塔上爆室的最高温度升到 37 度，然后让它慢慢慢慢地降，看降到 20 度需要多少小时。做这个试验需要有人在里面看着温度变化。做温度耐变的那一次试验，我在里面监视温度计，看它变化情况怎样。当升到 37 度的时候，所有的缝隙都封起来了，没有任何通风的环境，人在里面是非常难受的。我把整个身上衣服脱了，只穿裤衩在里面待着，监视温度变化，定时记录。那种情况下还是满头大汗，一会儿一身汗，一会儿一身汗。我们每天都有记录，做了好几次试验。试验结果说明塔上的保温性能还是可以的。

正式的"产品"上塔以后，首先要把温度调到规定的范围，然后核试验以前，要把它降到规定范围。因为多次保温实验后，爆室的保温性能情况都已经基本摸清楚了，外界环境温度多少，它能保持多长时间，这个我们都基本上清楚了。

爆室在铁塔最上面一层，保温控制设备在下面一层，我们值班主要在第二层。因为空调系统的冷凝器、蒸发器、加热元件等一些设备都在上面。塔顶上层的爆室大约 14 ~ 16 平方米。"产品"尺寸基本上是 1.5 米左右，固定在托架上，再放在保温桶内。保温桶升上来时，爆室底部的两扇门往两边推开，用一个小吊具从桶内再吊出"产品"来，再将空吊篮放下塔去，然后关闭两扇活动门，再将"产品"托架固定在两扇门上（房间的中心位置）。"产品"安装好了以后就没有太多的空间了。下层压缩机房地方很小一点，也就装了两台压缩机，操控设备人员可以在那里操作，我估计面积不到 4 平方米吧。

李火继（第九作业队 701 队队员）：在铁塔上做温度试验和其他试验，包括它的空调设施，看看行不行，因为那时候的空调都是比较老式的那种空调。戈壁七八月份的温度是比较高的，真正做试验是 10 月份。10 月份主要考虑升温，如果不行的话，再拖到冬天。10 月份的戈壁滩，温差比较大。比方说白天的温度高达四五十度，到了晚上就冷得很。所以，我们要考虑这个因素，冷暖两种试验都得做。"产品"温度要求是 20 度正负 2 度，在这个范围之内，不能太高，也不能太低。要保证"产品"对温度要求，所以要做曲线，我把它升到 35 度，或者是降到 20 度，这个要多长时间，或者从 20 度要升到 35 度，要多少时间，这都要给出数据的，以后我们才能够应用自如。

保温工作主要是杨岳欣、朱建士他们做。铁塔顶部底下是空调间，空调间设定温度，需要我们从小梯子爬上去，中间有一个温沉降。上去的时候穿上皮大衣，下来时穿裤衩，下头空调一开不是热得很嘛。做试验数据的时候，一做就是几天几夜，最后朱建士做出这个温度曲线，做完数据以后把它编出来，这些东西都有记录可查。我们的工作基本上就是铁塔上的工作，做得确实认真仔细。

朱建士（第九作业队 701 队队员）：核武器有一个温度要求，我印象大概是 20 度正负 2 度，必须保证温度在这个范围之内。所以，最后拆卷扬机以后，核装置的温度要慢慢下降。要保证插雷管的人，在他们安全撤退的时间之内，这个核装置下降温度不要低于要求的下限。当时就给我这个任务，要把核装置温度测出来，但是手头任何资料也没有，计算是不可能的，只有做试验。

试验指挥部提的要求是什么呢？就是在场区最冷的情况下，还必须要保证20度正负2度，要维持多长时间，只能做模拟试验。模拟试验最冷的时候是晚上，戈壁滩晚上大概是零下十几度，最冷的气象资料是零下31度。零下31度和20度之间相差50度左右。那零下10度的时候，做试验时房间的温度就要开到40多度。我当时在塔上待了10来天，基地气象总站的一个战士跟我一起，晚上就测量这个温度。铁塔上面这个房间，温度是四十几度，下面房间是零下十几度。我们两个人就穿着裤衩、背心，然后披上皮大衣，下面有一些茅草垫着，就在底下房间待着。然后每隔一刻钟就爬上去一下，把上面房间的温度测一下、记下来，又爬下来。

这个温差是50度左右，就是从零下十几度到零上四十多度。我觉得当时一爬上去，全身的毛细孔都在动，上面又热，还是密封的。好，赶快把这个温度记下就爬下来，再披上皮大衣，赶紧钻到被子里。在铁塔上面工作了十多天，就是测试这个数据，所以我对塔上这个爆室还是有感情的。后来我把这个数据交给了试验指挥部，作为他们最后撤退的时候参考使用。

当然，核爆试验是10月份，10月份外面的气温没有到零下30度，里面还是20度左右。所以，我比较放心。因为我们是在严酷的条件下做的试验，这个数据还是让人放心的。

陈常宜（第九作业队701队队长）：我们做试验的时候，核装置的温度保持在20度范围以内的话，如果说外面温度很低，我们离开的时候温度就要提高，保证在人撤离后的几个小时以内，温度不会掉到 20 度以下去，或者掉到 15 度，这个是要做试验的。

虽然我们爆室是保温的，保温性能不是十分好，核装置体积很大，里面就是一些泡沫塑料这些东西，就是爆室的保温性能究竟怎么样，要做试验，如果温差大的话，温度掉的情况怎么样，掉多少不清楚。所以，核试验前，塔上最辛苦的事情就是保温测试了。我们去的时候是 8 月份，八九月份气温还是比较好的。

铁塔上的温度相当之高，如果说我们要做试验，外面的温度在零度左右的话，核装置的温度要保持在 18 到 22 度。就是说温差接近 20 度这个范围。8 月份要做保温层的保温试验的时候，戈壁滩外面温度很高，白天都是三四十度啊。那么做试验，模拟这个温差，温度达到四五十度啊！我说，怎么能模拟，是吧，这个温差模拟不了啊。

所以说，负责保温的同志就是在这么一个情况里做试验。试验的人都是汗流浃背啊，上身光着，下身穿的裤衩全湿了。窗户不能开，也不能换气，人要等啊，温度上来要测温度啊，一个小时升到多少，一个小时一测，一测就是十几个小时，非常辛苦。做了好几天啊。朱建士通过计算，最后给它弥合成一个曲线公式，那个曲线非常好。有了这个曲线以后，我们"零时"插好雷管撤退了，仍然保证爆室能保持多少温度，这样一来，大家心中就比较踏实了。我们可以保证响的时候，核装置温度不会低于 20 度左右，他们做了好几个数据，那个数据是比较过硬的。所以说，保温组的同志是非常辛苦的。

另外一个辛苦就是铁塔值班，核装置吊上以后要保温。负责吊装的同志吊完就走了，没事了。插雷管的同志他插好了也走了，就剩下保温组的同志一直在坚持，一直坚持到最后，不用保温时他才走。反正需要保温时人必须在，你看就这么几个同志啊，他们轮流值班非常辛苦。保温组的同志工作做得相当好，这都是我们 701 队的任务。

作业队活动片段

（1）场区演练

方正知（第九作业队技术委员会委员）："596"核装置吊到铁塔上安装，这都是 701 队陈常宜他们负责的。开始不是真家伙，用的是练习弹，把核装置固定好后，把模拟雷管组合件插上，701 队反复进行了多次演练。有一次预演前，陈能宽到试验场区国家核试验委员会去开会。因为我不知道要预演，他就先打电话回来，叫我负责把工作准备好，上级要来检查。那个时候，第九作业队办公室是张珍在那儿负责。接到电话以后，我就按照计划把各个部门的任务分配好，因为是预演，完成了之后要向核试验委员会汇报。不一会儿刘西尧副总指挥带着国家核试验委员会委员们，来检查第九作业队的预演过程。最后预演成功，我们工作一切都很正常，没有发现什么问题。我把预演结果向刘西尧副总指挥汇报，刘西尧很满意我们的预演结果。这个预演的具体时间，大约在 9 月底或 10 月初。

（2）一次抽查

张振忠（第九作业队 701 队队员）：我非常幸运，22 岁的毛头小伙子能参加第九作业队，参加这么重要的工作，在第一次核试验当中从事"产品"的吊装工作。当年，我是 701 队里边年龄最小的一个。队里的老同志、老师傅对我关怀、爱护。我那时大学刚刚毕业，什么都不懂，就是觉得有干劲，有热情，叫干啥就赶快去干啥，在 701 队这个集体中，我逐渐逐渐地成长，逐渐逐渐地觉悟。第一次参加全场联试的时候，那天刮着大风，701 队在塔下集合，人人穿着工作服，满身都是口袋，里面装着自己的操作工具。陈常宜队长向作业队领导汇报："701 队准备完毕，准备上塔工作，请领导指示。"李觉问，准备得怎么样？大家说，准备好了。他鼓励一下，我们就准备乘吊篮上铁塔。这时候，陈能宽站出来了，他突然来了一句话："张振忠出列。"我一下毛了，赶快上前跨一步。"你的岗位工作准备得怎么样？"我说："报告首长，我都准备好了。"他接着问："你的岗位工作当中有多少颗螺丝钉？"这一问把我问得头上冒汗，脑袋里边赶快数，"产品"地脚是多少，手摇是多少，挂钩上多少。"报告，一共 26 颗螺丝钉。""每颗螺丝钉你都检查了吗？""报告首长，每颗螺丝钉我都检查好了。""你擦了几遍？配了几遍？""我配了好多遍，擦了好多遍。"这个时候陈能宽突然来了一句："究竟是几遍？"我那个时候头上直冒汗，潘馨队长在旁边拉了我一下，悄悄地说不要紧张，不要紧张，这是领导对你的关怀。我心里赶紧想我们在塔上做准备工作的时候，每一个螺钉都擦洗过 5 遍，而且都试配好了。这个时候我对陈能宽讲："我擦了 5遍，都试配好了，别人做了检查。""好，希望你们这一次预演能够圆满成功，回列。"我这才回到队伍里边。

这一次突然提问对我影响很大，使我懂得了什么叫全力以赴地工作。过后才知道，当时地面风刮得那么大，大家都急着赶快上去工作，在这一种情况下，领导看我比较年轻，没有经验也比较性急。为了让我能冷静一下，缓和一下紧张气氛，所以特别这样地鼓励我，提醒我。在塔上工作完之后，潘馨队长对我讲，他说遇到这种事情一定要冷静，领导都是好意，出于对你的爱护，对你的关心。哎呀，我这时心里边就敞亮起来了。我跟你讲，潘馨这个人非常随和，随和到什么程度呢，他是同志之间，上下级之间互相连接的黏合剂。他说话慢条斯理，有一肚子的文章。刚才讲到陈能宽突然问我螺丝钉的问题，那么紧张的工作，风刮得那么大，我早就准备好了，还那样问我，我当时有点想不通。潘馨下来给我做工作，告诉我怎么看这个问题。

陈能宽

我从此感觉到，螺丝钉精神就是我这一生的工作精神。如果说九院是一台精密的仪器的话，那么我就是这个仪器上的一颗永不生锈的螺丝钉；如果说九院是一个汪洋大海，那么我就是一滴水；我的一生要跟九院的事业紧紧地连在一起，要融汇入整个核事业当中。

701队铁塔上工作的这一段经历，为我一生的工作打下了基础。以后，不管安排什么工作，我都用这种螺丝钉精神来要求自己，努力做到百分之百地不出现过任何问题。

（3）院长掌勺

张振忠（第九作业队701队队员）：有一次，我从铁塔上工作下来，已经是深夜十一二点钟了，我到伙房去吃饭，一进伙房，我愣着了。伙房的地上有一张席，席上铺了一件大衣，第九作业队队长李觉就在那儿休息。谁来吃夜宵，李觉亲自掌勺为你做饭。哎哟，我一看这个事就愣着了。李觉问我你吃什么，我不好意思说吃什么，他就给我下了碗面条，还煎了个油饼。这一顿饭，吃在肚子里，暖在心上。你想想，一位将军，戎马一生，指挥千军万马进军西藏，现在是九院院长兼党委书记，第九作业队的最高领导。他亲自给大家当炊事员，给大家做饭，问寒问暖，哪里最需要，他就出现在哪里。自己以身作则，关心群众，这点使我非常受感动。

（4）李仲春师傅

张振忠（第九作业队 701 队队员）：李仲春师傅也是我们 701 队吊装组的一位成员。他当年是一个八级钳工，车、钳、铣、刨、磨，样样行。手头的活做得非常巧。在核试验场区他是老师傅，我给他当小工，我们在一起工作。这位老同志，把我这个年轻人当成亲生儿子看待，手把手地教。说实话，我第一次上塔，拿工具操作的时候，螺钉怎么拧也拧不好，动作不像个样子。李师傅手把手地教，告诉我拧紧螺丝须向右转，你要想紧它，就要往右旋。教我基本的操作技能，对我帮助很大。这位师傅的工作从来不讲条件，也不分白天黑夜，只要是自己看到的，自己能做的，都主动地把它做好。比如说铁塔上面爆室里边需要一些支架，支架之间要有

李仲春

连接的链子，他看到架子和架子之间没有连接的东西，容易发生安全事故。下塔之后，他就主动做这个防护的链子。在一个金属棒上，缠上不锈钢的钢丝，然后中间用锯子这么一锯，一个环一个环地就掉下来，再把这些环扣在一起，连接的地方锉得非常光滑，一条链子做成功了，安放在塔上。我虽然大学毕业，却不懂这些活儿怎么做的。这条链子做得非常漂亮，哎呀，做得非常精致，真是心灵手巧。从李师傅身上可以看出九院工人，为了核事业无私地、默默地奉献着。所谓无私，我觉得有三层意思，第一是忘我，第二不讲条件，第三不讲

回报，而且能自觉地、主动地去做，这是九院人精神品德的一种反映。

通过 701 队的工作，同志彼此之间建立了很好的感情。核试验任务完成以后，由叶钧道老师出面，李火继老师帮忙，把李仲春师傅的侄女介绍给我，最后成为我的终身伴侣，这也是 701 队回到 221 厂的一件喜事。我结婚不到三天，就打起背包又一次进入核试验场区去了。我一年可以参加多次核试验，12 个月当中有 10 个月在外边出差，家里克服了很多困难，爱人一直都是心甘情愿支持的。如今，李仲春师傅已经不在了，2008 年去世了。

（5）都叫"绰号"

张振忠（第九作业队 701 队队员）：在核试验场区，大家给我起了一个绰号叫"牦牛"，并且有一系列评价。说这个牦牛，吃的是草，挤出来的是奶；这个牦牛，要求很低，贡献很大；这个牦牛还是一个全方位的，不管是哪一行，搞试验也好，搞理论也好，搞器材也好，都能够把这些活干好。当然，我自己不好说这些话，没有啥意思。701 队是综合性的团队，有年岁大的，年岁小的，有知识分子也有工人。虽然大家临时组合在一起，彼此之间却心心相印，互相关照。我受老同志关怀照顾最多，夜里起来给我盖被子，吃饭时有好吃的也都让着我。我呢，每天早上起得最早，用那个帆布做的桶，把每一位师傅的脸盆里的洗脸水、刷牙水给他们倒好，把帐篷内外卫生打扫得干干净净。这些事情很小，但是说明了大家都是互相关照，互相爱护。

非常感谢你们，把我当年对戈壁滩的记忆重新翻出来了。戈壁滩的每个地方，岔路口、南山北山，哪个地方我都非常清楚。通过你们采访，我现在脑子里边全都把它回忆起来了。原来，都作为历史的记忆沉寂下去了。

贾浩（第九作业队 701 队队员）：张振忠"牦牛"这个外号大概是

1963 年底开始叫的，也不知道谁先起的头。因为他人比较黑，个子也大，有力气，干活也能干，所以我们就叫他"牦牛"，就像一头青海草原的牦牛，就这么叫出来的。我们这些人，分别几十年以后见了面，还是叫外号，不叫名字，哪叫名字啊！我跟你说，那个时候大家都是单职工，晚上睡觉没事，一个房间十来个人，十来点钟大家都睡不着，就躺在床上聊天，互相起外号，什么"黄鼠狼"，什么"鸡婆"这些都叫出来了。不说具体人了，那非常有意思，都是单职工嘛。

几十年在一起很不容易，你这一生当中能有几个人四五十年能在一起工作、生活，除非是老婆，孩子们都达不到这个程度。所以我们之间很随便。像陈常宜队长大家都叫他"老排骨"，因为他人非常瘦。还有一个叫"小排骨"，是我们后来一个副主任，大家外号都这么叫。

访谈时间：2009 年 8 月 31 日

地点：北京花园路一号院老干部活动室

受访人简介

　　张叔鹏（1935—2012），北京人。1959 年清华大学毕业后分到二机部北京九所。1963 年上青海 221 厂实验部。1964 年参加第一颗原子弹爆炸试验，第九作业队 9312 分队成员，时年 29 岁。先后在 221 厂实验部、九院一所工作，高级工程师。1995 年退休，2012 年 6 月去世。

张叔鹏（第九作业队9312作业队队员）：1964年7月份我随第九作业队大部队上了核试验场区，我在9312作业队林传骝手下工作。在铁塔上工作时，那时候没有手机，更不能用无线电联系，工作上遇到问题就靠上下电话联系。当时我们用的是试验场区的电话，跟外头不通的。而场地范围用的电话是部队野战电话，要摇通总机，然后由话务员转接。那天，彭定之、任汉民他们俩要跟720主控制站联系，720控制站那边是谁我不知道，但是都要摇通总机，通过总机转720。人家那边问："你是那个？"彭说："我是彭定之。"720："什么？"彭就喊："我是彭定之。"720："什么，碰钉子？"彭有点急："我是彭定之啊。"720："碰钉子啊！"彭定之越急口音就越重。到头来720总机也喊："你不还是碰钉子吗？"

我们在那儿听着直乐，因为都在塔上，这一通叫唤，谁都听到了，结果他"碰钉子"的外号就叫出来了，有好些事，好些趣事呢。

徒手爬铁塔

薛本澄（第九作业队701队队员）："产品"上塔以后，铁塔送人的吊篮出了故障怎么办？如果万一出现这种情况，得有人上去处置。这样，你就得爬上去。所以，我们接收这个铁塔以后，可以说第一课是学会爬塔。当时，701队组织了五六个人练习爬塔。102米高的铁塔，爬起来还是很困难的，好在那个时候大家都比较年轻，所有人第一次都爬不上去，反正多爬几次，三五次以后呢，基本上都可以爬到塔顶上了。

铁塔是直立式的，爬铁塔是直上直下地爬，爬梯完全是钢筋焊起来的，脚下没有踏板。爬梯背后有一个半圆形护栏，但护栏间隔很大，大概1 米左右一根钢筋，如果真的失手是保证不了安全的。中间爬不动了，可以手拉着前面的爬梯横梁，然后伸直胳膊，背靠在这个护栏上，休息一下。尽管如此，开始爬的时候，还是看着比较玄乎，有恐高症的人是不行的。当时，陈学曾坐着吊篮上去，塔顶爆室外边有一个回廊，我们陪他到回廊看看，老先生在上面觉得天旋地转，不能往下看，赶紧下来了。还好，我们几个人都没有恐高的问题。我们不但爬塔，还要检查整个铁塔的结构有没有问题，你要爬到每一个结点上面，去看螺丝钉有没有松动，焊缝有没有问题。

因为爬梯是在铁塔的正西面，上去左右是两个塔柱，对面是两个塔柱，你至少要到四个塔柱那个地方看看，那可是非常危险的！我们每一个人配备一个安全带。当然，从中间走到那个塔柱上，虽然只有几米，你是没法用安全带的。脚下呢，有二三十厘米宽的工字钢，沿着这个走过去。你得沉下心来，两步三步迈过去。那个时候，人胆大，也不怕，走到那儿，每一个螺钉都瞧瞧看看。

其实这种担心，也许是多余的。因为铁塔上的螺钉，都是为防松动设计的，不会因为风吹吹、摇一摇就松动。在上下剧烈振动下，螺钉容易松动，这种水平面的摇摆，一般不会松动，但是我们做得很认真，觉得还是应该看一看，心里才踏实。所以，隔一段时间，10 天半个月爬上去检查一次。

咱们 701 队里也有几个同志练习爬塔，比如说，吊篮卡在那儿，需要爬到吊篮上去检查，这个情况倒没有发生过。有时候我们跟着吊篮上去，上去的时候，身上总是别着一个大扳手，万一出现什么问题好处理。上去的时候，别人坐在吊篮里头，我们坐在吊篮顶上，在顶上好监视钢丝绳有没有跳出槽来，跳出滑轮槽子，得看着点，保证万无一失。

因为我指挥卷扬机，有时候还要指挥两个工人在那儿操作。我们进场以后，卷扬机的操作就交给我们九院的两个工人，工程技术总队老师傅把把关，做我们的后盾。九院的操作工人一个姓杜，一个姓谭，他们姓我还记得，名字记不准了。

叶钧道（第九作业队 701 队副队长）：到了场区以后，进行了大量的准备工作，包括爬塔。为什么要进行爬铁塔训练呢？就是国家核试验定好了时间，我们雷管都插好了，万一在风很大的情况下，这个时候吊篮不能使用，人员要是下不来怎么办？第九作业队希望我们插雷管的人，能够在没有吊篮的情况下，也能从上面爬下来，就是这个目的。

我第一次爬铁塔的时候，爬到第三层人都晕了，往戈壁滩上一看，脑袋昏昏沉沉的。爬了四五次，然后一层一层加高，经过一个月的时间训练，我基本上可以爬到塔顶上了。

有一次曹师傅和牛师傅，他们两个要跟陈常宜打赌，说爬上去爬不上去赌多少，我负责 701 队的技术安全，我觉得他们不能这样子，这样子影响安全，硬坚持往上爬将来会出事的。爬铁塔的时候，每人都有保险带子，走一步挂一下，万无一失。训练了一个月以后，我从塔底爬到塔顶用多长时间呢？最多 20 分钟。另外塔上还要值班，每天都要有人上去值班。

杨岳欣（第九作业队 701 队队员）：铁塔 102 米，有 30 多层楼高啊！普通的烟筒没有它高。一般的人，特别是有恐高症的人，上去就害怕，头晕不敢出房间往下看。陈学曾有恐高症，他上去以后，就不敢出房间到走廊上面去，他只能爬在门口往下看看。我们开头也不太敢，上去以后，明显感到铁塔在那里晃，风不大时它也有微晃。过了一段时间才习惯，习惯了以后就不怕了。

第九作业队参加爬铁塔的有我、薛本澄、潘馨、陈常宜，好像叶钧道也参加了爬铁塔。惠钟锡是引爆控制系统组的组长，所以他也参加爬塔。爬铁塔的队伍里面，我个子最小，体重也最轻，我跟薛本澄两个人是第九作业队里面爬得最快的。当时，参加爬塔的队员中我们最年轻，也是比较爱活动的人，个人的体质和灵活性比较好，所以爬得快一些。102 米高的塔，我跟薛本澄差不多用五六分钟就可以爬到塔顶。牛工段长和王焕荣师傅是专业高空作业工人，他们三分多钟就上去了。他们是工程兵技术总队派来配合我们分队工作的，年纪比我们大十好几岁。这些老工人是技术骨干，他们真是不简单，技术相当高超。据说建塔的时候，人可以在上面两个柱之间走来走去，这个手一钩，那个手一搭，就上去了。说实话，开始练爬塔的时候，心里非常害怕！都是从来没有高空作业经历的人，爬第一层的时候就感到害怕，因为没有任何的保护。"701"铁塔与现在中小城市中的电视塔很相似，基本上是垂直的状态，供人上下的铁梯也和电视塔的铁梯相似。上面每隔 1 米有一个保护圈，其他就没有任何保护了。如果不小心掉下来，向后仰的话有那个圈保护，挡一下起个保护作用。如果垂直下来那肯定是掉下来了！所以开头爬时还是比较害怕的，上去第一层，大概就十六七米，那里有一个小凳子大小的一个平台，可以坐一坐，休息一下。但坐在那里休息，往下一看，四面都是悬空的，让人感到头晕胆战！练习爬塔练了一个礼拜以后就差不多了，心里就不怎么怕了。

我们什么时候开始练习爬塔的呢？是第九作业队大队人马进驻戈壁以后，对 701 队人员的工作进行具体分工后，我们这些因工作需要爬铁塔的人，才允许练习爬塔。比如我是负责空调操作的，万一空调设备出了问题，要及时处理。而碰到卷扬机不能工作时，就需要从梯子爬上去处理故障。其他如引爆控制系统核装置等，都可能碰到这种情况。所以，都需要有人能爬上去处理应急问题。空调由我和李炳生两个人负责。我练爬塔，李炳生不练，一个人练就够了。他年纪比我大几岁，又是高度近视眼，所以选了我爬塔。陈常宜、叶钧道他们主要是插雷管，处理"产品"问题。薛本澄负责卷扬机、吊篮升降，吊篮万一有问题，比如运行中出了故障也需要到上面去处理，所以薛本澄也要爬塔。

爬铁塔的人身上有安全带，这个安全带实际上起不了多大的安全作用。怎么说呢？因为你身上的安全带要跟铁塔梯子挂上了以后才能在跌落时起到保障安全的作用。安全带它不挂在塔上就谈不上起保障安全的作用。你在爬塔的时候，要不断地往上去，你怎么能将保险带挂在塔上呢，只能在爬累了需要停下来休息一会儿时，把它挂在塔上，就是身后面有一个铁圈圈，把它挂上这时才能起到保险的作用。但是人要一动，那就得拿下来。所以这个安全带只是起个心理安慰作用。当然，休息时还是能够起到保险作用的。

爬铁塔的人享受的是一级保健，是最高等级的保健，也就是吃得好一点，食品多一些。说实话就是发红烧肉罐头，吃多了当然就腻了。当时三年困难时期刚过去，国家经济条件尚在恢复，生活还比较困难。基地远离内地，运输也很困难，不可能给我们供应新鲜的肉食、蔬菜，只能吃罐头这些东西。以后的试验也都是这样，一直到70年代还是这个情况。

我们站在塔顶上往下面看，场区的效应物已经开始布置了，有一些用于效应试验的建筑老早就开始建了。一些大型的效应试验设备，比如说火车头、飞机、坦克、大炮、舰船模型、仓库物资等效应物都早就布置好了。一些物资如粮食、布匹、动物等，则是在爆炸实施前一天才开始布置到位的。

至于效应物的分布情况，铁塔东面确实很少，我不敢说没有。我个人理解是场区主要测试站点都在爆心的西面，要进到东面的话比较困难，路远得多。我们撤退的方向也都在西面。

核爆炸要考虑到核灰尘，刮西北风，正好往东吹。试验场区常年的高空气流西风带多，他们肯定有这个考虑。但说实话，当时我们是普通的技术人员，是无法了解这些情况的。

那次刮大风困在铁塔上，当时是作业队的领导一直打电话不让我们下来，怕我们下来时出问题，因为我们毕竟不是专业从事高空作业的人，爬塔的经验也不足。要是下来的话，我想也可以。那个时候自己年轻，感觉着爬塔对我来说还算轻松，不太成问题。

铁塔在微风时就有自然晃动，人在上面更能感觉到，在下面看时也能看得出风大时就晃动得厉害。核试验场区刮五六级风是常有的事，刮大风时感觉塔摆动就很大了。我们遇到的那一次大风，我估计铁塔的摆动幅度起码有半米以上，摆动得非常厉害。当时感觉人就像在摇篮里面一样，而且风的声音非常可怕，简直像大海里面的波涛一样。狂风吹得两根钢丝（吊篮的钢丝），打在两根导轨上，撞击的响声吓人。

我们在上面困了大概一天多，记得差不多有二十多小时吧，反正一天都没吃上饭。后来王焕荣师傅爬上铁塔送干粮上来时，我一口气吃了10个鸡蛋，太饿了，我还不算吃得最多的。

困在铁塔上那么长时间，咱们吃喝有干粮，还不算啥。但是，人有个方便的问题！解小便无所谓，小便到塔的外廊向下撒，从 100 米高空往下一尿，什么都没有了。主要困难是大便，没有地方拉。后来弄了沙箱子上去，有了沙箱子，拉完了大便以后沙箱子就用吊篮弄下来，铁塔的上面必须清洁干净。

贾浩（第九作业队 701 队队员）：大部队还没有到之前，我在先遣队的时候就爬过塔，那个感觉现在回想起来都有点心惊肉跳。为什么呢？当时觉得自己的身体还可以，不就是 102 米高吗？年轻就上吧！梯子的间距大概是半米左右，后面还有一个半圆形保护的铁框。你往后翻不到后面去，但是脚踩不住就会掉下来，肯定会掉下来。所以上到半截的时候两腿发软了，发软又不能退，退下去任务完不成是不是？只好硬着头皮往上爬。上去以后坐在塔顶上面那个铁板上，喘了半天气，心跳才能平静下来。那时候为什么上呢？就是在做配重试验的过程当中要上去观察上面的情况。看看有没有什么变化，主要是这么一个事，我就爬了这一次。作业队大部队来了，当时有插雷管的，插雷管下来的时候，吊篮都没有了，所以他们要爬塔下来。还有塔上管保温的那几个人，他们也要练习爬，你不练习一下子上去怕要出问题。反正有几个人，他们爬塔还有点特殊的待遇。

李火继（第九作业队 701 队队员）：爬铁塔没有我的事，爬塔的人主要选择插雷管的人，我是负责吊装的，没有这个任务，平常练练是可以的。铁塔边上有一个护栏，护栏的间隔大概有那么高，往上爬的时候，爬了一段时间可以稍微歇一下，靠在后头护栏上歇一下。但是，你往下看就有点害怕。像我们这些没有高空作业经验的人，那还是不行。我第一次爬到三十多米就不敢再爬了，最高爬到过六十多米，就没有再爬了，觉得还是有点害怕。

访谈时间：2009 年 5 月 5 日

访谈地点：北京花园路一号院老干部活动室

受访人简介

潘馨（1927—），河北迁西人。1947 年参加革命，1963 年从沈阳航空学院毕业，同年分到二机部北京九所，从事场外试验管理工作。1964 年参加第一颗原子弹爆炸试验，任第九作业队 701 队副队长。时年 37 岁。先后在 221 厂、九院场外试验处工作，高级工程师。1985 年退休。

潘馨（第九作业队 701 队副队长）：我上核试验场区时，担任第九作业队 701 队副队长。701 队练习爬铁塔的人，大家心里都特别清楚，这是练兵嘛，还要考虑万一有个什么特殊情况怎么办。平时你在高层，比如上楼顶，这个心情没有什么紧张的。那个时候，站在铁塔顶上看底下那么高，一看下面人和车都变小了，甚至有点眼晕。一般心脏不好的人，都不敢往下边看。乘吊篮上去以后呢，也没人敢乱走。外边有些什么事要看一看，很多人都不敢看。那时候给我们提出的问题说，万一出了事，比如卷扬机出现什么故障了怎么办？我们想了一个方法，锻炼上下爬铁塔，不用升降机。上铁塔有一个铁梯子，跟烟囱的梯子一样。烟囱就是 30 米、50 米高，可那是 102 米高的铁塔啊！当时年轻，没爬过那么高，我们就锻炼爬。爬的时候还得系上一根安全带，爬一下挂上，万一出事呢。第一天只能爬个十来米，看一看，习惯一下。第二天再爬个30米、50米，练了两三天以后，就能爬到100米了。铁塔顶部周围有一些走廊，都是很窄的。大家都得爬，万一有事，这个电没有了，结果呢就练这个事，练习多了以后，大家都可以自由地爬上爬下。也不是谁都能爬。有的人一到上面以后，心跳得非常厉害。说心里话，爬的时候我也很紧张。

陈常宜（第九作业队 701 队队长）：插雷管这些同志啊，保温组的同志啊，我们都练习爬塔。为什么爬塔？原来的方案是这样子的，最后插完雷管以后啊，把吊篮撤掉，原来想回收嘛。那我们从塔上怎么下来呢？就徒手爬下来。因此，你平常要练，你不练，到时候下不来的。我们那会儿是吊装的同志、负责保温的同志都得爬上爬下。后来，李觉队长决定，吊篮不撤，钢缆不卸，插雷管的同志最后下来以后，再把升降机炸掉，李觉的考虑是对的。搞这个东西啊，你弄不好打了核装置怎么办？所以，最后我们这些人从吊篮降下来，不是爬下来的。以后啊，想把吊篮拿走，当时没有拿走，捆在地上炸掉了，大概是这样一个过程。

当时，李觉主要考虑安全问题。我们插雷管以前，第九作业队所有的人都撤了。我们晚上在哪儿睡的呢？就是在 702 装配车间里睡，那是地下室啊，装配车间留了一口锅，留了一个炊事员，煮了点面条吃，就这样，休息是休息不好，睡觉也睡不好。第二天还要上去插雷管，李觉最后还是考虑人员的安全。后来他说，你们还是乘吊篮下来。

赵维晋（第九作业队 631 作业队副队长）：核试验前要预演多次。平时，多数人都是乘载吊篮上上下下的。我们 701 队在塔上工作的几个人，还要进行爬塔训练。这个事儿，现在都不敢想！爬的时候脚和手要配合好，一步都不能踏空，练了好几天的时间才能爬到铁塔顶上。那个时候就是这样爬嘛，还真能爬上去。最后一次预演，"产品"都装上去了，突然刮起大风。有大风的情况，吊篮就不敢升降了。因为升降吊篮的钢丝绳被大风吹得啪啪地响，吊篮也左右晃动。人在塔上晃得都站不稳，吊篮不能开动，人就更不敢爬了，因为风太大了。我也被困在上头，和其他几个插雷管的人在铁塔上头困了一天。这个铁塔顶部分两层，上边一层是爆室，有保暖的炉子，起保温作用。平时，我们没有工作时都在下边一层，这一层没有取暖的炉子，冷！晚上我们谁也没有多余衣服盖，就拿"产品"包装布盖在身上来取暖，在上面冻了一晚上。铁塔上面的风更大，我们小便、大便都是自己爬在外边撒，被风刮到空中，也不知道飞到哪去了。在塔上面困了二十几个小时嘛，当时也顾不得这些了，坚持到风停了才下塔。在上面整个待了一天一夜，直到第二天才下来，这是最考验人的时候！

当然，每个人的情况不一样，有的人害怕，有恐高症。你像有人恐惧核爆炸，这个也不奇怪，他就是害怕，实际上没有那么可怕！

蔡抱真（第九作业队 702 队队长）：平时，我们也上铁塔看看，上铁塔挺好玩的，塔顶的周围还有栏杆围着一圈外廊。上去以后我们出来走一圈，走走看看。100 米多高啊，看着底下那些效应物什么东西，都是一点点的。杨春章不行，他有心脏病，有恐高症。上了铁塔以后，他躲在爆室里不出来，要他出来，"不行，不行，受不了"。他不敢靠着栏杆往下看，他心脏受不了。我们都是坐吊篮上去的，上去看看再下来，就是杨春章他不敢看。很可惜，杨春章他不在了。

戈壁生活

背景资料

历史上的罗布泊曾叫过盐泽蒲昌海和孔雀海、楼兰海，不知从何时起人类又送给它"死亡之地"这个令人生畏的别号。流经试验场区的孔雀河，很久以前叫浣沙河，一个非常美丽的名字。清清的河水从博斯腾湖流出，缓缓地注入罗布泊。孔雀河的水里含碱量极大，带有咸的味道，还有一股苦涩。开始饮用后要拉 3~5 天的肚子，无一幸免，此疾无药可医，3~5 天后又不治而愈。为了保证作业队人员健康，第九作业队专门有运水车从几百千米外的马兰拉淡水，每天往返保证供应。整个核试验场区，唯有第九作业队能喝上甜水，吃上罐头。

张珍（第九作业队办公室成员）："701"铁塔在一个小山包上面，作业队的帐篷在离铁塔不远的地方围成一圈，边上还有一个食堂。第九作业队的大小车辆加在一起有三十几部，拉水车的有两三部。一开始直接拉孔雀河的水，大家用水洗头，头发都粘住了。最主要的是喝孔雀河的水拉肚子，大便的颜色都是绿的。后来我们派水车到甘草泉去拉水，每天都去拉我们的生活饮水。有时还派车到乌鲁木齐拉菜，从乌鲁木齐拉的黄瓜到了试验场区都蔫了。那会儿直升机还给我们送过菜，吃点菜真不容易啊！一个是路途远，另一个是干，空气干燥。戈壁滩刮起风来没有沙土，不像内地刮风扬土，那儿风再大也没有土。我曾经拿着测风的仪器，转着一看就知道是 11 级的风。那个沙子在盐碱地都粘住了，一敲地面那个硬壳空空地响。

第九作业队 200 多人，需要一大摊子后勤保障！后勤生活管理由实验部副主任王义和和 221 厂行政处李荣光科长负责，食堂就是李荣光具体管的。我们自己带炊事员，连吃的大米也带，保证作业队的伙食。作业队的医生、理发师也是我们自己带去的，有一个姓申的师傅专门负责理发。当时，包括帐篷里面的床、被子、毯子都是我们自己带去的。每个人两床被子，一条毯子。戈壁滩那个地方，别看白天很热，晚上却很冷。白天热得不行，我们把帐篷都撑起来透风，到了晚上把帐篷放下来，压住怕漏风。睡的都是折叠床，那个折叠床是木头的，上面铺一床被子，盖一床被子，再加一个毯子。大概 10 个人住一顶帐篷，作业队 200 多人，你想有多少顶帐篷！

第九作业队的帐篷按照 701、702、631 队挨着排开。作业队唯一的女同志就是余松玉，她单独住在一个帐篷里。在戈壁滩上女同志上厕所很麻烦。实验部的男同志，帮助她弄个破席子，挖个坑。戈壁滩的地面很硬，挖不动，就用小炸药包炸开个坑，帮她搞了一个简易厕所。当初我们不想让她上去，作业队都是男同志，上一个女同志不方便。后来一想，不让她去也不行，因为她在计划处负责控制系统和测试系统，包括出中子测试她都比较熟悉，她就上去了。

唐孝威（第九作业队 9312 作业队副队长）：我记得有一天在铁塔下面的屏蔽工号里面，我们正在连接塔上塔下探测仪器的电缆，这地下屏蔽工号是我们放置记录测试设备用的，以后要准备进去回收记录数据。这个时候，张爱萍总指挥进来了。张爱萍下到工号里面看我们正在工作，他说："你们的头发太长了，也不理理发？"当时谁也顾不上，大家几个月来一直反复地安装、调试、等待，工作很劳累、很辛苦，有的人甚至带病工作。

那时候第九作业队住在戈壁滩沙漠里头，白天天气很热，晚上凉快些，大家睡在临时搭的帐篷里。刚开始测试仪器安装的时候很忙，我们在铁塔上下反复地检查，检查了很多次，联试了很多次。到后来演练得差不多了，就没事了，就待命嘛！等着指挥部定下的"零时"起爆时间。有时候晚上睡不着觉，就在帐篷外面数着天上的星星，估计着什么时候命令会下来。

杨岳欣（第九作业队 701 队队员）：当时咱们第九作业队，唯一的一个女同志叫余松玉。她是院计划处搞计划的，还兼王淦昌的秘书。她性格开朗，很泼辣。因为是一个女同胞，毕竟不方便。铁塔周围其他参试单位也没看到女同志。当时只能让她一个人住在存放后勤物资的帐篷里，实在没有办法，其他的帐篷全都是男的。

徐邦安（第九作业队办公室成员）：第九作业队 200 多个人，住几十个帐篷。帐篷是一个 U 字形的排布，中间可以搞活动，打排球。场地帐篷很紧张，余松玉是女同志，她一个人住一个帐篷是做不到的。后来就把她撵到器材仓库帐篷里住，这个仓库帐篷一半给她用，另一半还可以存放作业队的物资。作业队领导住的帐篷在 U 字的底部这个方向，领导住的帐篷人数少一点，其他的帐篷住 8 个人或 10 个人。

第九作业队的伙房是一个用草搭的简易房子。旁边有个大水池——用水泥砌起来的大水池，上面有木盖子，里头装的是从甘草泉拉来的甜水。在整个试验现场，咱们九院的伙食还是不错的，伙食那会儿也不知道是几等灶，反正级别比较高。吃罐头比较多，木耳比较多，说木耳能够清除肠道里的放射性沾染什么的。另外，干木耳也好运输。但是场地鲜活的东西很少，马兰基地是全力以赴地保证九院的供给，我们大的采购还是靠人家基地。我在陪同领导第一次考察场区的时候，双方就交换了意见，马兰基地全力以赴保证我们九院的供应。

喝水的事情在考察的时候已经意识到了。九院先遣队去的时候喝苦水，大家喝苦水不适应，人人拉肚子。这个也怪，不拉肚子就便秘。喝的水又苦、又涩、又咸，说不出来那个味道。人一拉肚子等于减员，工作就受影响。我们把这个情况反映给 221 厂，反映给九院的领导，就是说这个问题要解决。所以，李觉队长领着大部队到达的时候带了三台水车。李觉的头脑很清楚，要做好核试验，参试人员减员了不行，所以要保证大家的健康。从马兰拉来的甜水就注在伙房旁边的水池里头，用甜水做出来的饭就是不一样，喝了甜水大家的身体状况马上就大大改善了。这样就保证了参试人员的健康，要不然的话，喝水是个大问题。咱们拉水的车跑得好的话，一天一台车最多能跑两趟，一般跑一趟已经很紧张了。

后来，场地周围的战士也知道了，那些工程兵战士就想方设法到第九作业队来办点事儿，然后喝口甜水，喝完后再把军用水壶灌满。所以，我们拉甜水的水车任务，一天比一天重，老是不够喝的，大家就反映给李觉。李觉说："都是第一线工作的兄弟单位，来了喝点就喝点吧。"领导这么一说，我们也就没有意见了。周围的工程兵或者其他部队的同志都到这儿来灌点甜水。我觉得这也反映了九院领导的胸怀。他看得远，不计较这些事情。九院有甜水喝，其他单位的人来喝点甜水也是应该的嘛，我们这个做法在试验场区传开了。

基地的流动售货汽车，每周至少来两次到第九作业队驻地，主要卖些日常生活用品和水果等。东西虽不多，但也增添了生活气息，每次来，大家买得最多的是洗衣粉和哈密瓜、葡萄干等水果。

1964 年的中秋节是在试验场过的，作业队生活组为大家准备了月饼和丰盛的晚餐。共青团为了活跃生活，组织了晚会，请老将军李觉队长给青年人讲话，他没有稿子，侃侃而谈，讲他经历的故事，讲对青年人的要求，讲这次核试验的意义，讲得颇有风趣，人人听得入神兴奋，不知不觉一轮明月高悬天际，戈壁滩的夜空，显得格外清新。最后各个分队出了一点小节目，大家尽兴而散。

薛本澄（第九作业队 701 队队员）：我们去的时候，正是大热天，第九作业队全部住帐篷，只有伙房是用土坯盖起来的，上面盖上芦苇编的顶，再铺一层油毛毡。除了人住的，包括办公室、仓库都是帐篷。每个帐篷里摆两排床，大概有 10 张行军床。那是一种帆布行军床，下边是三个十字叉，上面是顺着四个棒，横着两个棒，都是短棒。这样的话，折叠起来就变成一捆棍儿了，背着就可以走。这个床冬天睡还可以，夏天睡就比较受罪，因为人一躺下来，就凹进去了。要是再铺一个褥子，铺一个被单，那正好是一个"热窝"。戈壁滩七八月份的时候，你躺在床上，那个热啊！等于你多半个身体被包住了，床也不结实，体重大一点的人，一不小心咔嚓一声就压断了。我听说李觉和马祥院长他们睡坏了三张床。因为天太热，白天帐篷的两个房山必须全部掀起来，要是捂住，更是受不了。平时有点风，空气流动，还好一点。但是刮风的话，帐篷里都是沙子，包括床上、被子全部是沙子。戈壁滩的风是很厉害的，最厉害是沙尘暴。现在西北、华北、内蒙古，经常有刮沙尘暴的场面。但是戈壁滩沙尘暴要来了，那是非常厉害的。我曾经经历过，那个沙尘暴大概在四五米的地方，就看不见人了。两人距离仅仅几米，大体上就看不到你了。一般的戈壁滩，沙尘没有这么厉害，为什么试验场区沙尘会那么厉害呢？因为那个地

1964 年 7、8、9 月份，戈壁滩上的风沙常常把帐篷掀起来

面人工动过了，你开了路，挖了坑，地表面上一层碎石子硬壳没有了，大量沙子裸露在外面，风一吹地面沙子全扬起来了。但是，生活上再怎么艰苦，大家的情绪都非常饱满。

我们上去的时候喝的是甜水，但是有时候还要喝点苦水。可能做稀饭，还是做什么饭，还是用这个苦水。那水倒也不太难喝，加一点茶叶，把那个味道冲淡一下。主要是苦水里头矿物质太多，可能是硫酸镁太多了，因为所有的人，无一例外，几乎排出来的大便全部是绿色的。我们说的甜水，都是到几百千米外的甘草泉拉来的。甘草泉的水，用现在这个饮用水标准来衡量，也仍然是不达标的。不过相对孔雀河的苦水来讲，好多了。即便是苦水也得到几十千米之外的开屏那儿拉。

孔雀河断流以后，因为没有淡水补充，它不断蒸发，里头矿物质浓度越来越高。水如此金贵，大家在那个地方，根本谈不上洗澡。有一次，工作告一段落，第九作业队拉我们到孔雀河去洗了一次澡。我们从驻地坐车几十千米，到孔雀河上游的一个地方，那个地方河水大一点。大家看见水，高兴得不得了，脱了衣服跳进里头去，想洗一个痛快澡，多少天也不洗澡了，我也跳下去洗一洗。孔雀河里那个马蝇特别多，不知道哪来的，个头有蜜蜂那么大，叮人呐！人在水里的时候，它就在你头上飞来飞去。上来以后，发现这个澡还不如不洗呢，因为每个人身上都结了一层白霜，上岸也没有淡水冲洗。

孔雀河断流以后，形成一个一个的水泡子。有的水泡子，已经完全晒干了，表面结了一层厚厚的盐碱，可以说是"盐湖"。我们苦中寻乐，试着去湖面上走走，结果一只脚吭哧一下下去了，胶鞋沾满了饱和盐，等回到驻地鞋全变白了，鞋表面已经有一层盐壳了。

基地部队的战士，就从那一个个水泡子里头挖盐来吃。其实那个结晶并不完全是氯化钠，还有硫酸盐、镁盐，孔雀河的水苦，也是这个原因。在场地，领导和群众都是过这样的生活，喝同样的水。马兰基地的领导，包括张爱萍去了喝的也是苦水。有时候，张爱萍的警卫员到我们九院作业队来，从伙房要点甜水。从当时的条件来讲，九院能喝上甘草泉的甜水，已经是非常非常不容易了。因为这个甜水都是汽油换来的。在那个物资还相当匮乏的年代，在戈壁滩喝到这样的水，真的很不容易。但是，生活条件虽然艰苦，大家的热情却非常高，生活也觉得很愉快。业余生活自然很单调了，你不要说看电视了，就是收音机带去了也听不着。

作业队的业余活动就是下下象棋，打打排球，立个杆子，拉一个网就可以打。陈能宽也一起玩，他比较喜欢打排球。实验部去的人不少，各单位在一起玩玩排球什么的，生活还挺有意思的。

张爱萍在核试验指挥部，对我们九院还是很关心的。有一次，他从马兰拉了一箱冰棍，到铁塔下给我们每一个人发一根冰棍，领导对我们如此关心，心里好感动。虽然经过长途运送，那根冰棍已经化得差不多了。

过八月十五中秋节，第九作业队给大家发月饼，每一个人发两个。我们平时工作每天吃得很饱，这两个月饼就在帐篷里放着。过了若干天以后，突然想起来还有月饼，挺好的，别扔了，吃了吧，于是用牙一咬，竟把牙齿崩掉了半块。这个戈壁滩热风很厉害，月饼放了几天全热干了。当然，我的牙也不太好。想起来，还是很有趣的事。条件再艰苦，大家都企盼这个争气弹能够早一天试验成功。

给我印象比较深的是吃的东西，蔬菜太少，就是点干菜，后勤同志准备很多黄花菜、粉条之类东西。新鲜蔬菜太缺了，有时候运来一点西红柿、洋白菜什么，运来坏得就差不多了。再有就是基地也供应一部分罐头，我们刚从困难时期过来，吃罐头就很不错了。自己带伙食团，自己的厨师做饭，生活情况大体就是这样。

吕思保（第九作业队 702 队队员）：有一次，张爱萍来到我们 702 装配工号的现场看望大家，具体时间记不清了，好像是在正式"产品"上塔前一个礼拜左右吧。他来看我们的时候从马兰带着冰棍、带着苹果。苹果只带了一个，冰棍带了很多根，我也吃上了冰棍。因为从马兰到场区有 300 多千米，他带来的水果冰棍开始化了，冰棍一拿到手就掉在地上化了，大家仍然感觉到领导带来的温暖。一个苹果谁吃呢？都不能吃，最后怎么办呢？干脆拿到 702 作业队领导那里去。结果他们也舍不得吃，就把苹果挂在帐篷里面，今天挂在这个帐篷里面，明天挂在那个帐篷里面，轮流看着那个苹果，闻着那个苹果的香味，体现领导的关心，当时大家确实很感动，像是上甘岭的坑道战情景。在戈壁滩上没有水果吃，张爱萍专门从马兰带来的苹果。是不是还给其他的作业队？还有 701 队，还有测试队？只给了我们702队一个苹果。

陈常宜（第九作业队701队队长）：李觉是第九作业队队长，这个领导啊，我们基层做具体工作的人还是很钦佩的。我们在塔上工作，九院领导的确考虑第一线的同志，把安全放在第一位。现在说是以人为本，过去没有这么一个提法。我们在塔上有一次碰到刮大风，二十几个小时下不来。以后，李觉发现万一下不来怎么办啊，就在塔上准备一个沙箱，要拉屎上厕所就用这个。然后，又弄个保温桶，保温桶里放了饼干，放了罐头。万一下不来，饿了，那上面有吃的，有水，有厕所。领导考虑很周到啊，所以，试验场区的条件虽然艰苦一点，但是大家还是很愉快的。

我告诉你，第一次核试验我们每人每天的伙食费是一块零三分。参试人员没有补贴，就是给伙食费。哎，别看伙食费就这么些钱，吃得还不错，为什么呢？就是20世纪60年代困难时期，习惯了饿肚子，场地能吃到这个标准，我们感觉很满意了。我们701队在塔上的人，高空作业还有特级保健，那吃得更好了，床底下的罐头都吃不完。后来的核试验吃得就不行了。1967年的氢弹试验，每天补助还是一块来钱，没变，伙食就不行。

第一次核试验，第九作业队和基地部队比较起来，还算好一点。好在什么地方？我们喝的是淡水，人家马兰基地、其他部队喝的是咸水，咸水喝了以后拉稀呀。李觉去了以后，我们从四五百千米外的博斯腾湖那儿、甘草泉那儿把甜水拉来，来回得走多少路，喝水等于喝汽油嘛！当时场区的部队战士，偷偷打一点我们的水，李觉就说要打就打呗。所以，第九作业队的供给是最好的。

朱建士（第九作业队701队队员）：第一次核试验我们住帐篷，夏天的戈壁滩中午特别热，帐篷一晒就透，热得不行，中午躺在帐篷里面是很

1964 年核试验前夕，核试验场地的解放军在孔雀河边巡逻

难受的。但是，戈壁滩晚上很冷，白天很热。试验场区的路很难进去，因为戈壁滩你别看它没有水，但是它下起雨来就闹涨水。我们有一次往前走，路好好的，后来一看那边在下雨，因为戈壁滩很大，远处下雨，这边晒太阳，看得见下雨。好，等回来的时候，路就冲断了，你别看它没有水，它一有水就很厉害，冲得那个上面全是土，冲的沙子就埋掉一段路。

叶钧道（第九作业队 701 队副队长）：我们在场地过八月十五中秋节，都发了月饼。部队吃的是孔雀河的水，我们吃的是甘草泉的水。放假的时候，就拉我们到孔雀河去玩，那时候孔雀河有水，我们还下河洗洗澡，还到楼兰古迹遗址去参观。我们第九作业队的大部分人，基本上没有喝过咸水。所以，生活、吃饭这些事情就没有什么问题，就是天气一会儿热，一会儿冷，从零上 50 度变到零下。

基地春雷文工团过了一段时间就来慰问一次，演出完以后，好多女同志给我们洗衣服。701 队的耿春余穿着背心，人家女同志非要给他洗，他不让洗，然后上去围着他，把他衣服扒下来，洗完再给他，当时的政治工作、思想工作做得非常好。

潘馨（第九作业队 701 队副队长）：说说生活方面的事吧，开始去的时候只能喝这个孔雀河的水，孔雀河水几乎快干了，水质很差。这种水的性质开始也不懂。据说，人能不能喝正好是边界线，其性质是碱性，再浓一点就不能喝了。没办法，那时候只能喝这水。后来咱们拉水车来了，就从马兰那边拉水过来，水质就好了，这是九院作业队独自享受的待遇。戈壁滩上天天刮风，把这个头发弄得尽是沙子，用肥皂洗头发不洗还好，这一洗就黏住了，用肥皂越洗越不好。最后有人就用洗衣粉，用洗衣粉呢，反而洗了以后头发梳得开。再就是刮风，吃饭的时候一刮风，呼的一下，沙子就吹过来了。

伙食还比较好，对我们特殊照顾。吃青菜比较困难，新鲜蔬菜不大可能，都是一些干菜、罐头。比如说蛋包粉，那时候吃饭有蛋包粉就不错了。

张叔鹏（第九作业队 9312 队队员）：要说马兰基地的后勤，对我们第九作业队照顾是非常好的。怎么说呢？跟第九作业队结算物资供应时，是按内地原产地物价多少钱核收的，提供给第九作业队只要成本费，路上运输、所有耗损的费用一律不计算在内，马兰基地包了。当时，1964 年的物资还是比较紧张的，没有那么多好的东西供应，只能买个什么呢？松花蛋、黄花、木耳、海带，完了就是罐头、蛋粉等。我们九院人，天天和炸药打交道，和放射线打交道，我记得作业队的伙食有补助，还有保健。有的是甲等保健，有的乙等，我们是乙等保健。所以天天吃好的。我原来踢足球，人比较瘦，在场地那儿一个月长了 10 千克。但是，喝水你要注意，孔雀河的水喝了就拉肚子，先遣队的同志去了，一天拉四五次，老觉得想拉，拉又拉不出，拉出来的是绿屎，因为水里含有镁。等大部队去了，我们喝上了甜水。作业队每天拉水，三天跑两趟。作业队一个司机叫张斌豪，开的是新的解放牌水罐车，从场地往返马兰拉淡水。所以咱们煮饭、喝水都是淡水了。平时用的洗脸水、洗脚水还是孔雀河的咸水，这个水洗头的时候一定要注意，绝对不要拿肥皂洗，肥皂一洗头发就卷了，全都卷起来了，弄得头发黏得不得了，水冲都冲不下来，绝对难受，只能拿洗衣粉洗。当时大家都没带洗衣粉，只有肥皂，基地又给我们拉来了洗衣粉。总的来讲，给我们供应非常好，就是说马兰基地全力以赴支持九院。有一次还出了点矛盾，有一个穿军装的人，来我们这儿打了一壶淡水，咱们的大师傅不叫打。追出去要查是谁打水，这件事让李觉知道了，他批评说，部队的同志喝苦水天天拉稀呢，弄点淡水喝怎么不行了，好，打那儿以后，每个礼拜三次拉水，送人家一车，也算是处理得比较合适。说实在，马兰基地对我们支持太大了。马兰基地负责后勤供应，人家给拉东西，唯独水是咱们自己拉，往返几百千米路，吃水如吃油。

我们 7 月底去的时候，全身穿一小背心、短裤，有的时候光着膀子。戈壁滩夜里虽然凉，但有被子盖。但是一到 9 月份就麻烦了，晚上冻得瑟瑟的，这时候，白天、晚上都得盖被子，咱们被子没带够。后来基地把工程兵换装下来的棉袄、棉裤发给我们穿上，这样到晚上也挺冷，你要小便起夜啊，出去摸到门口就撒！所以真正体会到新疆"早穿皮袄午穿纱，围着火炉吃西瓜"的说法。

第九作业队单独住在一块，单独一个伙房。作业队带的两位炊事员太辛苦了，两位炊事员，一个叫李师傅，一个叫党师傅，那是从全九院各食堂中挑选出来的，都是 221 厂里的模范厨师，转业兵。他们要保障场地全体工作人员的身体健康，完成任务。可是那伙房没法待，马兰基地各个炊事班伙房总结、交流经验，就拿烧火来说，烧火的时候，一律都得穿棉袄，戴棉帽子，就是外头比里头热。就像在轧钢车间，你进去得穿那个防热服，就是石棉服。夏天戈壁滩上的伙房里50度高温，进去得赶紧穿棉袄了。何况还要夜以继日地干。只要有人在工作，他就得值班，因为有时候日夜三班倒。他们702队搞装配的一批人，日夜三班倒，炊事员也要三班倒地做夜宵，那是随叫随到，反正就我知道。

李火继（第九作业队701队队员）：我们先遣队去了20天左右，第九作业队人马才来。大部队来了条件好一点，知道大家要干活，喝的水不行，第九作业队用三辆水车每天从几百千米外的马兰拉甜水喝。第一次喝上甜水，那确实是清甜哪！以前喝的苦水，没法形容的苦。现在觉得水好像放了糖一样，清甜。当时工程兵部队住在我们周围，有的战士拿军用水壶从我们那个水箱里头舀水，有人制止。后来作业队领导说，算了吧，喝一点水没什么关系。实际上，我们喝的不是水，喝的是汽油啊！那时候感觉确实清甜，比我们现在喝的水，比矿泉水好喝多了，感觉不一样。现在喝矿泉水很平常，那时能喝上甜水我们感觉条件好多了！

场地洗澡很困难，几个月大概洗了两次澡。我记得8月中旬左右，有一次马兰基地的卡车拉着我们到孔雀河度过了一个周末，从上午玩到下午。那时候孔雀河水还很清，我们下河游泳、洗澡。洗完澡以后你上来的时候，身上白乎乎一片，发干，什么原因？水碱都弄在身上了。不过，年轻人还是很高兴的。

平时我们洗衣服、洗脸、刷牙都用孔雀河的咸水。我们有好几个方水箱摆在那里。在铁塔下面一个比较平坦的地方，第九作业队的帐篷围了一圈，离工作地点铁塔有几百米，反正走不远。一个大帐篷睡八九个人，我和你说，作业队有一个叫余松玉的女同志，她是以王淦昌的秘书的身份上去的。领导不让她去，她才不管，属于很泼辣的女性。我们在戈壁都是上身光膀子不穿衣服，下身穿一个三角裤衩，中午的时候穿着裤衩到处跑，也不管她在不在，因为那天气实在太热了。她那时候还没结婚呢，1958年大学毕业，比我们毕业早一点，是第九作业队唯一一个女性。

余松玉（第九作业队办公室成员）：第九作业队人多帐篷少，一顶帐篷里住挺多的人，因为我是女同志，照顾我一个人住一个帐篷。这个帐篷又兼仓库，堆放文具生活用品什么的，基本上是个库房。我在帐篷里面安了一个行军床，每天晚上就睡那儿。戈壁滩上耗子挺多的，新疆的耗子会跳，一蹦一蹦的，尾巴挺大。它见人不怕，眼睛转得很快，每天窜来窜去地偷东西吃。帐篷里有一只耗子就够害怕了，只要不咬你就谢天谢地了。

我住的帐篷不在最中心，我们的帐篷是一排一排这样的，我好像住在边上，离别人的帐篷有一点距离。不过九院领导都挺照顾我，有什么事的话，他们就过来了。头头们住的帐篷可能要稍微的高一点，我上厕所要跑到领导住的帐篷的后面高处，一般我也不害怕，那个时候年轻不在乎嘛。

在核试验场区，生活上大伙儿都是互相关照。我们对马兰基地的同志很尊重，他们也挺照顾我们九院的，部队的人总是吃苦在先。因为我们是核心，是重点，要是九院完不成任务的话，原子弹炸不响，你马兰基地、核试验所测试干什么去啊，什么东西都没有了！

吴永文（第九作业队技术委员会成员）：核试验基地的组织还是很严密的。20 世纪 60 年代，毛主席号召全国人民学习解放军，咱们第九作业队虽然不穿军装，但一切行动都是军事化的，往哪儿行动都是先站好队，再排队走。距离"701"铁塔不远处是我们住的帐篷，我当时和方正知、苏耀光、陈学曾、谷才伟几个人住一个帐篷。方正知是实验部副主任，陈学曾是设计部的人，谷才伟是办公室主任，张珍、徐邦安那会儿是办公室工作成员。那个时候，我们几个人一起生活也挺有故事的。戈壁滩上长的草就是一种叫骆驼刺的草，地上不是沙子，都是黑不溜秋的鹅卵石，硬硬的。有一天，我们的帐篷里面钻进来一条蛇，沿着我们5个人的床挨个地爬，然后转了一圈出去了。哎，我们也觉得很怪，没有把它打死，让它爬走了。

晚上我们出去解手，一看有老鼠，戈壁的老鼠和内地的老鼠不一样，它那个尾巴就像公狮子尾巴后面有好多毛毛，那个地方老鼠也能生存。因此，戈壁滩上有老鼠就会有蛇。我们那个时候保密工作做得很好，但是晚上看电影的时候，能看到在我们头顶上有卫星通过，我看到好几次，不是一次。那肯定是间谍卫星，不知道是美国的，还是苏联的。

"701"铁塔高102米，我上去了几次，站在铁塔上面人那个晃啊，它自然就要摆动的，一刮大风就摆动得更厉害了。像我还有点恐高症，一看下面一望无际都是大戈壁心跳啊。往底下看时，我握着栏杆把手攥得紧紧的，不敢看啊！

第九作业队自己有食堂，王义和和李荣光负责后勤生活，他们把实验部的厨师带去了。伙食还可以，因为吃东西都是拉去的，核试验基地组织供应得也很好。那个时候，第九作业队里的实验部、二生部这些人都是在一起吃饭啊、开会啊。有什么事在铁塔下集合，作业队技术委员会成员站在队伍前面，像方正知、陈学曾和我都在前面站着，其他的人排在后面。然后喊向左转，齐步走。

方正知（第九作业队技术委员会成员）：那个时候大家确实担心美蒋特务来破坏。晚上，我们第九作业队在帐篷外乘凉的时候，就看天上有卫星在那儿转，看得清楚得很。

所以，核试验场区做了很多保卫的工作。孔雀河里头的芦苇都被砍掉了，怕里面藏着坏人。这里面有一个小插曲，可能由于孔雀河里面的芦苇被砍光了，那些蛇跑到陆地上来。有一天中午，我们在帐篷睡觉，我们发了一些罐头，也堆在帐篷里面。外头温度40多度，帐篷里面也有30来度，我们三四个人睡午觉，大家都睡着了。我突然听好像窸窸窣窣的声音响，起床一看，有条蛇，这个蛇头挺得高高的。我一喊有蛇，大家都惊醒了，所有帐篷里的人都跑出来了。那条蛇也跑出去了。周围那么多人它也跑不了啊，被打死了。当时也不知道是毒蛇还是一般的蛇，就这么一个插曲，挺有意思。

贾浩（第九作业队701队队员）：我给你说说值班吧。铁塔上平时要有人值班，塔上面没有床、褥子什么的。地下是一块铁板，铁板上面有一层橡皮，大概五六毫米的橡胶板铺了一圈。我们晚上值班睡觉就在这个铁板上，没有被褥，就用大衣盖一盖。上面冷倒不冷，因为铁塔上控制温度在20度，是很舒服的温度。但是晚上睡觉时你可以明显地感觉到这个肉皮在动，你没有动它下面在动，这其实是铁塔在晃动。关于铁塔晃动这个情况，我请教过工程兵技术总队的人。我说这个铁塔不稳当，怎么老晃荡？他们说晃荡就对了，不晃荡就糟糕了。为什么？他给我解释："这是一个很直立的东西，它有一点干扰就开始动。如果铁塔立偏了，你干扰它它也不动，这个道理很明显。"

好像是9月份的一天，核试验场区做了一次全场综合演习。这一天刮大风，我们被困在塔上，困了差不多两天。外面刮九级十级的风，人在塔上面摆动的幅度感到很明显。我在上面值班，那个晚上晃得很厉害，管气象的领导机关应该知道这种天气，而我们不知道。我们在塔上值班的那天晚上，李觉在铁塔下面的帐篷里，领导很关心，他一会儿打电话问问，你们感觉怎么样啊？我们说还可以，不就是晃荡一点嘛，领导一关心我们心里就比较踏实，比较安心。头头在那儿待着呢，要出什么问题头头跟我们在一块儿，我们怕什么啊！但是，那一刮大风吊篮就上不来。

塔上面风呼呼响，铁皮的门关不严，从门缝里面听外面风呼呼地吼叫。人站立是没有问题的，就是晃荡得太厉害，但还没有达到站不住这个程度，主要是生活上造成很大的困难。本来我们是五六个小时从塔上下来吃饭、换人。铁塔上面倒是有炉子，但是没有水啊。后来，塔下面派工程兵技术总队一个姓王的师傅，背上挂包冒着危险，冒着大风从塔下爬上来，他带上来罐头、饼干、馒头，可就是吃不下，没有水怎么吃得下！那个猪肉罐头是大桶的，一个大概一千克，塔上面有炉子，可以热一热吃。吃罐头啃饼干，也没有水，很难下咽的。所以，从那以后，我就再也不吃猪肉罐头了，看到猪肉罐头就恶心、反胃，落下讨厌猪肉罐头这么一个后遗症。

在铁塔上面有吃的喝的，但是没有地方方便，因为没有厕所。铁塔外面有一个栏杆，我们就放心大胆地在塔上解决，爬在外面栏杆上方便，我们叫做"仙女散花"，一尿下去以后，就像一串珍珠下去，好看得很。后来，第九作业队来了一个女同志，就不允许再那么干了。我们先去的时候，周围都是工程兵和施工队，所以很随便。后来不行了，有了女同志就不敢了。

我们三个月的时间洗了两次澡。一次是马兰基地开来野战洗浴车，洗浴车来了以后全部围起来，车上烧着水，有龙头冲一下，洗一洗。还有一次到孔雀河去洗澡。当时身上很脏，很难受，我们作业队派几辆车把大家拉去。孔雀河清澈见底，下去一洗很舒服，结果上来全身都是白的了。那没有办法啊，也没有干净水给你冲。那个河水非常清，上来的时候水一蒸发，白碱全出来了。

几个月不洗澡，那个地方风沙又那么大，没有办法，天气热就在帐篷里面自己弄点水往身上擦一擦，大家都是穿着短裤、背心。中午休息四个小时，这四个小时基本上睡不着，温度太高了，帐篷里的温度大概有四十五六度。我们睡的那个床是可以折叠的木制帆布床，一坐下去就往下沉，嘎吱嘎吱地响。旁边放了一盆水，拿个毛巾放在盆里，觉得热得不行了，就用毛巾蘸蘸水擦一擦，中午就这么熬过去。

我还没给你讲喝水的事呢。先遣队去了大概有半个月时间，我们是在兵站吃的饭，住的是工程兵的帐篷。那个饭你说坏也不坏，都是挺好的东西，就是吃不进，那个味不对，喝稀饭是面条的味，因为没有蔬菜，只有海带，还有一些干菜、萝卜干之类的，就吃这些。平时因为水太咸，吃了饭就渴，渴了就想喝，喝了是咸的又渴，然后是恶性循环，越喝越想喝，喝了还不解渴，就是这么一个情况。

拉肚子也是水的问题。我记得清楚是李火继拉肚子。他们技术总队不知道从哪里弄来一批葡萄，7 月份的时候新疆的葡萄已经下来了，葡萄很好吃，但是不干净，也不知道是用苦水冲了还是葡萄本身不干净，吃了以后拉肚子，拉得厉害，我们当时帐篷里有好几个人拉肚子。有一天我到阳平里去办事，出门带着水壶。听说从甘草泉那拉了一车甜水，水车后面挺粗的一个龙头，好多人都围上来去抢，我也去抢了一壶甜水，回来一喝那个甜啊，比吃糖还要甜，那个感觉真是舒服！一壶水没多少，一壶水也就是不到一千克吧，回来的路上就喝完了。到了 7 月底，我们的大部队去了，有自己的食堂，有自己的水车，九院作业队这时候就不吃苦水了，那就好多了。

张振忠（第九作业队 701 队队员）：作为技术先遣队的成员，我上戈壁滩的时候是 7 月份，天气很热，帐篷的四个角都挑起来，热得没办法吃饭，一天就吃一根油条。那个水是苦水，孔雀河里边的苦水，里边硫酸镁很多，吃了以后就拉肚子，拉的还都是绿的。刚上来时真是不行，拉肚子拉得跑厕所都来不及。你洗个头，肥皂一打，它里边硫酸镁很多，把整个头都黏糊上了；洗个衣服，因为它是盐水，用洗衣粉用肥皂，你怎么搓也搓不掉。衣服晾干后上边就像小孩尿的印子一样，出汗的盐印子一样。当时，领导也知道这种情况。技术先遣队刚上来，大家需要有一个适应的过程，喝水的问题只能自己克服。等到第九作业队大部队上来以后，作业队自己拉甜水，自己带医生，尽量给大家解决好生活问题。我经过一段时间之后，身体慢慢就调理过来了。

大漠云天，一出帐篷，天这么蓝，像锅盖一样扣在地上，方圆多少里没有人烟。戈壁原来是个海底，海水退了，那上边都是沙子，除了沙子之外就是小石头，风化的戈壁石头，像刀一样锋利，你穿球鞋跑不了多久鞋就完了，戈壁石头像刀一样把鞋子给割坏了。那个时候生活不习惯，工作又那么紧张，核试验要求又那么高，怎么办？只有忘我的工作，就是这样的。我们进场准备大概就是一个月，一个月以后，全场联试，一联试，24小时排班，24 小时连轴转。什么时间这个作业队上，什么时间那个作业队上，就按照工作程序去作业。把时间给你规定好了，要求两个小时把这个工作完成，两个小时完成不好那可不行！

吴世法（第九作业队 701 队副队长）：一开始正式"产品"还没有装配上塔，时间比较空闲。第九作业队曾经组织我们到孔雀河里去洗澡，大家都没有带游泳衣裤这些东西。女同志到另外一个地方，男同志就集中到在一个很大的水坑旁。这个时候孔雀河里流水不多了，有个地方有一潭很深、很宽的水面，长十多米，宽七八米，旁边还有个十几米长的沙滩。这潭水深处有两人多深，开始大家还穿一个裤衩，裤衩是白色的，浸在水里后穿不穿都一样。后来大家干脆把裤衩都脱了，光着屁股回到童年。我们在这个沙滩上玩起孩童时的游戏，又是掰手腕，又是站着推，又是站着拉，玩得挺愉快的，在几个人掰手腕中，我还是称雄的。给我印象比较深的是大家"扎猛子"，孔雀河边稍大些的石头也找不到。我们带了几瓶啤酒，就把啤酒连瓶扔到水深的地方，谁"扎猛子"把这瓶啤酒拿出来就归谁。一开始啤酒瓶扔在比较浅的地方，大家都"扎猛子"抢，谁抢到就是谁的，玩得很痛快。最后一瓶啤酒扔到最深的地方，谁也没能把它找上来，那瓶啤酒就一直沉睡在孔雀河里。啤酒瓶扔下去，空啤酒瓶子当然能浮上来，但是成瓶的啤酒，当时就沉下去了，沉到最深河床底下谁也没有

1964 年核试验前夕，试验指挥部总指挥张爱萍、
刘西尧(前排左 1、左 2)看望第九作业队的同志们

这个本事把它捞上来。这次在孔雀河里面洗澡、嬉戏，相当于童年的游戏吧，所以这个印象是非常深的。在孔雀河里洗澡上来了之后，太阳一晒，身上都是白的，那水里的盐分比海水的盐分还多，浓度相当高，这是一个生活的故事。

还有一个苹果的故事。在场地我曾经有一段时间感冒了，有点发烧。领导给我送来了一个苹果。说这个苹果是张爱萍将军从北京来试验场区时，坐飞机自己没吃，带来慰劳试验人员的。我说我身体还行，请转送给其他身体不好的同志吧。但是作业队领导说，这个苹果已经转了好几个地方了，转送来，转送去，最后转送到我们701队。我说，还是希望能够转送给别人。我自己不能起来，只好请队长或者别人把它送掉，最后还是送不出去，只好留下这个苹果。领导说，再转就不能吃了，只能留在你这里了。所以，我在第一颗原子弹试验时，曾经幸运地享受到将军送的慰问苹果。

第九作业队的帐篷，一排排，起码有二十几顶。那个帐篷还是比较大的，里面放两排床，一人一个行军床，这边一排床，那边一排床，中间有一个过道。戈壁滩中午的时候热得不得了，我们把温度表放到地上，远远超过了四五十度。有的时候风刮得很大，不下雨。站在高处远望，沙漠远处像海，海又连天，那儿景色有时是非常美的。

蔡抱真（第九作业队702队队长）：我们702队跟第九作业队其他队住在一起。住帐篷也很有意思，晚上谁打呼噜，吵得影响大家休息，我们就让两个打呼噜打得最厉害的人住一个帐篷，谁也不跟他们住在一块儿。反正那个时候生活就是这样，白天热，晚上冷。当然马兰基地对我们还是很优待的，他们喝的水都是咸水，我们自己喝甜水。洗澡的话专门有洗澡车来，搭个帐篷在里头洗澡。可是时间长了以后，大家闷得慌，到处问什么时候打响啊，整天就问这个，想这个。你练习装配的话，练习两遍就可以了，你不能老练习是吧，老等着上级命令！

吴文明（第九作业队 702 队副队长）：生活细节没什么特别的记忆，好像组织到孔雀河去了一趟，那个孔雀河还没断流，大家跳进去洗了澡，还跳了舞，尤其黄克骧光着屁股跳舞，跳舞的时候大家高兴死了。就是试验前让大家放松一下，真正放松了一下。

另外，戈壁滩确实有这种感觉，叫做"早穿皮袄午穿纱，围着火炉吃西瓜"。我们去了以后，第九作业队为我们这些试验人员拉甜水喝，孔雀河里含硫酸镁的水，我们只尝过，没有喝过，所以没有拉肚子。他们解放军战士喝的是孔雀河的水，喝了拉肚子。听说有个别解放军战士过来舀甜水，有人制止。为了这个事儿作业队领导还批评过，批评只顾自己喝水，不让别人喝的现象。

张爱萍到铁塔下的时候，他的警卫员还到我们作业队打了一壶甜水，就是说将军平时也不太容易喝到这个甜水。

说实在的，221 厂是大草原嘛，核试验场区是戈壁滩嘛，我们队里有人说，我们在草原生活过，现在又到戈壁滩生活，祖国山河这么大，我们都体验到了，是不是啊？所以，工作之余大家挺愉快、挺高兴的。九院作业队这些人就是这样，工作的时候严肃、寂静，鸦雀无声，互相之间不说话，埋头做自己该做的事。

吕思保（第九作业队 702 队队员）：我们演练中间也有休整的时间，一个礼拜天嘛，作业队组织我们去过孔雀河，在那里抓兔，游泳，拾盐湖的盐。

戈壁生活条件也还可以。我们从青海草原到新疆马兰试验基地，生活上应该说是不错的，比 221 厂好多了。草原上的馒头蒸不熟，当时没有高压锅蒸馒头，是普通锅蒸馒头，我们老吃粘馒头。到了马兰，觉得马兰这个饭怎么吃起来那么香啊！因为它海拔低气压高嘛，做的东西就好吃多了。

我们去的时候，喝上作业队自己拉的甜水了。那时，吃饭用的是甜水，洗脸用的是咸水。生活还可以，就是吃罐头多。当时住帐篷嘛，九院作业队有一个女同志叫余松玉，她一个人住个帐篷。天气热啊，大家光膀子、穿短裤，一个女同志叫她住得远一点。

九院人有一个很好的习惯，到了下午大家都出来锻炼，打排球，像陈能宽就特别喜欢打排球。整个作业队帐篷围成一个像四合院的院子，中间弄一个简易的排球场，吃了晚饭就开始打排球。第九作业队有十几二十几顶帐篷，我们702队住三个帐篷，帐篷里一般都住六七个人，领导住的帐篷人少一些。七八月份去的时候，帐篷里热得很，像个大蒸笼，热起来像火烤般的一样难受。有时候戈壁刮大风把帐篷吹垮了，吹垮了又重新搭起来。戈壁滩的天气实在太热了，又不能洗澡，每天只能用冷水搓一搓，几个月中间，大概只在基地派的洗澡车上洗过一次澡。

高深（第九作业队720主控制站成员）：有一个白兰瓜的故事挺有意思。核试验场区有好多个工作站，第九作业队下面也有好几个作业分队，有个分队新到的技术员进核试验场时随身带了个白兰瓜，准备路上吃。进入场区后看到同志们生活条件很艰苦，后悔没多带些，就把瓜交给大家分吃。有人提议说咱们不要吃，轮着闻了闻，用红纸把这个白兰瓜糊起来，写了一封信。信里大意是说，大家认为你们工作队很辛苦，比我们更有资格吃……就把白兰瓜附上这封信传送到了另一个工作队去了。这个工作队收到白兰瓜后也没舍得吃，重新写了封信，叙述了白兰瓜的来历，说认为你们更应该吃。于是这个瓜在各工作队之间传来传去就传到我们这里来了。白兰瓜一送进帐篷，就闻到了瓜香，大概是快熟透了，特别香。看了附上的信，知道了白兰瓜的来历，挺感动的。到我们这儿是第五个还是第六个工作分队记不清了。大家觉得也不应该吃，挨个闻了闻，再传！让我起草了一封信，叙述了瓜的来历，和白兰瓜一起送往工程兵部队的帐篷。过了不久，我与工程兵的高团长相遇，他笑着说，我把你们的心意也传送了。我想，我们传送的是戈壁滩上的友情，是关爱，是鼓励。返回马兰后，我们部分有家属的作业队成员都买了几个白兰瓜、哈密瓜，带回221厂。

701队在铁塔上头插雷管的人是一级保健，有罐头，他们吃得不错。我们没有，我常常和主控站的参试人员一起吃饭。好像顿顿都是切得碎碎的木耳蛋花汤，在戈壁滩上这就不错了。能参加核试验大家都感到高兴，也不在乎吃什么。

从先遣队进场开始，到最后试验成功撤离，前前后后算下来应该待了近4个月。6月中旬我们到新疆时，葡萄还没熟，吃起来很酸。试验成功后准备返回时，都穿上棉军装了，发的洗干净的旧军装，没有领章，大小挺合适。

戈壁滩上的老鼠挺多，我看见的老鼠不大，长得挺好看，淡黄色身子，兔子样的耳朵，长长的尾巴尖上有个毛穗头，前腿很短，后腿很长，它不会跑，而是跳着走，很像袋鼠。我们还逮住一个，放到一个装文件的铁丝筐子里头。惠钟锡戴着手套，往里放的时候老鼠就猛地一咬，老惠抽手抽得快，把手套咬住了。老鼠的牙齿又尖又长，敢咬人。到了晚上，它冲开筐子的网格跑了。

趣闻轶事确实不少。有些事、有些场景想起来历历在目，有些就很模糊了，时间久了我也懒得去回忆。这次把陈年往事从深层记忆里翻了翻，理了理，虽不多，倒也挺惬意的。

潘馨（第九作业队 701 队副队长）：戈壁滩我们住在那儿呢？大家都是住在帐篷里头，帐篷围成一个圈，留有一个出口，每天吃完饭上班，就是到点上班，到时下班回到帐篷来。离驻地没多远有一个台地，比较高一点。那个戈壁滩原来是大海，我们去找什么呢？海蚌，成堆的都变成了化石。陈能宽在那儿找了一块，马瑜也找了一块，他捡的那个比较大。陈能宽找的那块呢，都是一些小的积累起来的一块化石。没事儿到那儿去玩玩，好多天到那儿去一次，没地方去，周围都是广阔的沙漠，草都不长。

余松玉（第九作业队办公室成员）：有一次王淦昌、郭永怀和我们一起上孔雀河，说去那边玩一玩，其实就是去孔雀河边上走一走，看一看，玩得挺开心的。最后正式的核装置到了场区，要准备试验了，王淦昌、郭永怀、彭桓武、邓稼先这些专家们都到了试验现场。李觉是九院总指挥，李觉下面靠吴际霖、朱光亚在技术上抓总，他们下面再抓邓稼先、陈能宽等人。

铁塔下面第九作业队住在一圈帐篷里嘛，王淦昌、彭桓武、朱光亚、郭永怀、邓稼先他们几个专家也住在帐篷里头，没有单独住在一块儿。平时，他们也跟九院作业队一块儿吃饭。

我跟王淦昌的时间比较多，王淦昌特别平易近人，所以底下的同志都对他很好。特别是 702 队装配的老工人，王老要是一天不去的话，他们就会问，王老头好吗？怎么不来啊？这些二生部总装车间的老工人，王老也都记挂着，关系特别好。

我们上场地的时候，都穿着第九作业队统一定做的衣服、裤子、帽子。为什么选择灰色的？谁知道呢？头头们选的，跟部队的颜色不一样。这个颜色还可以，挺清爽。这是我们九院工作服，第九作业队的队服。有一天，李觉他把自己的那顶帽子拆了，叫我帮他缝上，他自己缝不起来，我也缝不起来。不知道发给他的帽子是小了还是大了，他把那个帽檐、帽圈都拆了，他自己拆，拆得蛮好的，然后说"小余给你吧"，我说给我干啥，我也做不起来。就是嘛，我们都是定做的衣服，一人一套，一顶帽子，好像就他戴着不合适吧。当时，我也没有那个本事给他再缝上。

耿春余（第九作业队 701 队队员）：九院作业队总共多少个帐篷我记不清楚了。业余时间大伙儿天天下棋和打球。苏耀光被叫做"象棋主任"，我记得很清楚。九院作业队去了那么多人只有一个女同志，叫余松玉，她住得离我们比较远，因为男同志平时都光膀子，穿裤衩。

这一段生活回忆起来也挺有意思的，我们在场地待了三个多月。每天都在那里训练、锻炼。我记得上孔雀河去了一次，看了看，玩了玩。我和薛本澄、潘馨三个人住在一个帐篷里，说到薛本澄，我们俩关系还挺好。他是在塔底下负责起吊指挥的。

铁塔警卫

马瑜（第九作业队保卫保密组成员）：1964 年 8 月底，221 厂保卫部派我参加第九作业队上了核试验场地。我的岗位是在"701"铁塔下值班，责任重大。这个铁塔周围还有围护的铁丝网。从 8 月底到 10 月 16 号，我们 40 多个日日夜夜守卫在那个地方。

在铁塔下面，我们一共两个人值班——我和一个叫陶瑞宾的同志，他是从上海公安局调来的，我们两个人轮换值班，我去吃饭就换他。上午他，下午我，就两个人倒来倒去。当年戈壁滩的沙漠，白天酷热夜晚凉，大风刮起沙飞扬。我们以苦为乐，任劳任怨，坚守在试验场区40多天。

第九作业队的帐篷距离"701"铁塔大约100米，我们都住在帐篷里，作业队的领导也住在帐篷里。

我们保卫人员在那儿守卫很辛苦，但是科技人员更辛苦，他们工作既辛苦又紧张，而且40多天在100多米高的铁塔上面，刮风时上面摇晃，这些困难人家科技人员都不说，我们保卫干部吃点苦算不了什么，我们当时就做一个无名战士，守卫在塔下。

核试验场区也有部队警卫，但是他们在外围。铁塔周围除了第九作业队以外，进去的人是很少的。因为是个戈壁滩，事先早就布置好了，部队负责外围警卫，我们九院负责铁塔保卫。我跟你说，整个新疆、整个马兰基地的周围，公安部和自治区公安厅都做了周密部署，对周围十个县的治安情况进行调查摸底，对政治性案件、线索，严密监控。对离马兰基地较近的两个居民点迁出"四类"分子和政治危险分子489名，收容遣送自流人员。总之，保证试验场区周围绝对安全。场区外围由公安部门和部队负责，我们只是在内部最中心铁塔一点，负责安全保卫，就是这样。

离铁塔不远处有个食堂。这边是食堂，那边是帐篷，铁塔底下还有一个702装配工号，记得221厂行政处李荣光科长负责后勤工作，我们很熟悉。有一天，他见到我说，行政部门的人都没有上铁塔去看过，我和刘克俭（负责器材）两个人想上塔看看。辛苦了两个月，究竟原子弹是什么样，想看看，后来经领导同意，让他们两人上去看了看，对他们工作是个鼓励。其实，他们上去看的还不是真的原子弹，是个练习弹。

我上铁塔很多次，谁在上边，谁不在上边，我都清楚。当时设备很差，用卷扬机和钢丝绳，把装人的吊篮吊上去。铁塔上有一个口，上面很小的空间，"产品"球在中间，科技人员在四周测试值班，就是这样一个

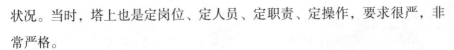

状况。当时，塔上也是定岗位、定人员、定职责、定操作，要求很严，非常严格。

在铁塔底下，我们保卫人员不是一天上去一次，就是有时候上去看看。我很幸运，别人都看不着，我在 221 厂里就看过"产品"，从开始的空壳，不带核材料的，到带核材料的都见过，还有核试验基地，我也去了。我跟你讲一件事情，有一次设计部主任龙文光带着设计"产品"，一个大壳和无线电系统，我跟着一路保卫。所以，我对整个核装置比较清楚。乔献捷副院长同各科技部门领导都打过招呼，保卫干部要来这儿了解情况，这个渠道已经打通了。科技人员对我也不避讳，大家都处得很熟，成了朋友。当年我在北京九所理论部，上面邓稼先讲课，自己拉一把小椅子就坐在后面听，没人觉得一个保卫干部不能来这儿听课。我听过胡思得、孙清和同志的课，到了最后，我对第一个"596"产品从核心到外层，都能背下来。

我跟你讲，"596"正式"产品"并不是早就装上去，它一直在塔下 702 装配车间里面总装调试，临到核试验头一天晚上才上去的。我们不会把那个"产品"提前很早就弄到铁塔上面，因为在下面比在塔上更安全。702 装配工号安全防护设备完善，定时监测，严格警卫，严控无关人员入内。

方正知（第九作业队技术委员会成员）：铁塔周围远处有部队站岗把守，防止坏人进入核心区域。至于在铁塔区域活动的人都是穿灰衣服的第九作业队的人，由作业队保卫组的人负责警卫。周围人一看，这个穿着灰衣服的人是干什么的，因为部队都是穿着黄色的军装。整个核试验基地都是部队，唯独第九作业队少数人是穿着灰衣服的老百姓，第九作业队就很显眼。铁塔下面也没有士兵站岗，不需要查验什么出入证。马兰基地的人也不来塔区。张蕴钰司令员最后来察看那是工作需要，也只有他一个人来看过核装置，没有带其他人员来，这是保守国家机密的需要。

我们作业队的人员是训练有素的，夜晚纳凉时经常看到天空有人造卫星在转。有一个晚上，突然有一大火圈从我们营地上空急驶，飞得很低。当时大家很惊讶。第二天在帐篷外乘凉时，李觉说，那是苏联发射的导弹经过我们这里。尽管有这些现象又奈我何！第九作业队的环境气氛十分和谐有序。星期天或平时待命时，我们到戈壁周围拾化石碎块，保卫组的马瑜在远处山包的一个剖面拾到一个很大的化石，说要送给周总理，我也拾到一些化石。

张珍（第九作业队办公室成员）：反正那个时候"产品"一到，大家都很注意保卫。开始是演练的"产品"，正式"产品"到了那儿以后保卫工作就更严了，基本上把702装配工号都围起来，不准往里面进人。702装配工号还专门设有岗哨，门口有一个电话，去那里的人要登记。平时办公室的人自觉地不进去，都怕出了问题说不清，当时也不让我们进。铁塔底下一个小工号里面有个闸盒，这是个关键的部位，就是控制原子弹起爆的引爆装置，分别跟铁塔和720主控制站联系，专门有一个保卫干部还是一个科长负责管着。每次联试他都在场，要是没有人调试时，他就派人盯着这个闸盒不让任何人动。"596"产品装配的几个要害的地方，都有保卫干部盯着，每个重要的地方都有保卫干部在场。

"701"铁塔周围有一个连还是一个排的兵力专门负责警卫，都是全副武装。我们第九作业队的人比较显眼，部队穿黄衣服，我们穿灰衣服，裤子和帽子都是灰色，一看就知道你是九院的。"701"铁塔是我们作业队的保卫部门管着，自己的人都很熟悉，互相都知道，所以你可以上去看看。我上去也是有点好奇心，东看看西瞧瞧，挺新鲜的。

吕思保（第九作业队 702 队队员）：当时保密要求非常严格，"产品"安装过程中，一般人不让进，不能看。其他搞系统安装的，搞测试的人都不能进去看，只有 702 队的装配队员、第九作业队的领导可以进去。每次进工号的人很少，不让很多人进去，这有一个安全问题。铁塔周围工作区域有铁丝网，也有门卫，也有警卫。另外铁塔离我们工号也很近，大概百来米吧。702 装配工号晚上也是要值班的，每天要查温度，就是观察"产品"温度的变化情况。

吴文明（第九作业队 702 队副队长）：我们押运"产品"的时候，一路上可以说警卫工作做得非常好，凡是汽车都有警卫人员，就是汽车踏板上站有警卫人员。我看那个解放军战士真辛苦，来回坐车，一个车一个车跟着真辛苦！

我记得戈壁的夜晚非常漂亮，天上的星星看得很清楚。戈壁滩上除了铁塔也有工房，在夜晚灯光的照射下非常漂亮。有一天晚上我去装配工号检查工作，临走之前还特意看了一下坐标，怕走迷糊了。结果返回驻地帐篷的时候，还是走错了，走到警卫线边缘的地方，一个解放军战士把我拦住了。我走的时候，心里明明想一定记清楚，怎么去怎么回来，结果还是走错了。这说明戈壁滩的夜里挺有意思，方向感没有了！拿枪的解放军战士挺客气地叫我站住，我当时就站住了，我肯定得站住。说你是干什么的？我说是 702 工作队的，回驻地。他说你有证件吗？我说我有。我把工作证和相关的通行证拿出来了。他说你走到这里干吗？我说工作完返回去。他说你走错了。于是，他就指着我走回去了。

702 队工作证就是一个卡片，很简单的一个小本本，解放军战士说你干什么去？我说我住哪儿要回去。他说你走错了方向。我说我从工号出来照着灯光走啊，他说不对，结果就是不对。后来白天一看，那一片没有人。戈壁滩上满地石头，都是小石头尖冲上，又割脚，又费鞋，晚上又看不清楚，道路相当不好走。这件事说明，铁塔周围的警卫是相当严的。

我们 702 装配工号 701 队的人可以进，九院作业队领导可以进，李觉就在里边看我们装配。装配工号外边有站岗的，其他的人谁都不许进。门口站岗是 24 小时站岗值班。除了士兵外，还有一个少校。记得有一次我出来跟他聊了几句，我问他是什么官阶，他说是少校。他说站了这么长时间的岗，到现在他不知道我们在里面干什么，他没进去看过。他说上级给他的命令是"不许进"！不知道我们在干什么。当然，我估计他知道是做核武器试验，但是没进去看过。那些个站岗卫兵，对我们都挺和气的，我们进进出出，来来去去，还互相打招呼。作为战士来说他们个个都比较严肃，不敢说话。这个少校跟我聊了几句，说他真想看看我们在做什么，但是他不能去看。他的意思就是要进去的话，就违反纪律了。

第九作业队专门做的 702 工号工作证，我留了好多年，后来不知道哪儿去了，那可是值得纪念的啊！

　　开始我们盼望10月5号核爆炸泡汤了，可是真的家伙都在手里头，大伙儿的心情更急了，到底哪一天试验啊？ 白天盼、晚上盼，大家等得心焦。

第 *4* 章

枕戈待"零时"

原子弹核测试

由林传骝等研制成电测装置以及各种类型的测试仪器，解决了爆轰试验中信号获得的问题。试验现场紧张而有秩序地开展了各部分准备工作。为了确保试验成功，参试人员必须严格执行各项规章制度。对测试工号里的记录仪器和光、电等测试设备都是远距离遥控。测试人员对每台仪器、每个接点、千余条电源和指令线路都做了仔细检查。

摘自《当代中国的核工业》

唐孝威（第九作业队 9312 分队副队长）：在核爆炸时，原子弹放出大量核能，产生极强的核辐射和极强放射性，这种试验称为"热试验"。在第一颗原子弹试验中首先要监测原子弹中子点火的情况，同时要测量原子弹内部发生的链式反应过程，还要知道核爆炸的威力和核效应。所以，我们在第一颗原子弹爆炸试验中安排了两项重要的核测试项目。第一项是紧靠着原子弹安放监测中子点火的探测器，进行点火中子的测量。第二项是在铁塔下安放核射线探测器，测量链式反应动力学的数据。我们核测试组主要在铁塔上面工作，在原子弹旁边安放测试仪器。

对原子弹来说，中子点火非常重要。如果是中子点火过早了，这时原子弹不是最佳的情况，效率就低。如果晚了，不是最合适的时间点火也不行。最有效的是原子弹很快从临界到超临界，加上合适的中子点火，原子弹威力就会大。如果这个时候没有点火，则会出现从临界变成亚临界，它自己就散掉了，原子弹变成了"臭弹"。所以，掌握中子点火技术，是研制成功原子弹的关键技术之一，关系到原子弹能不能爆炸的问题。什么时候点的火，中子数合不合适，出的时间合不合适，这些数据非常重要。我们在铁塔上做的测试工作，就是要精确测量中子数据，包括点火中子的数量和时间的数据，看中子点火是不是正常。如果点火完全正常，那就很好。如果不正常就要找原因了，找原因主要看出没出中子，点火的时间过早还是过晚，如果试验时没有监测的话，出了问题就找不到原因。所以，我们监测工作非常必要。因为这是头一次做核试验，没有经验，监测点火就特别重要。当然爆炸成功了，就证明了原子弹试验中所有环节都正常。我们在铁塔上安放好探测仪器，然后把仪器设备的电缆接下去，接到铁塔下屏蔽工号的记录仪器上，然后检查、联试，看仪器是不是正常。每天都要到铁塔上面安装、调试探测仪器，同时在铁塔下的屏蔽工号里调试记录仪器。

我们的另一项核测试工作是在铁塔下面放置对准原子弹的另一种测量核射线的探测器，这是测核爆炸的动力学过程。这种对核爆炸测量是在很靠近原子弹处进行的，所以叫近区物理测量。核试验基地做的效应试验，例如冲击波测试，都是远距离测量。我们在原子弹附近测量是近区测量。在原子弹爆炸时，通过测放出的辐射，了解原子弹中链式反应是怎样发展的，这是非常珍贵的资料。原子弹爆炸了，它是怎么起来的，我们是第一次用探测器进行近区测量、近区诊断的。

我这个测试分队有徐海珊、陈涵德等几个人，我们都住在一个帐篷里面，平时既要在铁塔下面工作，又要在塔上工作。我们多次上塔安装、调试仪器，要求保证测试仪器万无一失，确保获取全部测试数据。我提出来对各种仪器要进行"点线检查"，就是对仪器中的每一个焊点、每一条连接的导线，都要仔细认真地检查，不能有一丝一毫的马虎。一旦有所疏忽，出现差错，都可能影响到测试数据的获取，事关大局，事关成败！因此，我们反复地检测仪器好不好、灵不灵，包括对探测器的检查，接线的检查，信号的连通，来来回回地检测。测试仪器安装好以后，我们先参加第九作业队组织的演练，然后参加核试验基地组织的全场演练。

平时，铁塔上面作业人员有安装"产品"的，有负责电缆的，有负责保温的，但同时只能有限的几个人在上面工作。我们也要在铁塔上面工作，因为中子探测器一定要放在原子弹旁边，它们在中子出来以后才被爆轰波炸掉。第九作业队队长李觉同志非常关心核测试准备工作，我们经常给他汇报工作。因为当时谁也没有把握，如果一切都正常，就皆大欢喜，如果不正常，要找原因的话，我们监测的数据是非常关键的。所以，李觉同志很重视，指挥部的各级领导都很重视。从核试验的整个测试工作来说，其他的效应测试，例如冲击波测试的仪器设备都在爆心的外面远处，而我们的测试设备就在铁塔上面。

访谈时间：2009 年 7 月 7 日

访谈地点：北京花园路六号院办公室

受访人简介

林传骝（1925—），湖北人。1951
年广州岭南大学毕业，先在中国科学院
近代物理研究所工作，1955 年留学苏联，
1959 年 1 月回国后分到二机部北京九所。
1964 年参加第一颗原子弹爆炸试验，任
第九作业队 9312（试验）作业分队队
长。时年 39 岁。先后在 221 厂实验部、
九院十所工作。曾任西南计算中心副主
任，研究员。1993 年离休。

林传骝（第九作业队 9312 作业队队长）："596"核试验时我负责测
试，任第九作业队 9312（试验）作业分队队长。原先在 221 厂做过几次
冷试验，冷试验都成功了。九院理论部当时的计算，从原理各方面来说，
都认为不存在问题了。但是，谁都怕第一次核试验出现一些意外。所以，
我们 9312 作业分队测试任务有两项，一项工作是监视这个雷管瞎火。如
果试验成功，那当然不存在问题了。如果试验不成功，那么就要通过监测
数据来找原因，主要是为核试验万一出现问题的时候好查找原因。另一项
工作就是测总作用时间。我们在 221 厂做冷试验的时候，这两个试验都测
了，跟理论部预计的数据差不多。特别是在 221 厂进行全尺寸整体爆轰模

拟试验的时候，其材料完全跟正式"产品"一样，仅仅是中间那个核燃料换了，不是铀 235 材料。所以，如果万一出了问题，就是通过这两个测试参数来分析失败结果。

这两个测试项目都是由实验部负责的。其他单位，比如设计部也有一些数据测试项目，我就不是很清楚了。由于这两个试验测试项目都是由我来负责，所以我们比大部队进入场地的时间要早。那会儿正式"产品"不能随便进去，进去就非常隆重了，就是保卫工作非常严格。我记得是 7 月份就进到试验场区去了。进场时"701"铁塔都已经竖起来了，什么卷扬机啊，吊篮啊，什么都有了。我们就是在铁塔下面安装这两个测试项目的实验设备，主要是干这个事。当时就怕出问题啊！我们反反复复地做了很多次测试。实际上我们安装完了之后，等了好久正式"产品"才进场，当时都是保密的，人家也不通知我们。我们只要到时间把自己的测试项目，各种工作都调整好，就算完成任务了。所以，调整好了之后我们也没多少事情，就是每天去检查一下。

那个雷管瞎火怎么监视呢？就是要从每个雷管取出信号，然后这边记录，看这个信号全不全，时间对不对，所以"产品"进场就位了之后还要进行检查，是不是能正常地工作。正是因为我们要在"产品"上安装测试设备，我们才上到铁塔上去，否则的话我们不会上塔。当时作业队严格限制上塔人数，因为塔上的空间很小嘛。

再一个就是测总作用时间。印象中记不清离铁塔大概多少米了，反正有一段距离，那里有个小工号，里面有两台仪器，对准铁塔上的核装置。原子弹起爆了之后不是首先出中子嘛，就是测量这个雷管起爆到出中子的时间，出多少中子，它主要是用光电雷管来测试的，那个光电雷管有一个瞄准器瞄准塔上，瞄准那个核装置测试就行了，它上面没有更多的调试问题。总的来说，这两个项目由我总负责。测总作用时间那个工作由实验部的唐孝威具体负责，唐孝威后来调到中国科学院高能物理所去了。

"零时"前，所有的测试人员都撤场了。我留在最后跟 701 队插雷管的人一块撤出场区。我们平时上塔工作的时候有一个卷扬机，就是一个笼子样的吊篮。大家进到那吊篮里，下边卷扬机把人升上去。到最后"产品"安装好后，把这个卷扬机撤了。要到铁塔上插雷管的话，都要爬梯子上去。当时陈常宜、赵维晋几个人负责插雷管，他们平常就练习爬那个铁塔。铁塔很高，大概一百零几米吧，按现在来说有 30 多层楼高。要求他们爬上去，插完雷管之后，顺着梯子爬下来。铁塔下面还有一个 701 甲工号呢，就是雷管加电的项目，那个起爆项目由设计部负责。铁塔下面这个小工号负责给雷管加电。总控制站不是在 720 吗？总控制站切换了信号之后，通过下边 701 甲工号，把电送到塔上去起爆雷管。701 甲工号门口上头写一个大大的"爆"字，不是写在墙上的，是写在一块红布上头的。它那个同步引爆装置，就是设计部的装置上有一把钥匙，你把钥匙拔了之后，电加不上去，就是怕万一出什么问题。所以，平常大家在铁塔上工作的时候，这钥匙都是拔下来的，怕万一出事，特别是插了雷管之后，那就更不得了。所以，最后撤出场区的时候，这把钥匙由李觉装在身上。

当时印象中还有一项无线测试总作用时间，由设计部负责，最后没有结果。只有实验部的测试项目最后记录下来时间，后来回收胶卷，测试记录下来了。设计部那个测试项目，可能没有结果，它那个发射机在铁塔上，最后是没发出信号还是怎么回事，但是，后来因为试验成功了，大家也就不去考虑这些事情了，反正成功了嘛。

张叔鹏（第九作业队 9312 作业队队员）：1964 年春节我回家探亲，等我一回去，林传骝专门找到我说，一定要监测雷管爆炸过程，又提出一个监测雷管爆没爆的任务。因为什么呢？要是原子弹一爆就响了，那么谁都没事。但是假如扑哧地漏气，核弹没有爆炸，那这个责任是谁的？是理论部的？还是实验部的？还是核材料装配问题，对不对？后来，分析来分析去，唯独雷管这儿引没引爆炸药是一个很大的疑问！但是，假如说一个雷管一个示波器，或者是 10 个雷管用一个示波器监测的话，那几十个雷管起码也得好几台示波器，而且在这个上面用视频信号，拉长了还不行，没光纤啦，只有拉电缆啦，而且那还得盖一个工号，还要结实，不然炸崩了，这个损失就大了！

在试验场区待命的时候，李觉和王淦昌到每个帐篷都走走看看，唯独到我们帐篷里去了三趟。他们说："你们这个非常重要，我们反复考虑，其他环节问题不大，而雷管没有同步引爆是唯一的大问题。我们反复来你们这儿，就是一定要搞得万无一失；一旦试验失败了，你们得找出结果，当然最好不用你们出结果，但一定要确保万无一失。"

彭桓武也讲，关键的问题是雷管爆没爆，对不对？所以我们组一部分人在铁塔上面接探针，产品组装时安上了探针，我们要接线，把探针引线接到网络板上。另外一部分人在塔下地面工作坑里操作暗箱。当时暗箱里面没有胶卷计数装置，只能凭手感觉这么拧几圈，拧多少没有做到计数器这个水平，因为时间太紧了。在"零时"前联试的时候，有一回打雷管放了两发，每个暗箱每发雷管对应 8 个氖灯，两发一共是 16 个感光点，结果出来一看，有一个暗箱的胶卷上只有 15 个感光点，紧张啊！雷管都爆炸了，你这儿缺一个感光点，这成吗？看着胶卷不知道怎么回事，没有办法交代。我只能躺在床上，认真地一格一格地给胶片相面。幸好暗箱是咱们自己生产的，当时暗箱每个眼形状稍微有点不同，仔细一看，哎哟，胶卷竟少拧了一格，使两个灯影重叠了。这说明什么呢？说明操作上有漏洞。后来，第九作业队大搞岗位操作练兵，定岗位责任制，老盯着岗位操作嘛！这个责任制一直到核爆之前还在不断地补充完善。所以，没有这个岗位责任制，是根本弄不成的。

林传骝（第九作业队 9312 作业队队长）：像我们那个雷管瞎火监视的项目，当时采取的方案是，如果不是核爆，不是裂变，是炸药爆炸，我们可以把信号回收。因为炸药爆炸的话，我们那个测试设备就埋在铁塔的底下，估计炸药爆炸的话，不会把我们安在塔下工号里头的设备摧毁。但是，如果是核爆炸的话，这个测试项目就没意义了，对不对？你还管它瞎火不瞎火。所以，后来起爆时已经确认是核爆炸了，就没去管它了，就不理它了。

我们实际上把冷试验那个测试方法，换到热试验上去了，就是那个探头放的位置不一样，后面那些测试仪器设备基本上是一样的，另外供电方式也不一样。供电方式在冷试验的时候直接用那个交流电来供应，那里面就有那个电流机。电流机起什么作用呢？因为在现场，核试验的时候没有交流电，平常大家在那里做"零时"前准备，都是发电机供电。正式试验的时候发电机就撤走了，由蓄电池供电，蓄电池不是直流电吗，通过一种叫做电流机的设备，电流机把这个直流电变成交流电供仪器使用，就是这么相互置换。

在铁塔下的测试项目，除了实验部的测试任务外，他们设计部也有个遥测组，想利用这次核试验来试试它的遥测的情况。设计部是负责同步起爆的，负责怎么把这几十个雷管给连起来，主要负责起爆任务，我的印象是这样。

720 主控制站的操作也是由九院设计部的人来管。主控制站那些设备，当时仪器显示的 10、9、8、7、6、5、4、3、2、1 的指示灯，按起爆的按钮都是九院设计部的人。然后，主控制站发信号到铁塔下的一个起爆装置，起爆装置上头也有钥匙，701甲站的加电装置肯定是有钥匙的。因为我们在那里操作的话，李觉拿着那把钥匙，主控制站才能够启动它的仪器设备。设计部当时负责这个项目的同志叫做惠钟锡，可惜他已经去世了。

同步起爆装置

引爆控制系统的研究设计，从开始是以核弹作为目标进行的。根据对引爆控制系统的电气性能及测试使用要求，确定以安全、可靠和准确作为设计的指导思想。1960年，引爆控制系统初步方案确定之后，核武器研究所进一步开展了各部件、组件的研制。在此基础上，他们又进行了全系统的台架试验，对全系统的性能进行了分析。工程师惠钟锡、祝国梁等人，研究成功了能配合爆轰试验使用的电起爆装置。

摘自《当代中国的核工业》

方正知（第九作业队技术委员会成员）：铁塔底下，九院设计部疏松桂、惠钟锡负责电引爆装置，还有一个姓祝的工程师，他是无线电厂调来的，是个真正的电专家。疏松桂和他们一起检查这个电缆，电缆有20千米长，这个引爆电缆中段还安装加电压装置。这部分都是疏松桂和祝工程师负责的。我们701队负责雷管和它的引爆装置连接，引爆电缆一直引到20千米外的720主控制站。

张珍（第九作业队办公室成员）：作业队办公室的帐篷跟李觉、吴际霖他们住的帐篷挨得很近，他们俩一个是第九作业队队长，一个是党委书记。李觉平时爱下棋，他平易近人，常和别人杀上几盘。作业队有一个大点的帐篷当做会议室，核试验场地发生了什么问题，有什么事情到这儿开会解决。每次我们都参加会议，讨论现场工作进度。九院领导在现场就是抓进度、抓试验，如果联试时发现问题，包括安全问题、技术问题马上开会解决。吴际霖兼作业队技术委员会主任，他几乎每天都召集会议，听取这一天联试工作的汇报。汇报说一个接头或者有什么地方出了问题，出了问题解决了没有，他一追到底。特别提到720主控制站与铁塔之间的线路畅通，力求把所有的问题都解决在核试验之前。

720主控制站到"701"铁塔下的接头特别关键，专门有一个小工号，有一个人24小时在那里守着，绝对不能出现问题。从这个工号连到铁塔上头的引爆系统是由第九作业队负责。从这个工号到720主控制站这段线路是由核试验基地负责。在这个结点上合上电闸就可以起爆，你要不合上电闸就爆不了，这在场地演练了不知多少次。一开始从720主控制站到"701"铁塔底下20千米长的电缆走的是明线，后来上级说不行，要走地下。我刚才说过戈壁滩是盐碱地，硬邦邦的，镐头刨都刨不动，工程兵战士硬是用炸药包炸出来这么宽的一个沟，把线全部埋起来，确保线路的安全，我曾亲眼看他们施工。

祝国梁（第九作业队631作业队副队长）：我调到二机部北京九所以后，被安排在设计部五室三组，惠钟锡任组长，我和靳铁生任副组长。只知道设计部里先后有疏松桂、俞大光、张宏钧等领导。分到组里以后，才知道我们的任务是研制同步起爆装置（以下简称"起爆装置"），它在核装置中被看做是核心的、机密的技术，是不公开的，没有任何资料。也许苏联专家曾透露了什么，没有人给我介绍过。我想即使有的话，也不会超出我到组里后看到的、原先组内同志设计的起爆装置。当时工作条件非常差，他们能做出这样一个东西，也属不易。这个装置的制作过程我不清楚。按我过去在工厂里的研制程序来看，这个装置最多只能算是个"雏形"，因为作为一个起爆装置，应具备什么性能、指标都不清楚，其中存在大量的、关键的，甚至没想到的问题还都没有触及或暴露出来，还有待解决。

当时组里分工惠钟锡组长抓总，他还主管起爆装置测试仪器的工作和外协工作，还试制过高速示波器。我负责起爆装置的主体部分的研制工作，与我一起从事研究的有朱镇生、张家骥、胡永林、王铁铮、王崇祥等人。后来还有装配生产的小组，由钟明祥负责，人员有伏凤鸣、刘凌、崔坤华、田桂琴、郭仲桃等人，许多试验用的装置都是他们组安装生产的。副组长靳铁生负责装置所用的自制元件的研制、生产。大约在 1962 年底，惠钟锡调到系统组去了，三组的工作由我主要负责，整个三组人数最多时达三十余人。

我们在起爆装置主体部分的研究上做了大量的工作，通过实践，逐步地搞清了起爆装置应有的性能，理清了头绪，认真地、一个问题一个问题地进行研究、解决，搞清了来龙去脉，做到了知其然知其所以然。具体的技术工作，应该说是内容比较丰富和精彩的，就不展开谈了，工作量是很大的。就拿装置与雷管的匹配为例，为了保证装置与雷管协调配合，我们先后到西安出差，跟搞雷管的同志一起做试验就不下六七次之多。此外，还向他们提供试验装置、测试标定方法等等。1963 年底，我们已能够向实验部提供试验用的起爆装置了，保证了实验部后期爆轰试验的需要。第一次国家试验所用的起爆装置，是 1964 年 3 月搬迁到 221 厂以后，在北京研究工作的基础上设计、生产的。它是一个完整的、具备全部核爆所需功能的装置，也是我们全组人员四五年来，走自力更生、艰苦奋斗道路，独立自主研发出来的、具有先进水平的"产品"。起爆装置连同它后续的工作在后来全国第一次科技大会上曾获得一等奖。

与我们研制起爆装置的同时，丁福全还设计、制作了装置自检测试仪。我自己在三组的工作中，有很深的体会，这里就谈两点：

第一，上级领导多次给我们指示，要求工作上要有严肃认真的态度，艰苦奋斗的精神，周到细致的工作作风；要踏实地一个一个地解决问题，要知其然知其所以然；土法上马，从土到洋；敢于实践，敢于胜利等等。调来九院前，在我原单位的厂子里，天天要求提合理化建议，要上报技术革新成果，而且越报越多，最后弄得滥竽充数，搞得人苦不堪言，让人安不下心来踏踏实实地做好工作。调到九院以后，工作有进度，但具体干起来是以把问题解决彻底为准，使我们能放心地深入到工作中去。这些也逐渐地形成了我们组的风格：要求严格，不放过一个问题，扎实认真的严细作风。举个例子，周总理提出要做到"万无一失"，我们对起爆装置开展了可靠性的研究。在当时，国内很少有人进行这种研究的，我们做了，而且很成功，当我们交出装置的时候，心中很踏实。

大概在1961年，九所领导安排科研整风，组织组长以上干部学习毛主席哲学思想，使我在工作方法上进步很大。认识从实践中来；实践，认识，再实践，再认识；分析矛盾，抓主要矛盾；矛盾的共性与特殊性；理论联系实际等等，使我们工作起来条理清晰，进展加快，我曾经说过"我们也是两论起家的"。

第二，全国对我们工作的支援，具体到对我们组也是很大的。我们研究中使用的一个关键的测试仪器，就是外单位忍痛割爱支援我们的，它使我们的研究发生质的变化，大大地加快了工作的进度。还有其他一些设备也是从外单位调来的。兄弟单位为了承担研制装置中使用的一些关键器件，成立了专门组织进行试制，而且能随着我们工作的深入，根据我们的要求进行改进，保证了装置的需要。当然，九院1960年调入一批技术骨干，也应该说是全国的一种支援。

我是1964年7月自己坐火车去核试验基地的，同行的还有刁粉保、王崇祥。我们在大河沿下车，由基地兵站接待，第二天搭乘卡车进去的，到马兰后住了几天，再转到核试验场区。起爆装置没有随身带去。

我们整个试验队伍叫第九作业队，我们属631引爆控制系统工作分队，惠钟锡是队长，我是副队长，兼701甲站站长。惠钟锡带了高深、韩云梯在720主控制站工作。我、刁粉保、王崇祥在塔下701甲工号工作。马兰基地的军人贺成功是701甲工号站副站长，他负责基地核试验所控制系统的终端装置，我们负责九院的引爆系统，跟它对接。

1964年核试验前夕，祝国梁在挂有"响"字的701甲工号工作

701甲工号在铁塔下，是一个半地下工号。在铁塔与702装配工号之间一个位置上，离地面上稍低一两个台阶进去有两道门，外边是小过道。进第一道门的墙上不知道谁给挂上一块红布，上面写了一个大大的"爆"字，不知道是谁写的，有可能是张爱萍将军写的。

工号里面放置基地核试

验所的终端装置与我们的控制装置，我们的起爆装置是要上塔安装在原子弹上面的，上下有电缆连接。控制装置是由五室一组设计、生产的，比较简单。严格地讲，是从701甲里的控制装置引电缆上去，来控制起爆装置的动作。另外，有一根电缆把起爆装置起爆信号送下来。

701甲工号离铁塔大约六十余米。702装配工号与铁塔之间有铁轨相连，701甲工号就在铁轨旁边不远。

我们7月份就上去了，10月份原子弹才爆炸，这中间工作了三个多月。这段时间，我们的工作首先是自检带去的装置工作是否正常，检查上下塔的电缆，进行系统试验，跟基地核试验所对接试验，以至全场系统联试等等。在决定"零时"后，先是全场总联试，此时，核装置已经上塔，我们的起爆装置也已上塔就位，但没插雷管组合件，一切正常后，我们的控制台、基地核试验所的终端装置都断开电源、上锁，701甲站也锁门，并上交钥匙。

10月16日中午12点左右，李觉带领我、贺成功开锁进入701甲工号站，由我们分别给各自的装置合上电源并上锁，然后锁门撤出，这是九院系统最后一道操作。大家回到撤退的汽车上，随即离开现场，我也跟着撤到白云岗观察阵地去了。

在720主控制站还有一个刹车按钮，这一部分工作是由惠钟锡、高深、韩云梯他们负责。主控制站那两个表是跟起爆装置的两个高压值相应的。我们的起爆装置的高压系统是采用复式备份，主控站监测的就是这两个系统的高压是否正常。其实起爆装置的可靠性还是比较高的，"刹车"是由地面试验特殊性带来的一个问题。其实，"刹车"也存在失误的概率，有利有弊。也是事先没有考虑周到所致，如果事先能想到，解决起来就要好多了。

　　整个试验之前，我们很多细节都想到了，每个步骤都想到了。除了保证起爆装置可靠性以外，还有一个专门测试雷管瞎火的项目，万一失败我们可以找出问题来。林传骝他们检测瞎火就是检测起爆装置和雷管的工作是否正常，便于分析。其实起爆装置做的试验还是很多的，雷管制作也比较严格。恐怕瞎火检测线路的可靠性也不一定很高，如果发生差错，也是很麻烦的。

　　总的来说，保证原子弹本身的可靠性要难得多。单次工作的产品生产、安装过程中的检验相对要困难些，复杂些，但也不是没办法，怎样避免失误，设计的时候就应该考虑到，不能过多地依靠人体的感觉。像小小的雷管是单次工作的，看似简单，生产流程也不短，但他们几乎每一道工序都安排了仔细的检验、检查，靠这样来保证可靠性。

　　我们的工作不算紧张，由于我们的起爆装置做得扎实，在现场调试也很顺利。但觉得压力还是很大，不许出任何差错，特别是看到部队千军万马的活动，搞基建的、搞测试的、搞效应的，多少人上岗，即使是"刹车"，推迟一下试验，损失也是无法估量的。记得在"零时"的前一天晚上，心绪起伏不安，明天的合闸操作，虽然很简单，万一有什么差错，责任承担不起啊！仔细想好了合闸后，该检查的那几个地方可以绝对放心，这才睡着了。

1964 年 10 月 15 日，祝国梁最后合上电源并上锁

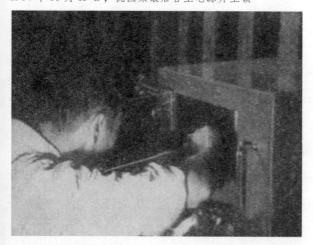

　　领导也非常关心我们的

工作，记得"零时"前，张爱萍总指挥曾到我们工号来，开玩笑地问："你敢不敢立军令状？"我说我对自己的工作是有信心的，他说："这样，我就放心了。"

在核试验基地，我们不敢、也没带照相机，没有留下一张照片。八一制片厂在现场拍过电影，片中有我在 701 甲工号内的镜头，我曾经看过。前年，我在加拿大的图书馆里看到一个光盘，叫《揭秘罗布泊》，是中央电视台制作销售的，借来看了，里边居然还有我在 701 甲工号的镜头，真是巧遇，我截取了几张照片，自己留下来保存。

赵维晋（第九作业队 631 作业队副队长）：铁塔底下是 701 甲工号，701 队负责插雷管也负责同步起爆。我们 631 队队长是惠钟锡，副队长有我和祝国梁。祝国梁负责同步装置与 720 主控制站的联系。我和惠钟锡在铁塔上负责和同步起爆装置的联系，后来把惠钟锡调到 720 主控制站去了。第一次核试验当然为了保险，惠钟锡去负责 720 主控制站那个控制按钮去了，最后在铁塔上就剩下我一个，原来的两个人变成了一个人了。

第九作业队大部队到了以后，我开始和惠钟锡、祝国梁负责同步装置系统，因为这一套装置系统是要保响，保证试验成功，这是塔下最关键的一个工号。在此期间我还检查雷管，雷管的起爆同步性，这都是我们要做的工作。

林传骥他们又建了一个小工号，搞检测雷管瞎火试验，也是个重要的测试项目。在实验部的时候，这个东西原来是由我负责，后来我到先遣队去了，就交给张叔鹏。到了核试验场地，林传骥和张叔鹏负责测试雷管瞎火试验和测试总作用时间的任务，我们还用高速转镜相机检查雷管，高速转镜相机是吴世法负责的。

开始惠钟锡和我们在一起，全场演练以后，惠钟锡调到 720 主控制站去了。马兰基地的贺成功负责同步装置到 720 主控制站这一段。引爆同步装置连到铁塔上任务就由祝国梁负责。祝国梁在塔底下同步装置的这一端，我在塔上同步装置的另一端，直接跟核装置连在一块儿。

"零时"前，核试验场区不断地检查，不断地演习。有的装置就不用多次检查了，就是有危险的雷管要反复检查，同步装置不接雷管，装完了就没有再检查了。

同步装置也可以叫引爆装置。同步装置是指通过一个触发管产生几十个同步信号，通过几十根电缆，再接着几十个雷管，雷管再插到炸药里边，炸药再引爆核装置。

负责测试工作的人还有实验部的唐孝威，他在"701"铁塔底下直接负责测中子的任务，他在冷试验时就是负责测试的，冷试验时我们经常在一块儿的，热试验的时候人都分散了。

唐孝威（第九作业队 9312 作业队副队长）：我们在新疆核试验场区进行的现场实验包括用两类不同仪器进行的两个部分。第一部分是把测量仪器放在试验塔顶上，紧靠着原子弹旁边，目的是监测装置的点火，提供点火情况的实验数据。第二部分是把测量仪器安放到试验铁塔附近的测试工号中，把探测器对准着塔顶的原子弹，目的是测量核爆炸的射线，提供核反应动力学的实验数据。

我们在戈壁滩上搭起帐篷，在铁塔上和工号里紧张地工作。我们安装好仪器，安排好防震、防干扰等措施，调试好仪器。经过反复的预先演习，一切就绪后，就在戈壁滩上待命。那时从青海 221 厂出差去核试验场区的人员，除领导和负责产品运输、爆轰条件及核测试的人员外，做科研管理的余松玉同志不怕艰苦，也到场地，当时她是去核试验场区的唯一女同志。

雷管运输

在第五机械工业部西安三所和八〇四厂的大力协作下，利用这些单位现有的技术和设备条件，经过数以千计的试验和不断改进，终于研制成功性能良好的高压雷管。

摘自《当代中国核工业》

贾保仁（第九作业队 701 队队员）：1964 年 7 月份，我和 221 厂保卫部的两三个同志，其中有姚根长，先押运一批火工品做运输试验，坐着火车运到乌鲁木齐再运到马兰。到了场区之后，就把这些火工品存放在距离铁塔不远的一个半地下库房里。实际上就是在地下挖了一个坑，上面盖有封土，这样里面的温、湿度条件就比较好了。我们每天测两次地下库房的温度、湿度，确保它能够满足试验条件。

这次押运的任务主要是考察火工品适合不适合长途运输，适合不适合核爆炸场区的条件。后来还在那里做了好多次试验，证明它能满足要求。核试验前不久，我又返回 221 厂，从 221 厂押运正式的"产品"和雷管火工品。那次，我和吴永文、张寿齐，我们三个人坐飞机押运"产品"。我记得挺清楚，两架飞机从西宁机场起飞，一架是张爱萍的专机，一架就是我们押运"产品"的飞机，上面是真正要试验的原子弹。

我们从 221 厂海晏车站坐火车到西宁市，然后再坐飞机到场地。在核试验场区的时候，我们还做了很多次雷管试验，比方说进行爆炸同步性试验，另外还有炸铅版的试验。做了大量的试验之后，我们认为雷管不会有瞎火，安全的问题可以解决，我们自己也放心了。那时候参试人员的口号讲的是自己放心，同志们放心，领导放心，保证万无一失。

耿春余（第九作业队 701 队队员）：是这样的，绝对要求万无一失！有一次我们选雷管时没注意，有一个掉在地上了。现在看起来没有任何问题，那时候雷管的跌落实验、冲击实验全都做了，能抗 500 千克压强。可是掉在地上能不能用心里没有底，我说为了慎重起见，这个事必须向领导汇报。当时，掉地下的雷管是不是又放回到雷管群里也不是很清楚。为了保险可靠，领导决定换一批备份的雷管。我们原来带了 38 批，贾保仁坐飞机回去，把我们在 221 厂就选好的第 40 批拿回来了。我记得很清楚，后来正式实验用的是第 40 批，那是完全成功的。

陈常宜（第九作业队 701 队队长）：雷管安全责任重大！在核试验基地，第九作业队所有分队领导和国家试验委员会委员一块儿开会。开完会后，彭桓武①跟我讲，他说，这一次核爆灵不灵啊，就看你陈常宜的了，你这个雷管插没插好！你说这句话给我的压力有多大！这句话对不对啊？其实是对的。"产品"经过全尺寸爆轰模拟试验，中子出来非常足，相当好。原子弹加工的质量也非常好。这个东西都有数据啊！公差多少，炸药密度多少，核装置、核材料都有数据。装配也是有数据的，都是按照最好的条件装配的。

那么，第一颗原子弹一定要响啊，不可能不响！虽然不灵的原因有很多，但彭桓武的话是对的，就是一下子想到了雷管问题。我们事先也想到这个事情，因为我每次做大型试验，都考虑到雷管，比较注意这方面的问题，插线以外就是在雷管本身。所以，这里面有两个环节。一个就是雷管

---

① 彭桓武，时任九院副院长，两弹一星功勋奖章获得者。

本身质量要保证，一个就是插的过程要保证，这两个条件保证抓好就没问题了。

我给你讲讲雷管生产和雷管质量。雷管是西安804厂生产的，一批大概一千多发，我记不太准，分好几批。做核试验的这一批雷管，是我们在很多批次里面挑的数据最好的一批。挑出来以后，我们对每一个雷管都做了X光测试。X光看什么呢？因为这个雷管是好几种不同的炸药压在一起的，就是看药包，还有看电极的间隙。挑出来以后在显微镜上量，药包尽量挑好的，把药包比较一致的雷管挑出来，还包括电极，把里面导线走向结构最好的挑出

彭桓武

来，供核试验使用。挑出来以后就摆在一旁，我们认为比较差的雷管，就炸雷管做同步性试验。所以这批雷管啊，除了国家试验备用的以外，全部都达标。

吴世法（第九作业队701队副队长）：我们在试验场区的第一项任务就是用高速摄影的方法来检查同步起爆装置和雷管的性能。因为雷管在那个地方放置，戈壁滩白天温度很高，达到40多度，晚上温度又很低。那么，雷管能不能保证同步起爆的功能，需要做几批试验，一到场地就得做。隔一段时间之后还得再次去做，看它的同步性能满足不满足最后的试验要求。

雷管起爆只要旁边没有人就行，在一定的距离外，我们用高速转镜摄像机拍照，冲出底片来仔细检查。我们把那么大的高速转镜摄像机设备都拉过去了，因为只有高速转镜拍摄才能测出雷管同步起爆性能各方面的技

术指标。

耿春余（第九作业队 701 队队员）：话说回来，在核试验场区，我们的主要工作是雷管装配训练和插接。这三个月除了训练、装配外，剩下的时间作业队就组织学习。我记得是学毛著，学大庆的"三老四严"经验。1964 年春天，在 221 厂的时候，曾经大张旗鼓地学大庆的"三老四严"。哪"三老"呢？就是做老实人、说老实话、办老实事。哪"四严"呢？就是严明的纪律、严格的要求、严肃的态度、严谨的作风。还有"四个一样"，有领导在场和没有领导在场是一个样，白天、黑夜一个样，坏天气、好天气一个样，还有一个什么样不大记得了。这是大庆总结出来的，很适合我们核试验的工作，就是教育大家要有这种精神。

在核试验场地，我们住的帐篷王淦昌去过，朱光亚、陈能宽去过。九院的领导和专家不是一般的重视，他们到帐篷去看我们，就是怕出问题。他们去了以后，仔细看我们拍的雷管 X 光底片，王淦昌和朱光亚都认真仔细地看，X 光底片上面的导线头、分界面都很清楚。专家问我们，你们敢不敢保证，我们回答说"该做的工作都做了，我们有信心，不会有什么大问题"。九院领导说，"那我们就放心了"。他们亲自看我们精心选过的每一个雷管的 X 光底片，因为这几十个雷管有一个不爆的话，我们认为就算失败！

原子弹插雷管

原子弹试验装置经长途运输后，在试验基地经过检查，质量仍全部符合要求。负责起吊原子弹试验装置的朱振奎和现场指挥起吊人员，精心操作，把试验装置从车上吊入产品罐内，用卷扬机安全地送上铁塔。在塔上安装雷管、接电源、安探头的人员，在多变的气候条件下，一丝不苟地工作。为了确保安全和成功，李觉队长一直留在铁塔下陪同有关技术人员操作，直至最后一道工序插雷管完毕后，一一做了检查，于爆炸前最后撤离铁塔。

摘自《当代中国的核工业》

贾保仁（第九作业队 701 队队员）：10 月 16 号是个好天气，我记得早晨 6 点半的样子，按照预先定的程序我们插接小组在铁塔下整装待命，李觉做了简短的动员，让我们按照程序进行插接。因为这个插接雷管一个是注意接地，再一个要保证插接到底。我们做过试验，雷管插接不到底，对起爆时间的影响有一点差别。所以，在现场一个是保证每一个雷管对号入座，预先都试插一遍，然后对号入座，丝毫不能错。因为插的雷管比较多，谁插哪几个雷管，谁检查哪几个雷管都事先分好工。

雷管插接好了之后还要自检、互检，然后领导再检。实际上当时雷管准备、性能试验都是我们组的人做的，大部分试验都在 221 厂做完了。在铁塔底下，现场雷管装配是我和耿春余两人。在铁塔上插接雷管的是陈常宜、张寿齐、赵维晋、叶钧道、潘馨和我。另外，在铁塔上为了原子弹保温，还有杨岳欣、李炳生等人。有人写材料说这些人都是插接组的，其实他们不是。

第一颗原子弹在 702 装配工号装好了以后，保温桶运到铁塔下，通过卷扬机再把产品罐吊到铁塔上。吊到塔上的原子弹要从保温桶里取出来，701 队安装组负责让原子弹就位。就位之后，其他的人开始布置测试装置，那是测试组的人。我们插接雷管组差不多是最后的工作了。

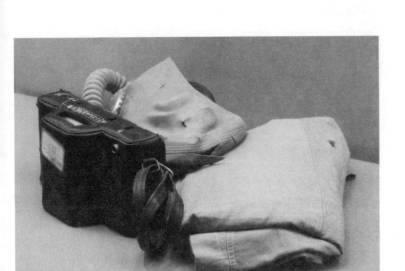

在核试验场区九院人穿的核试验工作服与防护器材

　　插接雷管这个阶段是有点紧张，最后插的时候，铁塔上面爆室里面特别的安静，安静到几乎听不到任何声音。每个人都有一种神圣、庄严的感觉，有一种使命感在身。

　　我们穿的是九院自己特制的工作服装。我记得是一身斜纹布工作服，帽、上衣、裤子都是灰颜色的，衣服都是纯棉的。

　　我负责传递雷管组件，我们在交接每一件雷管组件的时候，都是靠眼神，靠心领神会，说话的声音也是特别低。插雷管的时候李觉中间上来过一次，陈能宽在爆室里一直关注着我们的工作，我们每一步都做得确有把握。插完以后，陈常宜、张寿齐向上来的李觉等领导做了汇报，我们完成任务就撤下来了。

　　整个插雷管的时间大概有两个多小时，这都有记录。因为每拿一个雷管都要接地一下，就是使它没有静电。有一个接地棒，不记得是黄铜还是紫铜的，上面有导线，把地线引到塔下，雷管在这上面接一下地。我们插的雷管叫做组合件，就是把雷管传爆药柱组装到机械装置里面，构成一个完整的装置。这个组合件是先在塔底下装配好的。塔上就是把雷管组合件对号入座，插上去一拧，线也接好。然后，用一个简易装置测一下深度，看它突出多少，看它是不是插到底了，我们叫插接到位。

我们插接组分工有序，有专门插雷管的人，有专门递雷管和记录的人，有专门检查导通的人。陈常宜、张寿齐、叶钧道三个人都是实验部的，负责插雷管，我也是实验部的人，专门负责递雷管。我递完雷管以后，别人插的时候，还要登记在册。我是一边递一边记录，记录资料现在不知道在哪里。当时的保密要求很严格，爆室里不准照相，八一电影制片厂在我们演练时可以拍，最后正式插雷管的时候，不让他们上去拍了，所以留下来的影像资料很少。不像后来，九院有好多台摄像机，以后的核试验留的资料就很完整了。

我记得李觉不是自始至终在场，我们插接小组上去的时候，李觉没在我们队伍里面。那时候陈常宜是讲师，张寿齐是工程师，我是技术员。一个大领导站在这个队伍里，应该印象很深刻，是不是？所以，我记得一开始李觉没上去，他是后来上去的。实验部有这种操作规程，除了雷管小组的人，其他人都不能在场。因为万一出事要尽可能减少损失。

有人采访我的时候问到，插雷管那会儿紧张吗？有什么想法？实际情况是什么想法也没有，那时候就一心一意做这个事。就像刚才说的，虽然非常紧张、激动，但是也非常安静，也顾不上想什么，就是要把任务完成好。我们有幸参加第一次核试验，221厂那么多人做了工作，能参加核试验是很荣幸的。你肩负着整个九院的嘱托，有那么一种使命感。

最后雷管都插完了，要自检、互检，在场的领导都确认没有问题了才行。我们带上去的雷管组合件有备份件，用了几十个，还剩三个备用的，这时候把备用件装回到箱子里，没有留下任何东西。然后把零星物品归置好，我们就乘吊篮下来了。在预演练的时候，按照实验部的规定，我们过去习惯说是打炮"司令"，实际上就是队长拿着起爆控制台的钥匙。为了安全，插接雷管时，我们必须拿着起爆控制台的钥匙，这样才能确保安全。当时在场区，起爆装置是设计部设计的，设计部引爆控制台的钥匙应该交给插接小组。一开始他们不理解，陈常宜、张寿齐说明了这种安排的必要性。最后，钥匙是管起爆装置的人没拿，管雷管组件插接的人也没拿，李觉说他拿着，他保证不会给任何人。

耿春余（第九作业队 701 队队员）：戈壁滩本身就干燥，铁塔上面全部是铁皮，安全措施必须做到位。除了严格规定着装外，还包括鞋子，要穿布鞋，防静电，身上不要积累静电。另外还有接地棒，爆室里面要进行加湿，有很多的措施，保证不要让静电引爆雷管。那会儿用的都是火花雷管，以后用我们研制的雷管就不怕静电了。

雷管组合件实际上在铁塔底下就全部装好了。那是这么大一个玻璃套，里面有孔，对着那个孔插进去。插进去以后怕脱落，还要转一下卡上，最后外面还要上一个玻璃套，这就保险了。那时候接线是用手接的，钢丝雷管穿到那个孔里面，绕两圈靠一个帽子压上去，很简单，但是可靠。装完了我们还要测量，测量导通不导通。现在的雷管先进了，雷管本身带插头，一插就可以，就没有问题了。过去手工操作比较原始，但是可靠。

在塔下练习的过程中，开始是操作假的雷管和元件。平时，不管是全场联试，还是预演，一直不准上真的雷管，真雷管那是最后才能装上去的。但是配置基本都是一样的，对号入座，雷管组合件都是事先配好的，专门有这么大一个箱子，箱子一个格里一个。几十个正式雷管组合件，还有三个备份件。一旦哪个卡住以后，不行就得换上备份的。原来定我和贾保仁上去插雷管。后来陈常宜队长不放心，自己上去插，他有怕不插到位的考虑。

平时我跟贾保仁两个人训练。"零时"前，本来定我跟贾保仁两个人插雷管，铁塔顶上的爆室不能站那么多人，就让贾保仁一个带着箱子上去了。贾保仁负责递，陈常宜负责插，插完以后还要一个一个地进行检查，看有没有到位，上面有标志，可以看到。然后还得跟同步装置连接，到最后插得差不多了才能接线。整个插雷管的过程我没有在场，我在塔下待命，最后和他们一起撤走。

开始我的心里面有一点想法，练习了几个月，最后不让上去。后来一想顾全大局，陈常宜比我更有经验，我也没有闹情绪。我服从组织分配没有上去，心里并没有不高兴，因为队长更有经验嘛！陈常宜说，铁塔上爆室限制人数，插雷管只要贾保仁陪着我上去插就可以了。我当时很痛快地说，行。陈常宜是1952年清华大学毕业的，比我毕业早十年。另外，他工作非常细致认真，我们701队的几个队长文武才能都很好。

陈常宜（第九作业队701队队长）：应该讲，我们雷管的同步性非常好，雷管本身的可靠性也非常好，这是第一个环节。第二个环节就是插线。这个雷管插线是张寿齐、叶钧道和我，我们三个人插的。这个插线费了很多时间，几十个雷管三个人插，一个人插十来个雷管吧，本来用不了多长时间啊，可是在铁塔上面，我记得好像插了两个多小时。

为什么花这么多时间呢？就是每一个雷管插的时候，插的人除了自己的手感感觉到，就是说插到底了，这时雷管与炸药之间接触得很好了，还不行！还要量尺寸，有一个人专门检查这些数据。所以在插线过程中，我

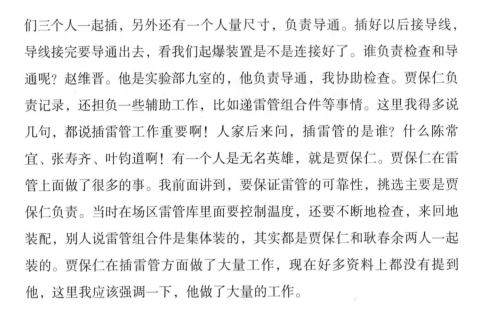

们三个人一起插，另外还有一个人量尺寸，负责导通。插好以后接导线，导线接完要导通出去，看我们起爆装置是不是连接好了。谁负责检查和导通呢？赵维晋。他是实验部九室的，他负责导通，我协助检查。贾保仁负责记录，还担负一些辅助工作，比如递雷管组合件等事情。这里我得多说几句，都说插雷管工作重要啊！人家后来问，插雷管的是谁？什么陈常宜、张寿齐、叶钧道啊！有一个人是无名英雄，就是贾保仁。贾保仁在雷管上面做了很多的事。我前面讲到，要保证雷管的可靠性，挑选主要是贾保仁负责。当时在场区雷管库里面要控制温度，还要不断地检查，来回地装配，别人说雷管组合件是集体装的，其实都是贾保仁和耿春余两人一起装的。贾保仁在插雷管方面做了大量工作，现在好多资料上都没有提到他，这里我应该强调一下，他做了大量的工作。

1964 年10 月16 日，第九作业队 701 队的
同志正在全神贯注地给原子弹插雷管

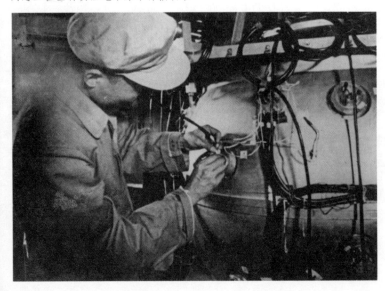

当时整个插雷管操作过程中,陈能宽一直在现场,我们经常工作一段,然后向他汇报,他是看着我们操作的。所以说,铁塔爆室里面一直在场的就是陈能宽和方正知。有的人说,李觉一直在场,我的印象里面没有。我们雷管插好了,李觉、朱光亚和张蕴钰他们最后上来检查插雷管完成的情况,最后和我们一起撤下塔的。

方正知(第九作业队技术委员会成员):确定了"零时"之后,插雷管的有关人员都上去了,我也上到爆室里。因为我要协助陈能宽负责原子弹爆炸前的技术准备,一直在旁边看着他们插接雷管。陈能宽也一直在上面,有时他也检查一下。其间,李觉也上来检查过,看他们雷管插的过程出了问题没有。因为塔上爆室面积很小,人多了不好工作。我记得李觉没有久留,他最后和张蕴钰再次上来检查。插雷管组在上塔之前,张寿齐说他把塔下电源切断、锁好,还铅封了,这是很自然的,在221厂打炮都是这样。在铁塔上面,贾保仁专门递雷管并记录编号,陈常宜、张寿齐、叶钧道三人插接雷管并相互检查是否到位。检查完毕后,再连接雷管引线与同步引爆电缆。然后,赵维晋再检查连接处的导通,贾保仁认真做记录。塔顶爆室的空调由701队的杨岳欣、李炳生负责。

雷管插了两个多小时,因为每一个雷管要保证它插到位,不能用力太大,也不能用力不够,没有插到底。上塔的人要防止静电,穿的工作服不是人造纤维的,都是棉布的。插完雷管检查完导通之后,其余的人都先下去了,只有陈常宜和我在塔上,等李觉、朱光亚和基地司令张蕴钰上来检查。他们一起上来询问情况,陈常宜汇报完了,我也汇报说一切正常,雷管都插到位,接线都接好了,爆室里面的温度也都正常。

这时,张蕴钰把塔上爆室里贴的毛主席像揭了下来。他说,写上时间,作为一个纪念。然后我们陆续下来,我记得好像陈常宜他们是最后下来的。塔上要加电，这个电要加好长时间。插好雷管后，我同李觉、张蕴钰一道下塔。下来以后，我提了一个建议，我说这个吊篮要想办法把它推倒，离开铁塔远远的，推走！因为坏人来了，用吊篮还能上去，因为都通上电了。

还有一个细节，李觉和张蕴钰登上安放好原子弹的爆室检查，看到原子弹上的引爆组合件已经对接到位，李觉叫我合上起爆电缆的电闸后，情不自禁地摸了摸他口袋里主控站起爆台的钥匙。下塔撤离前，又让我合上起爆电缆的第二电闸。此时塔上原子弹的引爆系统与主控制站起爆台完全接通，他再次摸了摸口袋中的起爆钥匙。这一段回忆说明决定成败的环节多么令人心悬啊！

陈常宜（第九作业队 701 队队长）：李觉干了一件事，就是我们上塔以前，他问我，钥匙要不要给你啊？我说，我不要。他说，你放心吗？我说，你领导到场，我为什么不放心！你保存着我们放心。过去在 221 厂做爆轰试验有一个规矩，这个起爆钥匙，打炮"司令"拿着就是为了安全。你"司令"拿了钥匙起爆不了啊！正式核试验和我们在 221 厂的爆轰试验不一样。这个起爆有好几道保险，李觉他拿那个钥匙是第一道保险。即便他钥匙开了那个保险也没用，最终的保险在哪儿啊，在 720 主控制站，那里还有保险呢！

引爆第一颗原子弹主控制台的钥匙

所以，李觉等我们雷管都插完了，插雷管的几个人下去了，他和朱光亚、张蕴钰一起又上去了，看一看我们又一起撤下来。插雷管过程花这么长时间，应该说要检查测控，还要导通，还要防静电。因为戈壁滩很干燥，这是一个矛盾体。作为电器需要干燥不要潮。从安全角度来说呢，作为炸药，为了防止静电，潮湿一点有好处。那个时候铁塔上面不能太潮，泼水都不行的。所以，只能是动作非常非常的缓慢，身上穿的全是棉织品，包括鞋、衣服、裤子这些都是棉的。贾保仁拿着雷管递给我们，而且每操作一下马上接地，不能带静电，都是动作慢慢的，一慢静电就减少嘛，所以动作很慢，雷管插的时间比较长，大概过程就是这样。

潘馨（第九作业队 701 队副队长）：另外一个方面呢，这个雷管搬运移动过程都特别小心，防止万一磕了碰了出危险。我们一定要保证百分之百地没有差错。专门有人抱着雷管组合件，旁边还得有两个人保护，防止万一这个人走路摔一跤，别人马上就能扶住，不能让他摔了。在塔上插雷管的过程是，一个人取出来，递给插雷管的人，插的人要操作准确，插得是不是牢靠，是不是准确，都特别严格，插上雷管以后，一个人要上去看，看完了之后呢，一个人还得检查，准确无误才算成功。在那儿插雷管时爆室里面静得连一根针掉在地上都听得见！老实讲，现场非常肃静，谁也不敢吭气，李觉上来时就靠在墙角那儿看，一句话也不说。他说就怕你们紧张，非常能体会到大家这个心情。

一切都弄好了，温度也调好了，最后把爆室锁起来，大家就下来，下来还是坐吊篮撤下来的。

叶钧道（第九作业队 701 队副队长）：一直在铁塔爆室里面监督我们插雷管的是陈能宽。我们三个人插雷管，我插得最少，大概只插了几个。谁插的哪一个，然后有没有到位，互相检查，最后陈能宽再检查，确认各个都保证到位了。雷管到位的情况怎么能查出来呢？咔，有个响声，就是

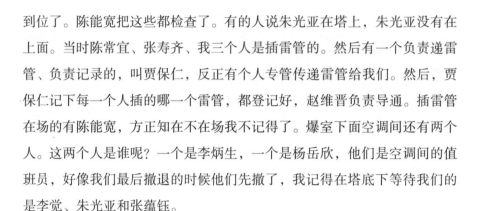

到位了。陈能宽把这些都检查了。有的人说朱光亚在塔上，朱光亚没有在上面。当时陈常宜、张寿齐、我三个人是插雷管的。然后有一个负责递雷管、负责记录的，叫贾保仁，反正有个人专管传递雷管给我们。然后，贾保仁记下每一个人插的哪一个雷管，都登记好，赵维晋负责导通。插雷管在场的有陈能宽，方正知在不在场我不记得了。爆室下面空调间还有两个人。这两个人是谁呢？一个是李炳生，一个是杨岳欣，他们是空调间的值班员，好像我们最后撤退的时候他们先撤了，我记得在塔底下等待我们的是李觉、朱光亚和张蕴钰。

赵维晋（第九作业队 631 作业队副队长）：10 月 15 号当天，先把原子弹吊上塔，等安装就位以后我们才上去，是坐吊篮上去的。在铁塔上我实际上没有插雷管，而是检查插雷管的。插好雷管后，我要导通并确认安

1964 年10 月16 日，插完雷管后张蕴钰（左 1）
在塔下与陈常宜（中）、叶钧道（右）握手

全了，最后安全任务书上是我签的字。

因为插雷管之前还有一些工作，要检查原子弹和同步引爆装置之间的联系。每一个同步装置要先检查一下，接着检查雷管插件，几十个雷管组合件一个一个地检查，检查以后才最后插雷管。每一项检查步骤我都参加了，因为我负责导通。原来701队有两个人在上边负责，最后就剩我一个人了。所以，我从检查同步装置到检查雷管、检查插雷管，一直到检查导通，一切完成后我再签字。就是说塔上爆室整个插雷管的工作完成了，由我负责的检查也检查完了，最后在安全任务单上签上名字才算完，人才可以撤下来。

别人把雷管插上以后，还要有人检查插好没有，还要转动它，若有一个咔的响声，证明雷管的插件插进去了。最后还有一个导通工作，把几十个雷管跟同步引爆装置连在一块儿。我负责检查最后的这一道关。看有没有接通线头，同步装置跟所有的雷管必须接通，因为不接通就没有信号。在铁塔下面用高速转镜摄像机检查雷管的时候，所有雷管的接线都是我接的。因为雷管多，你接线要一个一个对好，每个雷管的两根线要对成一个，要是接错的话就不会同步，有的响了有的不响就糟糕了。

在塔上插雷管要防静电，我们穿的是棉衣服，操作前都要首先摸一下那个导电棒。插雷管、导通时，旁边站的领导是陈能宽还是方正知不记得了。当时大家都没有注意谁在旁边，都集中精力在插雷管上头，脑子不想这个。我只记得最后李觉、张蕴钰一起上来检查，我是和他们一起撤下塔的，其他插雷管的人是先一批下去的。

方正知（第九作业队技术委员会成员）：在核试验场区的时候，彭桓武曾对陈常宜表示，雷管插不到位也会影响核裂变的质量，这是他最担心的问题！我听了这句话，把它当成一句警示。我们挑选的插雷管人员都是经历不知多少次试验证明可靠的能手，只要当时他们全神贯注地检查是否到位；全神贯注地接同步引爆电线；全神贯注地检查导通；我在旁边全神贯注地看他们操作，不乱说、不乱动、不打扰他们操作，我自己对此就完全放心，相信一定能成功。我在现场一点都不紧张，我是很有信心的。只要雷管每个都插到位，应该没有问题。从铁塔下来我跟李觉、张蕴钰、陈能宽坐一辆吉普车，撤往 720 主控制站。我们向 720 主控制站撤退的时候，我想起疏松桂，为了保证同步引爆雷管具有合格的电压，在 720 主控制站到铁塔顶之间的 20 千米输电电缆的中段加了增压装置，这也是保证引爆成功地另一个有力举措。总之，就第一颗原子弹来说，除了在 17 号工地研制成功缩小型起爆元件，为开展一系列大型爆轰物理试验奠定了坚实的基础外，从缩小型分解式和整体型到全尺寸分解式和整体型试验，我根据自己职务权力协调地组织指挥完成了各项试验任务。在一系列试验过程中，我亲自体察到技术骨干的动手技能和责任心以及使命感。我是外行，不能亲自操作，唯有信任他们，依靠他们，具体工作都是这些技术骨干牵头完成的。这次他们在塔上插雷管，我完全相信他们工作得很到位。

"零时" 前夜

　　根据试验场区的气象情况，中央把第一颗原子弹装置试验的起爆时间（在技术上称为"零时"）定在 1964 年 10 月 16 日 15 时。15 日深夜，有关操作人员完成了原子弹装置的核部件装配、上塔、插雷管几个工序后，现场所有人员便撤离靶区，等待"零时"的到来。

摘自《当代中国的核工业》

徐邦安（第九作业队办公室成员）："零时"前，第九作业队办公机关里的人更显得忙碌起来，我们住的帐篷和作业队领导住的帐篷挨在一起，中午、晚上吃饭和休息都在帐篷里头的，大家整天见面。王淦昌、彭桓武、郭永怀和邓稼先①是 10 月 8 号去的试验场区。邓稼先一到就成为核心人物。大家都追着问他，这次核试验理论计算的结果到底有把握没有啊？邓稼先他不说话！独自闷着低头出去转悠，别人问他，就是不说话。实在逼得没办法了，他就说一句话，"反正能想到的问题、该想到的问题我们都想到了！"

邓稼先

当时大家的心情都是很紧张的，都在绞尽脑汁想问题。其他试验的准备工作，测试的准备工作都有人负责把关。但是，核心问题是这个理论设计有没有把握。理论设计出了问题，那后边的事情就不用说了。如果理论设计没有问题的话，下一步工作也就有了保证。所以，邓稼先无形中成了试验场区的核心人物，大家都找他。

在场区的时候，领导和同志们关系非常好，非常融洽。住在一起领导找我们方便，我们找他们请示工作也方便。那个时候的领导作风是很不错的。李觉这个人爱讲故事，他的故事滔滔不绝，大家听了很亲切。核试验的技术问题他基本上放手，他考虑的是整个组织、系统的关系，整个全局的事儿。技术问题就让王淦昌、朱光亚、吴际霖、邓稼先去处理。他当年

① 邓稼先，时任九院理论部主任，"两弹一星"功勋奖章获得者。

李觉在核试验场地

讲了一个故事，我印象很深。他讲人生 50 岁是一个关口，50 岁怎么是一个关呢？第一，50 岁的时候你在事业上或者是专业里头要有一点儿成就。50 岁再没有成就，就很难了。第二，50 岁也是人生最容易犯错误的时候，意思就是你家庭要处理好，孩子关系要处理好，各方面的关系处理好。很多人都是在 50 岁的时候，这事儿那事儿就出来了。人老了就应该稳定住这个家庭，可是到 50 岁的时候，反而家庭容易出问题。第三，50 岁如果身体没有什么大病，一般能够活到七八十岁。所以 50 岁时你有什么病，那就要注意了。李觉讲这个故事的时候，我们才多少岁啊？也就是二三十岁。李觉他也不大啊，也就是 40 多岁，50 岁不到。他讲这个故事，可以说是老一辈人给我们的一些启迪。

唐孝威：我们在铁塔上安放探测中子的仪器，它就放在原子弹的旁边。在给原子弹插雷管的时候，这个探测仪器要挪开，腾出地方，等雷管插好以后，再把它放回原子弹旁边。10 月 15 日核测试准备工作全部完成后，指挥部通知我们撤离场区，撤到安全地带，记得我们是 10 月 15 号晚上撤出来的。我知道第二天塔上开始插接雷管，插接雷管的时候要把我们的仪器推到一旁。探测仪器上有个小型电源，这时候电源是关的。等雷管插接完了，再把我们的探测仪器挪回来就位，并且打开小型电源的开关。如果小型电源不接通的话，探测器的信号就通不过去。我不放心这件事，担心"零时"的时候，万一仪器上的小型电源没打开就麻烦了！实际上，撤退的时候事先已跟作业队打了招呼，领导都知道，我还是不放心，就直接打电话到"701"铁塔，再次确认小型电源是否接通，没想到朱光亚同志亲自接的电话，他清楚这个事的重要性。他在电话里说，没有问题，让我放心。

余松玉（第九作业队办公室成员）：好像李觉跟吴际霖住在一起。俞大光①那个时候老在测试车上，我记得开会的时候他们就说这个成功的概率、失败的概率是多少，那个时候是不能说失败的，你要保证万无一失嘛！可是搞科学的人，总是要有个概率估计吧，怎么能不讲失败呢?! 第九作业队队长李觉抓总，主要技术管理工作靠吴际霖、朱光亚他们去抓，陈能宽主抓 701 队。

再一个领导就是刘西尧。刘西尧是二机部副部长，国家核试验副总指挥。刘西尧做了不少工作，他是九院方面的代表。第一次核试验前，二机部刘杰部长到青海 221 厂去了，上新疆核试验场区的是刘西尧副部长。所以，刘西尧跟作业队的人很熟，对九院的工作很看好，因为我们九院工作作风严谨。我曾经陪同刘西尧下到马兰基地检查工作，他批评起部队的同志，我在旁边听着都不好意思。

李觉善于联系群众，他老到帐篷里去找人了解情况。吴际霖抓技术管理，人很严肃。李觉善于做思想工作，他们两个人配合得很好，互相信任。那时候，李觉是吴际霖的领导。

我记得还是第一次核试验前，在 221 厂，有一天王淦昌自己写下几个字，"我利令智昏"，意思就是失去智慧了。这是一个强调克服自我、警示自我，达到忘我的警言，他作为自己的座右铭放在那里。可惜我没有留下

---

① 俞大光，时任九院设计部副主任。

1964 年王淦昌在核试验场地

来！我给王淦昌当秘书的一段时间，那个时候王老一直说要给我写几个字。他年纪大了，而且身体不好，我上医院去看他，他要给我写点什么，我不好意思要。王淦昌的话我记在心里，人的思想、素质、行为，主要在于人的素质。就是说人的思想素质、人的品质最重要。后来，王淦昌出院以后，他说老了，没用了，做不了事了。我说："你有用的，你像交警一样，帮着疏通枢纽。"搞科研就是这样，本位主义总还是有的。有时候几个单位扯皮，王淦昌出来一讲话，大家都退一步，各退一步就通了。

王淦昌的为人最真诚。人家要我写文章，我写不来，就是铭记在心中。王老的思想、一言一行，做什么事情都实事求是。你看那么大的科学家，他不耻下问，跟工人关系特别好。他有什么不懂，不管你是什么人，只要他不懂的他就问你，从不装懂，什么架子都没有。就是提出像小孩儿那样的问题，人家也不会笑他。那么大的科学家，那么谦虚的态度。真的，工人师傅跟他的感情特别好。

张珍（第九作业队办公室成员）：第九作业队技术委员主任是吴际霖。因为李觉、朱光亚经常到国家试验委员会去，在"596"原子弹试验现场，

具体抓第九作业队工作的是吴际霖。原来在221厂也是这样，吴际霖、朱光亚是技术上面的负责人，第九作业队的大事还是靠李觉、吴际霖、朱光亚他们几个人决定。

朱光亚写的《596装置国家试验大纲》我们在基地看到过，这是一个报给中央的核试验方案。其实，核试验现场那些联试方案都是作业队办公会议决定的，不是按照大纲决定的。试验大纲是个大概的进度，首先得把"零时"确定下来，再安排"零时"之前做哪些工作，因此，保障核试验成功的关键就是每次联试的成功，核试验之前联试了不知道多少次，每天

吴际霖

起码一次。每次联试完了以后，在作业队的大帐篷里听各分队队长汇报，我们都参加，联试出什么问题，哪怕是一点小问题都要提出来解决。要么是技术问题，要么是器材问题，要么是人的思想问题。当时谁有什么困难啊，家里有什么事了，还有什么情况都在会议上提出来。那时候场地没有通信，也不让通信，就怕大家思想不集中。特别是塔下到塔上面的引爆系统归我们管，是惠钟锡他们负责的。每到联试时候，余松玉都在场，她跟测试的同志特别熟，因为起爆装置点火时要求设备同步。再一个是探头测中子，从地面到塔上有好几个探头，出来中子能不能测到，我感到模拟中子源就在这时候起作用了。好几次联试时王淦昌、彭桓武这几个专家都在现场指挥。

平时作业队办公室要掌握各分队的作业情况，有时候出了什么问题要及时报告领导，首先第一个反映到吴际霖那里去。在试验现场没有别的

事，都是领导关心的事。"产品"一到，领导他们都到场，到各个测试点问这个问那个。有时候李觉关心地问，比如有什么问题没有啊，不管是生活问题还是思想问题，他经常问作业分队指导员了解大家的思想动态。技术上的问题他也过问，比如有什么难点，其实到了那个时候，可以说没有什么大的技术问题了，估计在演练过程中出的问题，我们在 221 厂都解决了。第一次演练的时候，作业队到了一个新环境，各种测试的设备在现场安装好以后，哪个组先开始演练，练完了其他各个部门接着演练，大家很高兴、很兴奋。701 队的人上塔下塔，专门练习徒手爬塔。720 主控制室几乎每天都演练，查看线路通没通，这些情况我们办公室都要掌握。办公室还有一个值班记录，这些记录上写了每天的工作情况、演练的情况，这个值班记录回到 221 厂以后都存档了。

马兰基地有一个实验处，处长叫郭锡民，他们也有一套人马，他下面的几个参谋跟我们住在一起，名字我忘了，都是哈军工毕业的。郭处长从马兰基地来到试验场区就到作业队办公室，先从我们这儿了解情况，因为九院领导交代了跟他们不保密，他也掌握了什么时候联试、什么时候装配、工作进度等第一手材料。而且我们有什么问题，通过他向国家试验指挥部反映。我们生活有什么要求、有什么困难也通过他向马兰基地反映，等于有一个特派组住在第九作业队那儿，互相保持联系。

吴世法（第九作业队 701 队副队长）：1964 年 10 月上旬的苏联还是赫鲁晓夫当政，赫鲁晓夫大概是快要下台了，我们核试验要请示中央专委确定"零时"，等了两三天，等赫鲁晓夫下台，给他放一个"礼炮"。试验场区的一切工作都准备好了，大家都在等待着命令。铁塔上要值班，这时值班就是我们队长、副队长轮流上去。每一次值班要有两个人，白天黑夜都要有人在那儿值班，24 小时在上头值班。因为轮不过来，我也参加了值班。就是"零时"前的几天，我还在塔上值过班。

林传骠（第九作业队 9312 作业队队长）：1964 年，半导体收音机刚出来不久，第九作业队也配备给我们一台半导体收音机，我们没事就打开收音机听，结果正好在 10 月 15 号那天，半导体收音机里广播赫鲁晓夫下台了。就是还没起爆的时候，那时候铁塔上面还在插雷管呢。在铁塔底下我们通过收音机听到赫鲁晓夫下台的消息，当时很高兴，就好像是我们正好在赫鲁晓夫下台的时候进行核试验，所以都挺高兴的。我记得不是第一颗原子弹爆炸了以后，赫鲁晓夫他才下台的，这事我可以肯定。

赵维晋（第九作业队 701 队副队长）：我开始和先遣队的几个人住在一起。大部队到了以后我跟惠钟锡、祝国梁住在一块儿，帐篷里还有马兰基地一个姓贺的同志，他的名字叫贺成功。701 甲工号里头两个人，一个姓祝，一个姓贺，以后大家就开玩笑说，祝贺成功！这个挺有意思的。

薛本澄（第九作业队 701 队队员）：10 月 15 日晚正式"产品"上到铁塔以后，核试验爆心只剩下插雷管的几个同志，所有 701 队的人员全部撤走。10 月 15 号那顿晚餐是第九作业队"最后的晚餐"。饭后，作业队所有的帐篷都拆光了，炊事员也撤走了，给我们留下一点干粮作为第二天的早餐。那一天的晚餐非常有意思。10 月 15 号那天，我们先收拾好个人的行李，然后所有的帐篷都拆光运走。第九作业队伙房，就是那个土坯加上一层芦苇的简易伙房不用拆。吃晚饭了，炊事员在锅里给我们煮了一锅挂面，挂面里放了好多罐头，闻着好香啊！明天就是 10 月 16 号，这是铁塔下面最后一顿晚饭，炊事员把所有好吃的东西都拿出来给我们吃，吃得好香啊！

最开心是，10 月 15 号晚上，李觉跟大伙一起吃晚饭，他告诉我们，苏联赫鲁晓夫下台了，当时这个新闻在国内还没有播发，李觉可能通过核试验委员会，通过北京得到这个消息，那天晚上我们听到赫鲁晓夫下台的

消息心里好高兴呀。你们知道 "596" 的来历吗？赫鲁晓夫背信弃义，1959 年 6 月单方面撕毁了中苏新技术协议。大家都憋着气，所以给我们的原子弹起了一个 "596" 的代号。

赫鲁晓夫曾经预言，没有他们帮助，我们 20 年搞不出原子弹。现在我们马上就要搞出来了，预言家下台了，你说大家心里爽不爽啊！这种时间上的巧合让我们更多了几分激动，所有的人都憋着一股劲，一定做好最后的这几项工作。

10 月 15 日晚上，作业队的帐篷拆了，晚上没有地方好住。其实，那天晚上可以说是一个不眠之夜，因为铁塔顶上要插雷管，在插雷管几个小时里头，我们不能待在塔底下，这是规定。上面插雷管，尽可能远离它，能撤的人都尽量撤走，只留下最必要的几个人。我则要在铁塔底下待命，人下来上去，我们得负责起吊设备的运行。剩下所有的人，不分领导和群众，包括李觉和插雷管的同志，都待在 702 装配工号里。那个工号离铁塔很近，距离 150 米的样子吧。原子弹最后装配就是在那个工号进行的。从辐射安全角度讲，那个工号是不宜住人的。当时没想那么多，我们就在那儿待着，待命，困了就迷糊一下。

蔡抱真（第九作业队 702 队队长）：开始我们盼望的 10 月 5 号核爆炸泡汤了，可是真的家伙都在手里头，大伙儿的心情更急了，到底哪一天试验啊？白天盼、晚上盼，大家等得心焦。这时出现一个真实的事，一个很有意思的故事。好像是 10 月 10 日那一天晚上，我们 702 队的杨春章在帐篷睡觉时竟然做了个梦。他早上起来说，我做梦了，"零点"爆炸时间确定了。他说是三个 "15"，我们大家想，这三个 "15" 是什么意思啊？后来真琢磨出来了。1964 年是建国 15 周年，这是第一个 "15"；国庆是 10 月 1 号，加 15 天就是 10 月 16 号，这是第二个 "15"；下午 3 点，就是 15

时爆炸，这是第三个"15"。

我们 702 队一共两个帐篷，一个帐篷里睡 10 个人，我和杨春章在一个帐篷里头睡。他早上起来就在帐篷里喊了，他喊了出来，大家一块想，觉得对啊！后来慢慢地传开了，第九作业队都知道了，住在旁边的 701 队他们也知道了。等到后来上级把"零时"试验的时间明确传达下来，我们大家都跳起来了，都说杨春章你这个梦是怎么做出来的呢，你杨春章真有这个本事！

我当时在场，是亲耳听他讲的。外国人写的一本书，讲中国的核武器，北京原子能出版社翻译出版的，里头也提到了这个故事。在书的附注里面有这么一句。把我的名字写上了，说蔡工程师讲了一个故事，说杨技术员怎么怎么讲的，把我们两个的姓都写出来了，这个故事是非常精彩的。

720 主控制站

> 这次地面核爆炸试验，是根据党中央批准的计划，按时进行的。其目的在于鉴定理论设计的正确性和结构设计的合理性，以及整个装置各系统动作的可靠性；测定核爆炸的总威力和燃料的利用率，观察核爆炸的各种物理现象，以及测定其放射性的分布情况。也就是说，主要解决原子弹"灵"和"不灵"的问题。
>
> **摘自《当代中国的核工业》**

徐邦安（第九作业队办公室成员）：第一次核试验的主控台由谁来操作，还有过一番讨论。九院领导认为核试验的主体无疑是九院，马兰基地

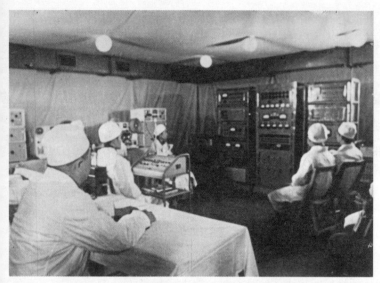

1964 年 10 月 16 日，720 主控制站全景，韩云梯（左 2）、高深（右 1）

　　主要是一个保障单位、测试单位。所以 720 主控制站主控台的操作权，李觉是当仁不让的。九院在主控台选择安排操作的人，是研制控制系统的人，当时选定了惠钟锡、高深和韩云梯三人进入主控站，惠钟锡、高深两人监视两块加高压仪表，韩云梯在主控制台上负责按钮操作。

　　我在第九作业队办公室具体搞计划、调度这些事，所以撤退得比较晚，这也是由我工作岗位决定的。当时绝大多数的人撤到了白云岗观察点，我也不知道撤到哪儿，随领导的安排。作业队领导说你跟着我们走吧，我就跟着李觉等领导进了 720 主控制站。然后，我就站在主控制台后边，可以看到主控台的全景。主控制站操纵台的操纵员是韩云梯，操纵台平时有一个盖子盖着，有一个钥匙锁着，到时间才打开。打开这个盖子就由韩云梯来操纵了。韩云梯操纵电源分几次加电压。比如说第一次先给什么地方，第二次给测试工号，第三次给指令打开相机，等等。核试验有很多效应物，有很多相机要拍摄效应物。韩云梯在这个地方操作，这里还有两个给同步装置加高压的仪表，高深负责看一个表，惠钟锡看一个表，这三个人是主控站实施起爆的主要人员，其他领导都坐在或站在他们的后面。

我讲一讲原子弹核爆前，试验场区有多种检查和演练，比如单项演练：有一个或几个工号准备好了，可以单独由主控台发信号，第一次准备，第二次准备，第一次加压，第二次加压。加压以后，加电以后相机打开没有，胶片转了没有等等，这叫单项演练。单项演练都通过了，接下来就要进行全场联试。

全场联试：全场联试是所有的工号都由主控制站发信号，全场联动，所有工号的设备无一遗漏地都要参加，并做全面、系统的检查。全场联试有问题，还得进行第二次、第三次，直到通过。

综合预演：全场联试通过后就要进行综合预演，这时要模拟"实战"，组织人员撤退，工号模拟封门，试验的活效应物的摆放，要模拟爆炸后，基地放射性的侦测，所有回收的、防护的参试人员都要参加模拟、洗消。这是最完整的演练，叫综合预演。第九作业队参加综合预演的主要内容有，装置的装配、吊装、塔顶就位、插雷管、引爆控制系统遥控起爆、测试发送模拟信号接收记录、零后回收成果、防护洗消等。

这里讲一件事情。在一次全场联试的过程中，惠钟锡和高深各监视一块高压表，韩云梯在控制台上负责操纵按钮，包括紧急"刹车"按钮。负10秒按钮是韩云梯操作的最后按下的一个按钮，负10秒至0秒之间是自动的，0秒时原子弹起爆。在这10秒钟之间有一个重要任务，如果装置加高压不正常，超出预定值上限或没有达到预定值，惠钟锡和高深立即示意韩云梯按紧急"刹车"按钮，全场叫停。如果两块高压表显示没有问题，就不会用"刹车"按钮。

正式起爆的时候，这个"刹车"按钮非常重要。所以该刹的时候不刹，不该刹的时候刹了，都是天大的问题。要是"刹车"按错了，那可是绝对大事故！该刹的时候不刹，雷管点火不充分、不同步，起爆不完全，铁塔全毁，那就是试验失败。所以该刹的时候肯定要坚决刹车，让整个试验停下来。不该刹的时候刹了，也不行啊！比如说一切工作都正常，你突然刹车全场断电，会是什么结果啊！这时所有的工号都封了，甚至有的相机已经处于工作状况。全场要恢复到试验待命状态，那可不是一天两天的事情，而好天气不是说你想来就来的，好天气不知道多长时间才来一次。

所以，"刹车"这个操作的责任太重大了，韩云梯当然很紧张，搁谁谁紧张！但是，发出"刹车"信号是由高深和惠钟锡他们两人判断后发出的。在全场联试的时候就出现了这么一个情况，本来加高压是正常的，惠钟锡回头看了一眼韩云梯，看看他是不是集中精力，是不是注意他们的信号。惠钟锡这一回头，韩云梯以为是要"刹车"呢，哐！刹了。幸好是演练，人的神经太紧张了。这个事儿出了以后，有关人员都在议论研究，这种情况在正式核试验的时候绝对不能出现。经过慎重研究，试验委员会批准把刹车按钮挪到惠钟锡的前面，免去一道传递环节，这个改动非常好，把可能的失误降到最低。后来流言飞语却传出说韩云梯胆小害怕不敢按，这都是不实之词。

有人说，人的一个反应三秒三。比如足球场上的 12 码点球射门，那个射速也是很快的，等到守门员判断你的球的方向，再扑根本来不及。所以，守门员他要判断射手起跑的时候，射的是这个方向还是那个方向。而射门的人要骗过守门员，我往这个方向跑，偏往那个方向射，这就是双方的博弈。这就是说人的反应有一个时间段，反应以后到动作还有一个时间段。后来把刹车按钮挪动一下就好了，这个问题就解决了。

韩云梯（第九作业队 720 主控制站成员）：1964 年八九月份，领导派我押车，把核试验用的同步装置押运到核试验场地去。那个时候我们坐的是闷罐车，车上热得很，到一个地方火车要编组，待上七八个小时才继续走。九院保卫部一个同志，两个警卫加上我一共 4 个人，大概经过个把礼拜的时间才押运到乌鲁木齐。到了乌鲁木齐以后，乘飞机进马兰。到了戈壁滩核试验场区以后，我才知道九院设计部去了 3 个人，惠钟锡、高深和我，原来都是一个组的。我开始工作是打雷管，测试性能。白天到主控制站看看，晚上接着打雷管，工作挺紧张的。我觉得惠钟锡是好心，把我弄到 720 主控制站去见识见识。开始主控制站的操作员是马兰基地的同志，我去了以后，把我放在他旁边，监督他的操作。每次联试，有很多人进去调试仪器设备。联试的时候，整个主控制站很紧张，为什么呢？不能出现任何错误。第一次核试验，千军万马上阵，出一点错误那就不得了！这个同志见到首长来得多，气氛紧张，他也很紧张。张爱萍将军站在后面说，换，换人。结果，把我换成主控制台操作手。

高深（第九作业队 720 主控制站成员）：作为先遣队成员，我去的时候，720 主控制站早就建设好了，我到那里时监控仪表柜已经组装完毕，马兰基地核试验所十几位技术人员围在机柜周边，什么焊接、装配、调试混杂在一起，看上去显得有

1964 年 9、10 月份，韩云梯在 720 主控制站演练操作

点乱糟糟的，地方狭窄嘛！其实是各忙各的，有条不紊。我从 221 厂带去的两块电压表都经过九院设计部仪表组精心调配检验，精度很高，在监控仪表柜上的安装位置已经预留。仪表柜的设计人员考虑得很周到，为了操作员读数方便，把它们放在仪表柜屏板的中心位置。这两块表的外形一样，但用途和标数不同，一块是用于监测引爆控制系统状态和同步装置输入端的电压，另一块就是前面谈到的标有警戒线的电压表，用来监测同步装置输出端的电压。有的回忆材料中没有弄清楚这两块表的不同作用，说为了提高可靠性，同步装置的高压输出用两块表监测，由两人分别判读。其实，用两块表监测同一个参数，并且由两人判读的做法并不合理。举个最普通的例子：集市上有的人自己带着秤去买东西，称重不同引起的纠纷并不少见，买卖双方都说自己的秤准，有的市场上备有"公平秤"来解决争端。同一个道理，若两块表的读数不相同时，哪一块表的显示是正确的？应按哪块表的读数操作？不借助基准仪表只靠两人交换意见是难以判定的，特别是仪表指针停稳后，再过几秒控制系统就自动发出"产品"起爆信号啊！可以说，如为了提高可靠性而这样设计那就是犯了常识性的低级错误。我到主控制站后和马兰基地核试验所的技术人员共同对引爆控制系统（九院部分）进行了检查调试，特别注意所有测试线路和控制线路互不影响，因为控制系统工作状态是根据监测仪表的指示来判断。安装调试看起来比较简单，实施起来复杂得很，每个环节甚至每个连接点都要反复检查，必须做到非常安全可靠，大家责任心都很强，我们工作配合得很好。

720 主控制站是试验场区最大的工号，虽然是半地下混凝土建筑，不过只有很小一部分暴露在地面上。从工号入口通往各工作室的过道上设有四道铁门，核试验时只关闭了第一道铁门。主控制站有三个工作室：主控室、通信室和观察室。主控室面积有 20 多平方米，里面的主要设备是监

程开甲在办公室讨论工作（左起吕敏、程开甲、忻贤杰、乔登江）

控仪表柜，由三个分柜组成，机柜内装有引爆控制系统的部件，前面的屏板上安装有多种监测仪表和手动控制开关。引爆控制系统的任务是对试验场区各检测分站进行实时监控，并按预先设定的指令发出各监测站测试设备启动、终止和产品起爆或紧急刹车信号。靠两面墙放置的是各种测量记录设备，由马兰基地核试验所的技术人员负责。操作控制台正对着监控仪表柜，距离约3米。操作员坐在台子后面，副手坐在他的左侧，起监督作用。控制台后面有一排桌椅，那是领导席位。主控室里的地面铺有橡皮垫，进门要脱鞋。起初放的都是铁架椅，后来担心核爆炸产生的电磁波对主控站里的人员造成伤害，就把铁架椅子换成了木制椅子，换椅子是马兰基地核试验研究所程开甲所长①（上校军衔）提出来的。估计2万多吨TNT当量的核爆炸产生的电磁波，在20千米外对人体不会造成伤害，但是核爆炸当量和产生的电磁波强度究竟有多大，拿不出数据，这种担心也

---

① 程开甲，时任马兰基地核试验研究所副所长，"两弹一星"功勋奖章获得者。

是很自然的，应当有所准备。与主控室相邻的通信室里面有通信、广播和配电设备。在通信室和主控室的隔墙上开有窗口，通过它可观察主控室里的情况。核试验倒计时时，报时员叫史君文（大尉军衔）在这里向全场区报数。观察室是用来拍摄和观察蘑菇云的，它的外墙上开有几个直径 30 多厘米的密封防弹玻璃窗口朝向铁塔，核爆炸时有三四台摄影机同时对蘑菇云进行拍摄。

720 主控制站由张震寰（少将军衔）领导，他是国防科委副秘书长，核试验委员会主要成员。主控站引爆控制系统技术负责人是基地核试验研究所忻贤杰主任，控制设备安装调试负责人是国防部十院十九所工程师葛叔平（少校军衔），常务负责人是基地核试验研究所龙文澄主任（中校军衔）。张震寰抓起工作来雷厉风行，非常认真严格。有一次在检查工作时要我们这些技术人员写军令状，其实并没有要求大家一定写，我的理解是希望大家要有敢于写军令状的精神认真对待工作吧。后来我们写的是"五定"（"定岗位、定人员、定任务、定职责、定措施"）任务书。写军令状的事虽然只是这么说了一句，也并没有实行，不知怎么传到刘西尧副总指挥那里，有一次他在九院作业队大会上讲："写什么军令状，出了问题领导负责嘛！"大家写完"五定"后把任务书交给了龙文澄。可能他认为写得还可以，就在一次工作会议上把任务书呈报主控站指挥张震寰审阅。张震寰抽了几份，看着看着忽然站了起来把手中的任务书猛地向桌上一摔，发起火来，激动得两眼好像在放光。我以前没见过这种场面，不知如何是好，大家也都低头不语。龙文澄默默地听着，小声地解释了几句，气氛并未缓解。在场的一位基地政委（大校军衔）温和地批评了龙文澄几句，说了"五定"的重要性，领导要重视，让大家重写。稍后，张震寰平息下来后说："我发火就是要震动你一下，写'五定'必须严肃认真。"他说得挺快，还有些话没印象了。张震寰直爽坦率，对他的发火估计是主控站的任务实在是太重要了，担心在安装调试引爆控制系统和监测、操作中的失误影响核试验。实际上大家对自己的任务都很清楚，也很尽责，主控站的各位领导我觉得不但技术水平高，考虑得很全面，抓工作也很具体、认真、细致并能亲自动手。张震寰虽兼任主控站的总指挥，但并不常来，"五定"固然重要，可也反映不了主控站的方方面面，也许龙文澄没有及时请示汇报，产生了一些误解。不过张震寰并没有指出哪些地方大家写得不认真，我也没弄清楚自己在哪方面写得不妥，也不敢问。后来想起刘西尧在大会上讲过"要多想问题，杞人忧天的问题也可以提出来"。按照这个精神，我把"五定"做了详细的补充，其他同志怎么改写的我不清楚，互不交流，反正都通过了。

全场区联试是核试验前的预演，除了原子弹不加爆炸部件外和真正核试验相同。我记得一共进行了三次联试，第三次联试时八一制片厂进行了拍摄。主控站所有参试人员，包括领导在内进入主控站后都应各就各位，操作口令和动作都要按规定执行，不允许任何人即兴增加什么假想意外的口令。主控制台（起初叫操纵台）上有个盖，盖子上有锁，把锁打开后才能把盖取下。当指挥员发出口令："开盖！"韩云梯就把盖子拿下来。不开盖无法操作各种按钮。锁的钥匙由专人负责。控制台上与实现核爆炸有直接关系的主要有五个开关："K1""K2""K3""K4"和"刹车"。"K1""K2"是两个钮子开关，用于发出引爆控制系统设置的两道解除保险信号，"K3""K4"和"刹车"是三个按钮开关，用于发出接通同步装置电源、引爆和中断核试验的控制信号。按九院原设计方案，"K3"按钮只用来接通同步装置电源，"产品"起爆信号由操作员按下"K4"按钮发出。后来根据核试验基地测试站要求，经参试各方协商，领导批准后对引爆控制方式做了变

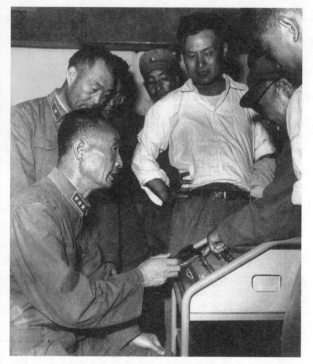

1964 年核爆前夕，张爱萍视察 720 主控制站，
站立者为张蕴钰（左 1）、刘西尧（左 4）

动："产品"的起爆信号改为按下"K3"按钮接通同步装置电源后由 720 主控制站的引爆控制系统按设定程序自动发出，"K4"按钮停用。

张爱萍、刘西尧和马兰基地司令员张蕴钰一行曾特意来 720 主控制站详细了解控制台工作情况，我当场做了解说。

张爱萍说，指挥员作战时前面都有一张作战图，希望我们画出一张大一点的主控制台平面示意图，上面标明主要开关的位置、作用和指挥口令，后来这张示意图由我和基地核试验所的马淑琴共同完成。马淑琴①（少尉军衔）就是站在我旁边的女同志，在主控制站的技术人员中年龄最小，但职责重大，负责试验场区各测试站（可能是 8 个）的状态监测并向主控制站总指挥报告各个测量站工作是否正常。她沉着、细致，出色地完成了这项重要任务。

701 队在铁塔上插雷管时，引爆控制系统的钥匙是李觉拿着的，他还要返回主控制站坐镇。插雷管时，他拿着钥匙在铁塔上的爆室里，让在场

---

① 马淑琴，马兰基地核试验研究所技术员，时任 720 主控制站监测员。

1964 年 10 月 16 日，主控制站参试人员，前排高深（左 1），其后马淑琴

插雷管的人员放心，这是操作安全规程严格规定的。核试验时，李觉从铁塔返回主控制站后，把钥匙先交给主控制站现场指挥张震寰，由张震寰交给韩云梯。

操控台上与实现核爆有直接关系的主要有四个开关："K1""K2""K3"和"刹车"。"K1""K2"是两个钮子开关，用于解除引爆控制系统设置的两道保险，"K3"和"刹车"是两个按钮开关，用于引爆和中断核试验。引爆控制系统的各种状态都能在监控仪表柜上的两块电压表上显示出来。我就根据电压表显示出来的数值来报告，报告什么呢？"正常"或"不正常"。

起爆按钮开关"K3"旁边的红色按钮开关就是紧急刹车按钮，按钮用红色是为了与其他按钮开关相区别。在核试验过程中如出现严重异常情况必须中止核试验时，才能按"刹车"按钮。譬如同步装置输入、输出电压超出规定范围就属于严重异常情况。按下"刹车"按钮后，监控仪表柜的引爆控制系统立即发出信号切断同步装置电源，同时向核试验场区所有测试站发出停机指令，采样飞机起飞、采样炮弹发射、防化兵出发等命令也就随之取消，后果和影响就不用说了。

这个紧急"刹车"按钮可不是随便按的，责任重大！误按造成的后果难以预料！主控制台上所有按钮都不能随便动，核试验时操作员要坐得端正，两手不能放在台面上，不应胡思乱想，要严格按现场指挥命令操作。"刹车"按钮原本是备而不用，以防万一的，恐怕设计者没想到它竟引起领导层极大的注意和担心，原因就是我前面提到过的同步装置中的触发管"自击穿"问题。

720 主控制室里是张震寰发口令。正常情况下指挥员只发出操作"K1""K2"和"K3"（后改为"发射"）三个口令，操作也不复杂。譬如说，现场指挥张震寰发出："K1 准备！"操作员韩云梯就把右手放在 K1 开关旁边，这时监督员曲养深①向坐在他侧后方的张震寰点头示意，表示韩云梯的手放的位置正确无误后，张震寰发出："发 K1"，韩云梯按照口令打开 K1 开关。"K2""K3"的操作方法也是这样，整个指令执行过程就是这么简单。指挥员先发操作准备口令，操作员做好执行准备，监督员示意准备正确，指挥员发出执行口令，操作员执行。经过多次演练一般情况下也不会出错。当然精神上有些紧张是免不了的。打个比方，人在平地上走一条窄窄的路和在悬崖峭壁上走哪怕再宽一点的路，感觉不会一样吧。我记得，张震寰将军在全场联试时，发出操作口令从容不迫，甚至面带笑容，你留心一下，从联试时拍的纪录片上能看得出来。可核试验时，他发第一个口令时的声音明显地颤抖了，不过很快就镇静下来。

核试验时，起爆按钮"K3"按下的时间叫核试验"零时"，具体时间

---

① 曲养深，马兰基地核试验研究所工程师，时任 720 主控制站监控员。

自然由中央决定。好像提前两天张震寰就告诉我们要做好核试验准备，当然要绝对保密。按规定，"零时"前各参试单位、所有测试站应准备完毕，巡逻战士、铁塔上工作人员等都要撤至安全区。李觉返回 720 主控制站并把操控台钥匙交给张震寰后，主控站就处于核试验待命状态。前面已经说过，"K1""K2"执行后，才能发起爆口令，执行"K3"操作。按下"K3"按钮产生的信号（管它叫"K3 信号"）并不是起爆信号，它不立即引爆原子弹。前面说过，有的测试站，特别是光测站，要求"产品"起爆前准确给出启动测试设备的信号。各参试单位商定，引爆控制系统收到"K3"信号后，在 10 秒间隔内按预定程序向各测试站发送信号，作为测试设备启动信号，在第 10 秒产生的信号，才是起爆信号，它传送到同步装置，使触发管导通，引爆"产品"。有的领导说，为了快捷，按钮要用力按，甚至猛地一击，其实大可不必，就像按动普通按钮那样就行了。按钮开关结构精巧，内有弹簧，比较脆弱，猛地一按，不但无济于事，反而容易造成损坏。如故障出在核试验时，那可不是件小事。按下起爆按钮产生的一系列信号由程序控制器自动发出，它的时间精确度取决于程序控制器，与操作员的动作快慢没有关系。从指挥员看着钟表发出起爆准备和起爆口令到操作员完成操作的时间间隔主要取决于指挥员和操作员的反应，这段时间的间隔也不需要精确到秒，因为这不会对核试验产生不利的影响。如果执意苛求会给指挥员（张震寰已近 50 岁，眼睛必须紧盯着秒针）和操作员造成不必要的精神紧张，操作规程也没有这条规定，这与战场上发出总攻令要准确对时是有区别的。新华社发的公报说我国第一颗原子弹的爆炸时间是 10 月 16 日 15 时。实际上张震寰指挥是 15 时（与他的反应有关，不是准确值）发出起爆口令，就算操作员韩云梯反应慢了点，按动开关用了 1 秒时间（这也不是准确值），再经过 10 秒（这是控制器设定的精确值）原子弹实现引爆。最为关键的是这 10 秒和各指令时间间隔必须精确，确保各监测站记录设备准确启动。如果公报说核爆时间是 15 时 11 秒那就可笑了。在这 10 秒内如果触发管出现前面提到过的"自击穿"现象，使"产品"爆炸，这叫"提前引爆"；如果在 10 秒内按下"刹车"按钮，发出的信号将中断核试验，这叫"紧急刹车"。

提前引爆有什么后果呢？如果触发管"自击穿"，使"产品"提前引爆，虽能实现核爆炸，也就是说"响了"，但各测试站测量记录设备没来得及启动，那就拿不出全部核试验的主要数据。核试验的目的并不单纯是为了爆响，只有取得各种试验数据才能算是成功的核试验，才更有利于核武器进一步发展，否则就像放了一个壮丽的焰火，虽然也能震惊世界，意义可就小多了。核试验既要确保"响"又要确保"测"。为核试验提供的同步装置都是经过严格挑选的，但也有可能输出的高压不在规定范围之内，因此在操作员执行起爆口令按下"K3"按钮后，在 10 秒间隔内仪表监测员（高深）和控制台操作员（韩云梯）的注意力必须高度集中，一旦发现输出高压异常必须立即刹车避免提前引爆。考虑到同步装置和电压表指针稳定的时间（不超过 4 秒），那么出现异常必须紧急刹车时，实际上留给监测员从判断和发出刹车口令，到操作员按下"刹车"按钮只剩下约 6 秒时间。为了提高紧急刹车反应速度需要进行演习，对我来说首先是不能误读误判，特别是高压输出电压表指针接近警戒线时更要注意，不该刹车却发出了刹车口令自然是重大责任事故，需要发刹车口令时则必须立即发出（控制在 3 秒内，留给韩云梯的时间应不少于 3 秒）。因为不能在主控制站练习（各种设备已调试检查完毕，处于待命状态，主控制站严禁进入），主控制站外又没有条件进行判读演习，所以只进行了韩云梯"刹车"按钮模拟操作演习。我们俩找了个没人的地方，在小桌上摆上几个象棋子作为开关，用红棋子表示"刹车"按钮，用黑棋子表示其他开关。练习时，我们商定好，我发出起爆口令韩云梯按下"K3"后，我转过身去，背对着韩云梯（核试验时我是后背对着控制台观察屏板上的仪表显示）看着手表，在 7 秒内我突然转过身来，猛一挥手发出刹车口令，他应立即按刹车按钮。不能只练反应速度，还要注意不要误按，就是说，我没发出刹车口令韩云梯不要按动"刹车"按钮，他的动作不应超过 3 秒。如果我 2 秒内完成判读发出口令，他就富余 1 秒。我进行判读和发出口令需要的时间曾自测过，不超过 3 秒。如判读时稍有犹豫，发口令就会拖延，为什么会犹豫呢？为了避免判断失误，不该刹车却发出了刹车口令。这要在 3 秒内做出正确决定！我虽没进行这方面的演习，但经常进行电压表指针在什么情况下可能造成误判，该不该发刹车口令的种种假想，这样临阵时就可避免犹豫失措了。我们演习得很认真，就这么一个简单口令有时持续练习一个多钟头。练了几天，配合得挺好，反应确实快了，但出现了意外。回想起来这也不是意外，是我们不科学的训练方法产生的副作用。他按下"K3"按钮后，注视着我听我发令，精神要集中，模拟真实情况嘛！有几次我还没有发出刹车口令，他却按下"刹车"按钮了！这有点像百米赛跑时运动员的抢跑，训练有素的运动员也有时犯规，但起跑的枪声是一定要发出的啊。可刹车口令则不一定必然发出。在核试验时，我们的精神处于高度集中状态，如忽然出个什么动静或我转了转身，韩云梯误以为我要发口令按了"刹车"按钮，原本正常的核试验就会中断。这虽比提前引爆造成的损失要小一些，但核试验的时间是试验委员会根据核试验场区所有参试单位准备情况和气象预报上报中央批准后确定的，重新组织核试验可不是简单的事，这次核爆也需要等待合适的天气。说不定下次核试验还有可能出现误操作。韩云梯对我说，演习时出现的几次误动作给他增加了不少思想负担。我当时没把他说的话当回事，觉得只是随便说说。参加第一颗原子弹试验并且承担重要任务谁不紧张？如果未能正确操作，那时我们想的倒不是自己应承担的责任，想的是会给国家造成难以估量的损失。我安慰韩云梯说，你的反应速度已经很快了，实际上核试验用的同步装置出现异常的可能性很小很小，这样想就不会误操作了，但是也没劝阻他向领导汇报思想情况，听听领导的意见，这可是大事中的大事啊。后来他找的哪位领导，怎么讲的，我就不知道了。

关于同步装置出现不正常情况要紧急刹车的事，核试验委员会的领导早就知道，也以为多练几次就行了，并没有特别在意，一切按部就班进行。韩云梯的汇报使国家试验委员会的领导突然感到问题严重了，因为 9 月中旬，时间上已临近核试验全场待命状态。大家原估计核爆炸给国庆献礼或再早一点，要看天气情况来定。所以紧急刹车，保证"响"和"测"成了领导们的中心话题。刘西尧、张震寰、李觉、邓亦飞都找我问过刹车的事，我着重说明引爆控制系统的工作情况，并武断地说正式核试验用的同步装置在 221 厂经过严格挑选，在联试中也经过考验，只要输入电压正常（核试验时在提前半小时准备阶段主控站监测电压表能显示出来）触发管出现"自击穿"的情况可以说不会出现。当然，我不能只给出这个结论，而是把整个思路全端了出来。既然领导来听取你的看法，回答就不能模棱两可。之所以是武断，是我没有确切的同步装置可靠性试验数据，任何设备的可靠性也不会是百分之百，敢于肯定是根据我从事科研工作形成的逻辑推断方法。同步装置研制组的组长祝国梁也是这次核试验的参试人员，触发管"自击穿"问题是他们在例行检验时发现的，他应当比我更清楚。领导询问我也体现了对这件事的重视，广泛了解大家的看法吧。

我没参与刹车问题的讨论，那是领导的事，他们把情况已经搞清楚了。当时考虑了三种办法：更换操作员，韩云梯自己也提出过换人。但是已临近核试验待命期，如果换人，新操作员没经过演习和联试，即使临时突击训练也未必不产生新的问题。再一种办法就是增加判读和操作时间，把 10 秒改为为 12 秒。进行改动也不复杂，调整一下时间延迟程序就可以了。但是这样做一方面各测试站设备启动时间需做相应变动，另一方面延长原子弹待爆时间增加了同步装置触发管出现"自击穿"的概率，特别是在这段时间操作员处于精神高度集中状态，时间一长更易出现误按"刹车"按钮，这正是韩云梯紧张的主要原因。试验委员会领导批准的是第三种办法：在监控仪表柜屏板上安装一个"刹车"按钮，位置在监测同步装置高压输出的电压表下面，控制台上的"刹车"按钮停用，韩云梯继续担任操作员。这时才把惠钟锡紧急调入主控制站，由他操作"刹车"按钮，我来监督。惠钟锡以前担任过同步装置研制组的组长，对同步装置可以说是了如指掌。我们俩对可能和几乎不可能出现的问题进行了估计，并商定了应对措施，也没有进行演习。安装"刹车"按钮进行线路改动虽很简单，只需把从监控仪表柜通往控制台"刹车"按钮的两根信号线断开，改接到新安装的"刹车"按钮上就可以了，但那时监控仪表柜上各个部件已经调好处于待命状态，由谁进行改动要经过核试验领导小组批准。这项任务由国防部十院十九所工程师葛叔平和两位技术员执行，听说是葛叔平亲自安装的，他动手能力很强，特别细心，刹车问题就这样解决了。原来把"刹车"按钮安装在控制台上不能说设计不合理，在试验过程中如出现异常，指挥员（特殊情况下，甚至操作员本人）认为需要刹车，就应当由操作员在控制台上操作，这样做又可靠又快捷。后来把"刹车"按钮安装在机柜前面屏板上，一旦出现不是由于同步装置引起的异常情况需要刹车时，操作员可就够不着了，那只好由惠钟锡或者我代为执行，这次改动

"刹车"按钮位置只不过是为了紧急刹车快捷和避免操作员误操作临时采取的应急措施，刹车问题就这样解决了。没有想到这件事竟演义成核试验时操作员韩云梯胆怯不敢按起爆按钮了。这条"小道消息"不知出自何人之口，其传播速度之快，范围之广，时间之久，添枝加叶，以讹传讹，实未料到。

方正知（第九作业队技术委员会成员）：720 主控制站距离铁塔爆心 20 千米，比白云岗 60 千米外的露天观察台近多了。李觉不是兜里拿着钥匙吗？他到了主控制站以后，就把钥匙交给张震寰。因为这是国家核试验，张震寰当时指挥的不光是第九作业队，还要对有测试、效应等各个部门的工作发指令。在主控站里，大家都是围着看，也没有一定排列次序，在主控制站里的人也不是很多。主控制站也是一个地下碉堡啊！里面大厅摆了两台起爆器，韩云梯不是有个故事吗，那个就不讲了，传得挺邪乎！最后还是韩云梯按起爆按钮，惠钟锡和高深在旁边保驾。所谓保驾，就是他们看到原子弹加高压不正常时，惠钟锡就立即按自己面前的"刹车"按钮停止核试验。最后，韩云梯按按钮起爆正常，原子弹爆炸成功。

韩云梯（第九作业队 720 主控制站成员）：720 主控制站有多大呢？4 米乘 5 米吧，20 多平方米不是太大，是个钢筋水泥浇注的半地下工号。一进去，走廊大概有十几米长。这个走廊的尽头是一个观测窗，通过观测窗可以观测到"701"铁塔，原子弹爆炸的烟云通过观测窗可以看到的。这个走廊的右边就是主控室，主控室有两个门——前门和后门。主控室后门里

1964 年 10 月 16 日核爆前，李觉和陈能宽（右）在 720 主控制站

面是一个小房间，小房间是报时间的，报时的同志坐在那里，通过观测窗与主控室联系，报时员报 10、9、8、7、6……

主控室里靠墙有两台仪表柜，都是滴滴答答，是计时用的，下面是控制设备。再靠里边的那个墙旁边是两台录音机，由基地的两个女同志负责管着。离开这个仪表柜一两米的地方是一个操作控制台，控制台后边有一排桌椅，那是核试验时给首长们坐的。当时发口令的是张震寰同志。总之，主控室里的仪表设备就这么个布局。开始这些仪表设备都是基地核试验所的同志在那里调试，"零时"前调试完，正式核爆炸时，他们就走了，都不在了。

核试验前搞全场联试，这个联试进行了三四次。在全场联试的过程中我也产生过一些错误，为什么呢？因为那里的气氛真是紧张，身边有一点动静、响声都有可能影响我操作。我面前引爆系统有一个紧急"刹车"开关，这个紧急"刹车"开关就是当引爆雷管的电压不够的时候，可能引起化爆，而不是原子弹爆炸，这个时候就要紧急"刹车"。这个紧急"刹车"需要多久的时间呢？由起爆开关按了以后，经过 10 秒钟，10 秒钟内它要关掉所有的设备。

我出过两次差错，因为它这个同步装置要充电，充电要 3 秒、4 秒钟，剩下 5 秒、6 秒，给我的反应按按钮的时间太短了。这个时候我思想比较紧张，总是一个人闷闷的一声不吭。马兰基地的郭锡民处长，他知道这种情况下容易发生差错。有一天，他到我住的帐篷里面，问这个紧急"刹车"开关的事，因为他关心，好意嘛，我就跟他说了一下。讲了以后呢，他说噢，人的一个反应是 3 秒 3。这个时候我才知道人的反应时间是 3 秒3。我算了一下，起爆以后 10 秒内"刹车"。监控这个加电电压表的两个人，一个是高深，一个是惠钟锡，两人监控，一旦发现有差错要互相看、互相证明后再发口令，这样又过了好几秒。发现问题他们头一个反应 3 秒

3，传达给我 3 秒 3，我反应后再摁按钮 3 秒 3，加起来已经 10 秒了。所以，我觉得这个时间太紧张了，不好办啊！我想打退堂鼓。那个郭锡民说，叫你干的话还是要干的。这个时候我天天在考虑、在思索这个问题，张震寰亲自给我做思想工作，叫我思想放松。新疆的戈壁滩原来是由海变为陆地，戈壁滩上有化石，他就领我去挖化石，让我放松、放松，不要紧张，心理调解嘛。但是，我总觉得周总理指示，核试验要周到细致，万无一失。这要万中有一失呢？我就跟惠钟锡商量，能不能把这个时间放宽一点，延长至 12 秒，好更有把握一些。但是领导说不行。为什么呢？搞同步装置测试的同志不同意。另外，搞仪器仪表的同志也不同意，同步引爆装置和测试设备当时都调试好了，基本上哪个单位都不让动。所以，延长时间不可以。后来我又提出来，把紧急"刹车"开关按钮移到监视仪表盘旁边，这样你们来操作它。你们监视仪表盘看着不行马上就按，省得再传递给我，反映一慢就要出差错。

最后，如果我不行可以换人，换人无所谓，只要核试验成功怎么都行，至于我个人的名誉，不在乎。当然我也说，领导一定要我干，那我就干，服从命令。反正我心里面想，要跟领导讲清楚，一旦出了问题，出了什么事情不能事先不讲，事先不报告。最后，上级采纳了这个意见，把紧急"刹车"按钮移到仪表盘旁边，由惠钟锡负责操作紧急"刹车"开关。后来，"零时"起爆时仪表正常，原子弹爆炸成功的情况下，用不着按紧急"刹车"按钮了，要是用着就坏了！

把主控台那个紧急"刹车"按钮拿过去，就移一个开关，移到他们的加电面板上。如果那个引爆同步装置加电压时间出现问题，惠钟锡就及时按刹车，不用再传递给我，我就没有什么思想负担了，对不对？那几个起爆按钮，再按不好就该死了！哈哈。

　　核爆响了以后过了一段时间，觉得应该看看，不看就看不到了，赶紧从山的背后跑到山顶上，把眼珠子瞪得老高，人从山的那一侧跳下去了，大家都拥抱，你一拳，我一捶，摔倒的，滚在地上的都有，就这么一个状态，这确实是一件惊天动地的事情。

第 **5** 章

核爆响前后

背景资料

中国的原子弹研制工作从 1960 年初开始,到 1964 年 10 月 16 日首次原子弹装置核爆成功,大致经历了三个阶段。1960 年底以前,是组织力量和探索研究阶段;1961 年至 1962 年底,是掌握原子弹基本理论和关键技术,完成理论设计阶段;1963 年至 1964 年 10 月,是开展大型爆轰试验和次临界试验,并进行原子弹装置的技术设计与制造,最后完成原子弹装置的地面核爆试验阶段。

"零时"引爆原子弹

随着距试验装置 23 千米主控站计数器的"零时"报出,一股强烈的闪光之后,便是惊天动地的巨响,接着巨大火球转为蘑菇云冲天而起。中国自行研究、设计、制造的第一颗原子弹装置爆炸成功。顿时，试验场区欢声如雷，全体参试人员热泪盈眶，激动万分。

摘自《当代中国的核工业》

高深（第九作业队 720 主控制站成员）："零时"定在 10 月 16 日 15 时，好像提前两个小时我们就进入主控制站做试验前的准备工作。试验时在座的领导和联试时一样，仍是李觉、陈能宽、邓亦飞①、程开甲、张震寰、忻贤杰、葛叔平等 7 人，他们坐在最后一排。李觉坐在边上靠门的位置，他不让把门关严，要留一个缝，到时候一响，开门出去看蘑菇云方便。差不多"零时"前一个小时，李觉就到了主控制站。他把控制台的钥匙交给了现场指挥张震寰，张震寰把钥匙交给了韩云梯。发口令的过程与全场联试时相同，前面已经谈过了。如没记错的话，"零时"前半小时，张震寰下达口令："30 分钟准备，各就各位！" 20 分钟准备时，张震寰发"K1"口令。那时候我已经站在监控仪表柜前，注视着显示系统状态和同步装置输入、输出的电压表指针位置。15 分钟准备时发的是"K2"口令，引爆控制系统设置的两道保险就解除了。提前 1 分钟发"K3 准备"口令前，惠钟锡和我已经面对同步装置高压输出电压表，他站在电压表左边，我站在右边。发出"发射"口令（即按下"K3"按钮）后，按事前约定，他提起右手，我提起左手，如果表的指针超过警戒线，他来按"刹车"按钮，如果没超过警戒线，他按的时候，我用左手做阻挡手势。如出现其他异常情况也是以他为主，我来提示和监督。

刚才已经说过了，对可能出现的异常情况和应对措施我们已经做了充

---

① 邓亦飞，时任马兰基地副政委。

分的估计，一旦真的出现异常就不需临时商量了。我记得"K3"口令发出后，我们的手已经接近"刹车"按钮，实际上差不多两秒钟电压表的指针就稳住了。我小声说，电压正常，惠钟锡微微点了点头，但我们没有放松警惕，一直盯着指针，做好紧急刹车的准备。如果发现不对头，两个人在几秒钟之内就能完成刹车任务。

起爆按钮还是韩云梯按的，没有换人。按"K3"按钮并不像流传的那么神秘。按钮上面不带电，操作没有任何危险，在解除控制系统保险以前，误按下去也没关系。执行这项操作时指挥员先发出起爆准备口令，提示操作员做好准备，何况在按下它前还有一个"K3准备"口令，提示操作员把手放在按钮旁边，身边有监督员监督，听到指挥员发出起爆口令时，轻轻按一下就行了。这和按紧急刹车按钮大不一样。

韩云梯（第九作业队 720 主控制站成员）：10 月 16 号正式核试验的那一天，李觉、张蕴钰他们都守在铁塔那儿，701 队的人上去插雷管，李觉把钥匙装在身上，像一个守护神。铁塔上面核装置的雷管插好了，各方面都联通了李觉才撤下来。他带着钥匙来到 720 主控制站，再交给张震寰。中午时分，李觉、张蕴钰、陈能宽等人陆续地进到 720 主控制站。领导就位以后，李觉还问我："老韩你打不打排球？"我说，我不会打排球，他说打排球不是反应快嘛。最后时刻到了，张震寰发口令，按照预定的程序，一个一个地发口令，他发一个口令我就跟他喊一声。他说"K1"，我就按"K1"，他说"K2"，我就按"K2"，按照核装置同步引爆装置和测试设备仪器先后预热，有光测设备、电测设备要预热。我按下起爆开关，过 10 秒就开始起爆了，身后边就听喊：10、9、8、7……一到"零时"，我按下起爆开关引爆原子弹。起爆的瞬间，在主控站里所有的人中间，高深最先感觉到核试验爆炸成功，因为他看着表判断的，最先喊出来："核爆炸正常!"一下子李觉、张震寰都跑到观测窗往外看，一看蘑菇云升起来了，大家高兴得跳出来了，兴奋极了。我们光顾着高兴，张震寰竟忘了下关机的口令，后边的程序就是关机，有些测试设备，如高速转镜、照相机等，不关机要烧毁的，后边还有两三个操作口令呢。反正试验成功了，大家兴高采烈。

1964年10月16日15时，"零时"韩云梯用力按响起爆按钮

这时候，我把剩下的所有程序正常做完了，走出720主控制站的时候，张震寰一下子抱住我，和我拥抱起来，他很激动，很高兴，毕竟成功了嘛!

你看到的这张照片，按起爆钮的大手，就是我的手。那时候条件很艰苦，国家的技术水平不够，器材质量也不怎么过关。当时也想到过设计自动刹车系统，但是后来研究了一下，还是不采取。为什么呢? 元器件不过关，反而会影响正常下口令，不能正常达到刹车的要求。真的，我们中国人的精神了不得! 在那个时候元器件不过关，我们的测试人员有这个经验，有这个体会，设备不行，靠人! 按照好中选优的办法，打雷管一批次一批次地打，元器件一个一个地选，大家就是这么干的。所以，中国人的志气还是蛮高的!

徐邦安（第九作业队办公室成员）："零时"一到，核爆响以后，主控制站有几个瞭望孔，我们都挤到瞭望孔里往外看。只有几个瞭望孔，我根本挤不上去。一会儿，大家觉得可以出去了，不知道谁喊了一嗓子，成功了！主控制站的人都跑出去到地面上去观看了。但是核爆炸那一瞬间，感觉还是震动了一下。

高深（第九作业队 720 主控制站成员）：720 主控制站里的领导们本来打算，只要监控仪表柜最上面的起爆指示红灯一亮，就冲出门去看蘑菇云。结果呢，起爆红灯已经亮了好几秒钟，我回转过身来时领导们仍呆呆地望着它，人没反应了。红灯亮时，我发现仪表柜上所有带指针的仪表（包括我们监测的那两块电压表）的指针全都打到了满刻度，只有超强的电磁波才能产生这么大的干扰。看到领导们发呆的情景，我不假思索地大声说："报告！发现电磁波干扰，核爆炸正常！"李觉这才反应过来，说了声："是吗?"没等我回答就侧起身赶快打开门去观察间了，其他领导也跟着跑出去，当时的情景至今记忆犹新。

主控制站里的领导都跑到观察窗口去看，我们没有动。核试验前张震寰曾宣布："领导去看蘑菇云时，你们要原地待命!"控制站里除了惠钟锡、韩云梯和我，还有八九位基地核试验所的技术员。那时大家进入主控制站就像进入阵地一样，自然要服从命令听指挥。领导出去后，核试验所的参试人员忙着整理设备，韩云梯坐在控制台前，好像还动了动开关。设备整理完毕后大家静静地坐着，原地待命。惠钟锡就坐在我的对面，我们是相视无语。直到撤退时才让我们离开主控制站。核试验前，我和惠钟锡在 720 工号外面前后各放了一个空啤酒瓶子，看冲击波来了以后，能不能把瓶子打倒。一出主控制站我俩就去查看，结果是瓶子不但没倒，位置也没有一点变化，我们觉得还有点遗憾呢。

我们人在 720 主控制站里面感觉不到光辐射和冲击波，也没听到爆炸声音。张震寰挺激动，好几次问程开甲是不是核爆炸，程开甲连说是、是！看样子张震寰几天没刮脸了，络腮胡子挺长，他虽然脾气大，但很热情，一把抱住韩云梯，两个人兴奋地拥抱起来。

韩云梯（第九作业队 720 主控制站成员）：720 主控制站的技术人员中，九院有三个——高深、惠钟锡和我，其余的都是马兰基地的军人。后来听说 720 主控制站荣立集体一等功，应该说还是不错的，我们不算在内。我从来没有说要功劳，第一颗原子弹引爆没出什么事，成功了，就是最大的功劳。

这也是我人生的一个机遇，不是谁都有这个机会的，我那么熟练还会出一小点差错！要让马兰基地的同志来搞，他可能不会提出移动"刹车"按钮这个要求的。因为我这个人比较细心，怎么样合适怎么样干，不是要万无一失吗，要堵漏洞吗？所以客观地讲，还是把这个问题说清楚为好。作为我来讲，能参加第一次核试验是很荣幸的。但是，另一方面也有压力。核试验成功以后传出那个谣言，什么韩云梯没有摁按钮啦，是别人按的，什么韩云梯怕死啦。甚至大学住在一个宿舍的同学，后来调到洛阳锅炉厂当纪委副书记，他有一次到北京出差，到二机部来问我，起爆按钮是不是你摁的，我说谁知道呢。我就说这个，我不会去争，去辩护。我这个人还是心胸很宽阔，做什么事都有原则，说不过去的事我是不干的。而且我在九院，不管你说什么，我行我素。领导既然交给我工作了，我肯定给你干得好好的。

徐邦安（第九作业队办公室成员）：这本来是很正常的事情嘛。后来有人就传来传去，传走样了。十几年前，我到北京去访问调查，惠钟锡讲得很清楚是韩云梯摁的按钮。惠钟锡还写出了一个东西，阐述事实真相。我也访问了韩云梯，那时候韩云梯正在住院。调查完后，我给院里写了一个报告，再次说明是韩云梯摁的按钮。

白云岗观察点

张振忠（第九作业队 701 队队员）：哎呀，这撤离的时候可热闹了。10 月 15 日原子弹吊装安装完毕，然后吃中午饭。吃完饭以后就开始拆帐篷，拆设备和仪器。我负责拆卸这些器材仪器，又装箱又搬运，一直弄到傍晚，天就要黑还没有完全黑的时候才把这些事情弄完。弄完了我就到伙房去吃饭，这时陈常宜把我叫住了，说晚上撤到 201 之后，你好好睡一觉，明天早上起来看"焰火"！我说好，有老陈这句话我就放心了。撤场的时候，我跟你讲，知道要爆炸原子弹的人不多，很多现场工作的一些工人师傅们不知道。撤场的时候，卷扬机要拆，要拉走，有的师傅知道咱们是干这种事情的，这个铁塔将要化为乌有，几个人都痛哭流涕。从建成铁塔到维护修理这个铁塔，到原子弹装上塔最后炸掉这个塔，这一年多的时间，许多人把心血、汗水都花在这个铁塔上了。你想想，明天一下子，铁塔和这些设备就化为乌有，他难受啊！痛哭流涕，趴在设备上不走，想不通啊！

吃完晚饭之后装车，准备往开屏机场那边撤，大概有 70 千米，咱们作业队撤离的那个地方离机场很近。我跟你讲，马兰基地汽车 38 团派出 40 多辆车的一个车队，专拉第九作业队，在戈壁滩上排成了一条长龙，戈壁滩上的公路不是平路，都是一起一伏的，要过气象大沟，过黄杨大沟，要过几条大沟。晚上，汽车队的灯光都亮了，从东向西南方向撤下来。一路上沙土、尘雾扬起来就像一条火龙在云中翻腾一样，因为我在前边押车，拐头向后一看，好家伙，不得了，九院就像一条火龙在戈壁滩上升起来了。

张叔鹏（第九作业队9312作业队队员）：我说说撤退的一段趣事。当时我们住的帐篷是老式的帐篷，现在帐篷的支架配件都是机加工的，互换性很好。而当时的支架配件就是三角铁，所有的孔眼都是配钻的，根本没有互换性。整个帐篷只要有一根三角铁没对号入座，就搭不上，所以要一个一个对号。我们进场区时，拆包装搭帐篷费老大劲了。一个一个儿找，找不对，硬拧上。拧完了以后，整个架子搭不上再拆，拆完再装，好不容易有点经验了。我们从铁塔撤退时是深夜，撤到指定地点再搭帐篷，靠手电筒找记号，人真是累趴了，到凌晨两点才睡下。

我们组分工，两个人在铁塔下装胶卷和安装爆炸开关。塔上面有三个人，负责连接探针和网络板。塔底下这两位安装完就吃饭去了。第九作业队李好善炊事员在伙房值最后一班，在那儿做最后一顿饭，做完了就拆灶撤退。他们两个人一人吃1千克红烧肉罐头。那阵子真能吃，这么大一个罐头，一个人吃一个罐头还吃了两大碗面条。

我们呢，下铁塔的时候作业队食堂大灶已经拆掉了，只剩下一个人一碗清汤面。吃完了还得拆这个帐篷，拆完帐篷，撤到几十千米以外的开屏驻地，已经是半夜三更了。到了驻地，黑灯瞎火地胡乱搭起帐篷，躺下就睡觉。凌晨两点钟睡的，五六点钟全都饿醒了。就是在塔下工作的两个小子睡觉不起，怎么叫都不起。后来才知道他们两个人一个一个罐头，两碗面条早就撑饱了。

吴永文（第九作业队技术委员会委员）："零时"以前，我们从"701"铁塔撤退时，哪个汽车坐多少人，你叫什么名都要报上去。场区警卫部队在路上设一个卡，一个杆摞在公路上，上车点名，清点完人数才放行，就怕万一有人没有出来。

我们撤的时候也挺有意思，路过那些效应物时，看到模拟导弹、坦克车、飞机、舰船、房子、猴子、狗什么东西都有。核爆炸以后，冲击波、光辐射挺厉害的，房子建筑、军事设施呼一下就没了。那些猴子啊、狗等动物烧得乱糟糟的。我们从"701"铁塔撤退到开屏以后还有一段插曲，那个时候我们刚刚撤下来，撤到目的地也就一个多小时吧，突然来了命令说准备再撤退，气象预报说风向变了，说风要往这边刮，要我们准备上汽车，大家又紧张起来。然后等了一会儿，又说可以不撤退了，折腾了一下。

张珍（第九作业队办公室成员）：在"零时"前的一天晚上，我们办公室几个人吃了晚饭开始拆帐篷，带着帐篷和生活用具撤退。每个人还发了第二天的早饭，因为撤到空军开屏机场没有人管你饭吃，就自带干粮。作业队的食堂先撤了，把吃的东西打包，饭菜都在保温桶里面装着，我们当天晚上那顿饭就吃保温桶的饭菜。作业队办公室撤的时候有一辆卡车，记得我们是晚上撤走的，我跟作业队行政组坐一台车。后来徐邦安怎么撤的我不知道，徐邦安是作为场外实验处的人吸收到作业队办公室的。

李觉、朱光亚他们是最后一批撤的，插雷管的时候李觉坐在塔下，插完了雷管后他们技术人员撤下来，然后李觉和张蕴钰上塔最后检查完后才下来。塔上那个结点和塔下引爆工号合上开关，接上线以后，这批人才撤的。我们为最后这批人准备了三台车，一台解放卡车，一台轿车，一台嘎斯69吉普车，就是为了确保撤退人员的安全。因为那些车都不是新车，就怕车在撤退的途中抛锚，到了"零时"起爆了，如果车坏了，人万一撤不出来呢？所以专门留了三台车。我记得还给他们留着装在保温桶里的饭菜。

我们坐自己的车撤到马兰后，马兰招待所已经被人占了，大伙儿还有点情绪呢。我们撤出来住在一个战士们腾出来的营房里，那天晚上就睡在营房里，大家心里头有点不安，就是进场区和出场区的时候差别很大，心里有点落差。第二天就要试验了，也有点紧张吧！

从核试验场区撤出来的人很多，招待所确实住不下。"701"铁塔的周边全是效应物：各军兵种露天摆着飞机、坦克、大炮，动物有猴子、猪、狗什么的，还有粮食部的粮库，卫生部的医院等那么多的效应物。参加效应试验的部队很多，汽车也多，那些人更艰苦。后来给大家做工作，马兰基地的房子住不下，让人家住招待所，我们住部队营房。

贾浩（第九作业队701队队员）："596"安装完了，我们主要的任务就完成了。下面就是值班。原子弹装置上去以后，我们值班到什么时候呢？值班到10月15号的下午，记得到下午七八点钟。晚上我们从塔上下来，拆帐篷装车，大概晚上10点左右从铁塔驻地撤离。

从塔上下来以后，撤退的时间很紧张，因为大部队能撤的都撤了，就剩我们那几顶帐篷。自己住的帐篷自己拆，专门留了三台车，走的时候车队是统一走的，场面非常壮观。从铁塔下面到5号兵站有一段路非常直，几十台汽车全开着大灯。车队离开效应区时，路两边有很多动物，狗、猴子等，车灯一照，动物的眼睛都可以看到，像好多的小灯泡在那儿闪烁。当时第九作业队有200多人，大概有二三十顶帐篷装上大卡车、大轿车、吉普车，车灯一亮，一串串车灯在夜里是很壮观的。

我们知道第二天要做核试验了，基本上猜也猜得差不多，因为程序写在那里。我们吊装是72小时前开始吊装，那么72小时往后推，就把时间推出来了，对不对？谁都知道这个事情。

但是，具体到核试验是几点几分不知道。那天晚上吃了饭以后还睡了一会儿。当时确实是又累、又渴、又饿，从铁塔上连续工作后又直奔新的

驻地，没有吃也没有喝，到了深夜十一二点钟才吃饭。睡了一会儿，早上起来吃了一点早餐。10 月 16 号上午，汽车就拉着我们上山了。到了白云岗观察点之后，各个单位先分配观察位置，整个山头上都挤满了人。电线杆子上面挂着大喇叭，国家核试验总指挥张爱萍在广播里面说："告诉大家一个好消息，赫鲁晓夫下台了，勃列日涅夫上台了，下面就要看我们的好消息了。"消息一宣布大家就议论纷纷，这个勃列日涅夫到底怎么样谁也不知道，好像也不是什么好东西，但还是寄予某种希望。整个下午，我们一直坐在那里听广播。

李火继（第九作业队 701 队队员）：我撤得更晚，"零时"前四小时才撤。为什么安排"零时"前四小时撤呢？就是怕万一原子弹装置出问题的话、出现意外的话，核装置还得从塔上撤下来。因为吊装演练的时候，我们不但把核装置安装好，最后，核装置还要装回进吊桶里面撤下来，这也是我们的工作。所以，"零时"前 4 小时的时候铁塔上面核装置的雷管已经插完，没什么问题了，才叫我们撤离，就是以防万一不行的话还要把它撤下来。

插雷管的人是"零时"前 3 个小时撤退的。陈常宜他们上去插雷管的时候，我们就在下面帐篷里头待命。雷管插完了，作业队领导告诉我们，你们还有 4 个小时可以撤退，汽车也安排停在我们帐篷旁边。有人指挥我们上车，撤退到 60 千米以外的白云岗。60 千米开车就是一个多小时、两个小时不到。领导说有时间你们可以看看效应区域的效应物。一说这事儿，大家可高兴了，坐着车去看看那些武器装备、效应物什么的，大概转了有半个小时。场区到处都是路，就是挖土机挖了一下，稍微平整一些就是路，我们叫搓板路。汽车走得快还好一点，不那么颠。车速慢的时候，颠得你简直受不了。总之，撤退的时候心里头觉得一块石头落地了，我们的工作总算完成了，心情就是这样。

我们从铁塔撤出来不久，稍微休息一下就到了白云岗观察点。观看核爆地点是在一个山坡上，那个山坡有五六十米高，我们在半山腰坐着等待着。广播喇叭里头一直宣布观看纪律，不要你看时你不能看，反正我们听指挥。当宣布"零前"30分钟时，那一刻心情就开始激动了。预报到"零前"十分钟、"零前"5分钟时，那心里怦怦地直跳。尽管自己说不紧张，但是心里头你是控制不住的。观察点除了广播声外，全场安静得啥声音都没有，大家也不出声啊！我们都是趴着在地上不出声，眼闭上，背着爆心，静静地听着。高音喇叭竖在十多米高的杆上，广播从"零时"前30分开始报时，报"零时"前25分、20分、15分，开始是按5分钟报一次，报到10分钟的时候就一分钟报一次，报到15秒的时候就是数数了。15、14、13、12、11、10一直往下数，数到零的时候，起爆。那时候就听口令，起爆也是按程序走，按指令走。

整个山头静得一点声音都没有。当报15秒的时候，我按要求闭上眼睛，背朝爆心，趴在那里静静地听着。除了广播声音以外，再也没有别的声音，也听不到别的声音，很静，不敢出声。部队有纪律，一切行动听指挥，反正是一点声音也没有，静到啥程度我也形容不出来。因为观察点那个山头有好多人，第九作业队两百多人，加上马兰基地、防化兵、各个军兵种的人，山坡上成了一片人海。爆心外围效应试验有多少人？效应物里头摆粮食，摆衣服，摆坦克摆飞机，还有动物这些东西，各式各样的效应试验物都有，你想想有多少人？我站着那一片估计至少有上千人吧，看起来整个山头都是人。我们九院人也按军事化的要求，不能乱来。我们那个时候穿着浅灰色的工作服，衣服是抽口的，比较特殊，一看就知道是"土八路"。部队都穿黄军装，山头上还有科学院的一些人，当时不太跟他们打交道，跟他们打交道比较多的是防化兵。

赵维晋（第九作业队 631 作业队副队长）：我从铁塔下来以后，是坐吉普车撤出来的，后面还跟着一个空车。为什么呢？因为万一这辆车抛锚了怎么办？当时通信设备落后，后面的车是备用的，我也是后来才知道的。沿途看见那些飞机、房子、动物什么的效应物，都一一安置就位，当然也没有时间好好看，最后撤到那个观察点。

撤退的时候，陈常宜跟我们不是一个车，他们先走了。我们离开铁塔的时候，看见保卫部门的同志，他们把铁塔周围铁丝网的大门最后给关上，锁好。撤退的时候，还不知道"零时"爆炸时间，当时保密，"零时"时间没有一个人知道。

原子弹爆炸的时候，感觉到那个热浪过去以后，人再爬起来看蘑菇云。那个时候规定得很严格，八一电影制片厂拍摄的电影镜头有胡仁宇看手表，实际要求人人都是背对着爆心，不能面对爆心，甚至规定趴在地上，核爆炸了以后再爬起来看。

马瑜（第九作业队保卫保密组成员）：10 月 16 号中午，九院和基地领导到铁塔上对原子弹做最后的检查，他们确认各道工序检查完毕才从塔上下来。他们下来以后，最后插雷管的同志也走出来，铁塔上的人全撤光了。当时两位保卫处长甄子舟、赵泽民和我三人，把围护铁塔的铁丝网大门加锁封闭。公安部的高伦局长又检查一遍，确认参试人员已安全撤退，安全保卫措施已全部落实，这才命令我们撤离。铁塔下面剩下最后一辆吉普车，我和局长、处长坐车撤离，撤离到 60 千米外的白云岗观察点一个小山丘后面，大家都戴上了防护镜，穿上防护服，蹲在壕沟里边。我记得李觉、陈能宽等领导还有插雷管的技术人员最后从铁塔上撤下来，坐车走了以后，铁丝网的大门才关上，最后是我们锁的，这是保卫干部应该做的。

潘馨（第九作业队 701 队副队长）：10 月 16 号的早晨天刚亮，李觉就通知大家，告诉你们一个好消息，赫鲁晓夫下台了，大家挺高兴，两件喜事嘛。当天撤离铁塔的时候，我们都知道原子弹要爆炸了，能先走的都走了，帐篷撤了，器材、设备都运到开屏去了。最后撤出的时候，周围的小工号都去看一眼，看看有没有人还没撤走，不能落下一个人。撤退到白云岗观察点，大概离爆心 60 千米。站在白云岗那儿，大家远远地观望着，几百千米之内什么都没有，连草都很少，哪里是爆炸目标呢？就在我们观望的前方树立了一个氢气球，标志着爆心方向，大家都往那个方向看。因为距离很远，就放了一个气球，朝气球的方向看。也有大喇叭，可以听广播声。

杨岳欣（第九作业队 701 队队员）：10 月 16 号上午插雷管的时候，我已经不在铁塔上面了，李炳生还在上头。那个时候我已经撤到作业队的临时驻地开屏去了。那里是马兰基地在场区的后勤总部所在地。因为铁塔上不让留多的人，留一个人值班就行了。铁塔周围的帐篷都拆了，所有仪器设备全都撤走，直接撤到马兰，再拉到大河沿上火车。记得我随大部队一起撤的，撤到一个叫白云岗的地方，离爆心约 60 千米，就在我们临时居住的开屏不远的一个高岗上面，能看得到爆心的观察点。参试人员要观看核爆炸试验，所以在开屏临时住了一夜。第二天到白云岗观察点，要求我们戴上墨镜，还必须背对着爆心坐着。我们都坐在小山岗的背面，然后听报时，规定多长时间以后再转过来。实际上好多人都没有看见那个火球，转身转过来晚了。我转身的时候火球基本上过去了，开始形成蘑菇云了。

唐孝威（第九作业队 9312 作业队副队长）：10 月 15 日我们测试人员

撤离到较远的安全地带。15 日晚上，我们在开屏临时驻地的帐篷里打电话到铁塔下的指挥部，请值班人员在安装好原子弹后，再为我们检查一下塔上小型电源是否接通了。当时接电话的是朱光亚同志，九院的领导都是最后撤离现场的。

10 月 16 日下午第一颗原子弹爆炸了，戈壁滩上升起了核爆炸的蘑菇云。我们在观察点观察爆炸实况的九院人员，流下了激动的眼泪。核爆炸以后，我们很快从现场工号中取出了测量仪器的示波器照片，从中获得了第一次近区测量的珍贵资料。

胡仁宇（第九作业队 608 作业队队长）：我在白云岗观察点等待"零时"到来，人就坐在沙丘后面低头看着表，人背对着爆心。当时根本不知道八一电影制片厂的镜头怎么对着我的，他们什么时候拍的一点也不知道。一直到第一颗原子弹爆炸成功的纪录电影片在全国放映以后，我在

1964 年 10 月 16 日 15 时，胡仁宇背对爆心正在看表，等待"零时"到来

1965 年才看到这个镜头。

徐邦安（第九作业队办公室成员）：第九作业队办公室为各个作业分队撤退编制了程序表。随后，各个作业分队的工作都要按程序有条不紊地安排。撤退的过程中，所有的设备都事先登记、装箱、做记录，最后还要清点人数，看有没有落下的。10 月 16 日上午 10 时，"596"试验程序进入清场阶段，撤退工作组织得十分严密，通过岗哨时都逐一点名，查对车号，绝不能由于工作疏忽而使人受到伤害。

从铁塔底下撤出来时还真有一个惊险的事，就是"零时"前，听说朱光亚的车没有按时通过检查哨①，我一直想直接问问朱光亚，但是总没有机会。当时人员撤退的点名很严格的，到了"零时"的前一两天，铁塔底下的人数都是要点名的，每个人在什么岗位，什么时候完成任务，他的工作什么时间结束，什么时候撤出，从哪条线路撤出，都是有登记的。里头不能有一人，有人的话，要出大事儿。据说，出来以后在外边点名，一点名，怎么朱光亚的车没出来？这个事儿始终在我心里是一个谜，不知道核爆炸的时候，朱光亚他们到底在什么地方。

我就想，别人不出来，朱光亚怎么能不出来呢，他不出来还能够做试验吗？那不紧急刹车才怪呢！应该说朱光亚安全撤出了。后来，我听司机讲，朱光亚坐的汽车轮胎，让钢丝还是什么东西绞住了，走不动了。别人很紧张，朱光亚说了一句话，没关系，我们背向爆心趴在地下没事儿的。后来他们还是开出来了，就是出来得晚了，不是没有出来。下午 3 点钟爆炸，他们大概是最晚才撤出来的！

---

① 朱光亚在离开"701"铁塔撤退的时候，司机情急之中驾车走错了路。也有一种说法是钢丝把汽车轮胎扎破了，朱光亚和吴际霖一行人还没有赶到白云岗观察点，原子弹就爆炸了。但是，他们很快就赶回试验指挥部。

激动人心时刻

1964 年 10 月 16 日 15 时，原子弹装置按预定时间准时起爆。我国首次原子弹装置和爆炸获得圆满成功。当专家们根据闪光火球和蘑菇云的景象判断确属核爆炸时，全体参加试验的人员完全忘却了连续数十天的紧张和疲惫，为胜利而振臂高呼，完全沉浸在无比的欢乐中。参与研制工作的每个人，都为自己能在这一光荣的事业中做过一些贡献而感到自豪。

摘自《当代中国的核工业》

吴永文（第九作业队技术委员会委员）：白云岗观察点距离爆心大约 60 千米，观察场地装的大喇叭，核爆前主控室里的操作过程，通过它转播出去，大家都静静地等候着。张爱萍是核试验总指挥，刘西尧是副总指挥。我记得张震寰向张爱萍报告，报告副总长，人员撤退情况怎么样，防化兵准备情况怎么样，"零时"前准备得怎么样，军人报告很简练。然后张爱萍说，可以加电。"零时"前 10 分钟，张震寰下达加电源开机。那个时候分工很严密，主控室的钥匙在张蕴钰的手里面，引爆控制系统的电源钥匙在李觉的手里面。这样的话，"701"铁塔上插雷管的人才放心。

陈常宜（第九作业队 701 队队长）：我们撤到 60 千米以外的观察点，每个人发一个墨镜。上级要求我们背对着爆心，因为有光辐射嘛，但实际上很多人都转过来看。我也没有背对着，因为戴着黑眼镜不怕，哈哈。因为第一次核试验的天气非常好，能见度非常高，那个升起的蘑菇云漂亮极了，60千米以外看得非常清楚。哎，声音也清楚。原子弹一响，一看蘑菇云起来，声音轰轰隆隆地传来，如果是化爆，根本不可能看见那么高的蘑菇云，普通的爆炸你能看得见吗？

唐孝威（第九作业队9312队副队长）：上级通知我们观看核爆"零时"，给我配了一副防护眼睛的墨镜。当时，第九作业队的同志都在观察点朝着爆心的方向。下午3时，主控制站倒计数报出，"零时"后，似乎有闪光，开始我觉得很奇怪，爆炸了，闪光应该很厉害，怎么看见闪光不强啊？后来一想，可能因为是白天，爆心在很远的地方，又

1964年10月16日，我国第一颗原子弹爆炸引起的烟云升腾

戴了墨镜，似乎看到的闪光不是很强。但过一会儿烟云起来了，一看蘑菇云起来很壮观，证明我国第一颗原子弹爆炸成功了！当时心情非常激动，非常高兴，和大家一起跳起来欢呼。因为辛苦了这些年来终于亲手做出原子弹，戈壁百日奋战终于得到了回报。

1964 年 10 月 16 日当天的台历，这一天成功地爆炸了我国第一颗原子弹

贾保仁（第九作业队 701 队队员）：我们是乘大轿车撤下来的，很快就撤到 60 千米以外的观察点。大伙待的地方是一个自然的土坡，土坡的另一面有一条人工挖的浅沟，我们就坐在这个沟里待命。不远处就是试验指挥所。"零时"前，那些领导、专家、试验总指挥也到这个沟里来了。大家等待的心情很焦急，很盼望。下午 3 点前（15 时）就是快到"零时"的时候，通过大喇叭报时。广播"零前半小时，零前 10 分钟，零前 5 分钟"。然后，10、9、8、7 倒数数，接着起爆！通过广播讲得很清楚，起爆以后先看到闪光。

当时，要求全体人员背对着爆心，不要看！大概闪光过后了，也觉得地有些震动，很多人都戴着墨镜，然后就转过身来，看到那个蘑菇云升腾、升腾得很高。这个时候，应该根据数据报告是成功还是不成功，但是大家都按捺不住地跳起来！高兴得把帽子往上扔，欢呼。你看八一电影制片厂拍的电影，一帮子人在欢呼，欢呼的人除了穿军装的外，全是穿灰制服的。除了九院的人就没有老百姓了，其他都是马兰基地的人、工程兵及各大军区的军人。

大概过了不长的时间就开始撤离，从观察场地撤到马兰。我记得很清楚，马兰基地搭起牌坊，打起横幅欢迎核试验的人员胜利归来，两边夹道欢迎的有军人和家属小孩。

贾浩（第九作业队701队队员）：其实，原子弹爆炸的瞬间，那时我的心情很平静，就是激动了一阵子，看到蘑菇云激动了，蹦啊，跳啊，确实是这样。尽管那个电影镜头是后补拍的，但还算比较真实。我们当时是真的蹦跳了，心情难以形容。好像觉得我们国家有这个东西，我们腰杆子就硬了，以后在国际上的形象跟以前不一样了。自己做了一件对国家有益的事情，也觉得光荣和自豪，大概就是这么一个心情。

起爆前人们在那里等待的时候，各种状态都有。广播里要求背对铁塔，不要抬头要低头，戴上墨镜，不要跑动，要坐在或趴在那儿待着。实际上很多人不听，有些人来回走来走去，不戴眼镜的也有。像我比较听话，眼镜戴着不敢摘。核爆响了以后过了一段时间，觉得应该看看，不看就看不到了，赶紧从山的背后跑到山顶上，把眼珠子瞪得老高，人从山的那一侧跳下去了，大家都拥抱，你一拳，我一捶，摔倒的，滚在地上的都有，就这么一个状态，这确实是一件惊天动地的事情。当时我们没有想那么多，因为身在其中，如入兰之室久而不闻其香。开始，没有想到核试验成功在外界的轰动，没有想到发了新闻号外以后，整个国家老百姓的热烈的反应。

我当时看的时候，蘑菇云开始翻滚了，红的颜色已经没有了，就是个圆柱子，比较高了，下面还有一个小胡须那样的东西已经出来。再过后，蘑菇云就是慢慢、慢慢地升起来，离开地面一团团慢慢飘散。

人们激情也就是那么一阵子，不可能很长时间保持那种亢奋的状态。这段历史叫你们给折腾出来，没想到，真的没想到。作为我来讲，经历这件事情觉得很平常，没有什么了不起的，好像是干了什么宏伟事业，没有这个感觉。现在外界的人可能对这个有错觉，以为千千万万的人就这么几个人上了核试验现场，好像挺了不起的，其实没啥！平平常常的事，平平常常做就行了。

为什么好多很有才华的人到了九院以后，长期隐姓埋名？当然有一些人有成果，出名了。大多数人才都埋没了，或者说没有很好地发挥他们的作用。尽管在年轻时不理解，甚至还有些遗憾，但我们还是顺应了时代的要求，把自己的青春和热血献给了国家和民族，想起这一点，这辈子也算值了。

林传骧（第九作业队 9312 作业队队长）：反正我们都在白云岗观察点上，因为是第一次核试验配发有墨镜，可是墨镜很少，我们都没有。当时告诉我们说听广播，观察点前方有高音喇叭播报，5、4、3、2、1，都听得见。按要求我们必须闭着眼睛低下头，然后隔多长时间之后才能睁开眼看，不然的话，弄得不好把你眼睛都烧瞎了。开始起爆声音都听得见。等我们睁开眼睛的时候，火球已经形成了，不是那个最原始的火球，已经有些黑的东西裹起来成烟云了，等于是土壤已经裹起来，后来就慢慢形成了蘑菇云。当时，作业队领导配有墨镜，一般的工作人员，像我们都没有墨镜。电影片子里面有胡仁宇低头看表的镜头，他戴了墨镜，他是九院实验部的领导。

人们欢呼是有啊，因为大家睁眼一看，过了几秒钟之后升起来了嘛，升起来了之后大家就跳跃，然后扔帽子什么，那个电影里面不都有嘛，跳的人都欢呼鼓舞。反正我们当时都蹦起来了，嗯，确实蹦起来。从我们能够睁眼看到那个烟云冉冉升上时间还是很长的，不是说是一下子就升了，它慢慢地慢慢地变成一个蘑菇云。开始是火球，然后上去之后成了一个蘑菇云，形成的过程时间很长。

吴文明（第九作业队 702 队副队长）：10 月 16 号"零时"前，我们

1964 年 10 月 16 日原子弹爆炸成功后，第九作业队欢呼跳跃的照片

撤到离铁塔 60 千米外的一个小山后边，在那儿等着。当时上级告诉我们谁也不许睁眼睛，都是闭着眼睛，还要低头。我背对着，低头坐在山坡上。当原子弹爆炸闪光过了以后才有感觉，虽然没看，但是有感觉，一股强光过去了，随后不知道几秒钟后就爆炸响了。我这时候就觉得爆炸成功了，就起来欢呼，远远看见蘑菇云越来越大，越来越高。当时八一电影制片厂拍摄的人群欢呼跳跃的镜头，那里面还有我的身影，我自己看出来了，别人也看出来了。说实在的，当时非常高兴，非常激动，也有一种放心的感觉。觉得这一辈子参加中国第一颗原子弹研制，值得！其实第一颗原子弹当时叫核装置，后来才武器化。总之，我这一辈子没白活，当时感到非常欣慰。其实，我这个人比较内向，一般做不出什么举动，那天是太激动了！

蔡抱真（第九作业队 702 队队长）：第二天坐汽车去观看核爆炸，观

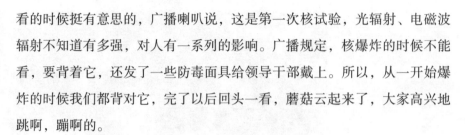

看的时候挺有意思的，广播喇叭说，这是第一次核试验，光辐射、电磁波辐射不知道有多强，对人有一系列的影响。广播规定，核爆炸的时候不能看，要背着它，还发了一些防毒面具给领导干部戴上。所以，从一开始爆炸的时候我们都背对它，完了以后回头一看，蘑菇云起来了，大家高兴地跳啊，蹦啊的。

第九作业队的人都在一块儿观看，开始那个纪录片上没有拍到我们欢呼，后来补拍加进去的。纪录片上欢呼的人群有穿灰衣服的人，有穿军装的人，第一次欢呼的时候没有拍，八一电影制片厂第二次补拍，大家再来一次欢呼，再蹦一次。当时这个心情是很激动的，确实很激动。

吕思保（第九作业队 702 队队员）：10 月 15 号这一天，我们装配完核装置并送上铁塔之后，702 队当天就撤到开屏兵站。我们知道马上就要进行核试验，可具体什么时间不清楚，"零时"那会儿还没有宣布。到了晚上，上级通知第二天中午集合到白云岗山头去观看核试验。接到通知之后，那一夜就睡不着觉了，就要举行第一次国家核试验，心情是特别地激动，睡不着觉嘛。

第二天，大轿车把我们送到白云岗山头，从中午等到下午，最后的时间定在下午 3 时嘛。我们就坐在山坡下等待，都背对着爆心。当时规定不准看核爆炸，闪亮时不要睁眼看，听到响声时才能看。反正观察点前面有大喇叭，喇叭不断播放革命歌曲，等待爆炸时刻。快到"零时"的时候，就听见广播数 10、9、8、7、6、5、4、3、2、1 时，人就开始激动，最后一听到响了过后，所有的人马上转过来冲上去看。但是，冲上山坡火球没看到，已经起来了小蘑菇云，小蘑菇云里又翻出来一个大蘑菇。原子弹成功没成功，那一刹那谁也不知道！后面一看蘑菇云升起得很高很高，就宣布核试验成功了。大家就跳啊，蹦啊！八一电影制片厂拍的那个电影，你看，人们在那个山头上跳嘛，蹦嘛，我光看清楚吴文明蹦得最高。还有一个湖南少数民族的同志，他也蹦得老高。旁边部队的同志跑过来与九院的同志握手祝贺，我们九院的同志连声说，这是全国人民的功劳！当时热烈的场面，兴奋的心情，激昂的情绪，确实无法用语言形容。

吴世法（第九作业队 701 队副队长）：到了白云岗以后，大家都坐在小山包的背面等待。等到起爆以后，再跑出来看，那当然是非常非常兴奋的了。因为那么高的一个蘑菇云起来了，就知道是成功了。所以，大家都非常兴奋，跳啊，欢呼啊！原子弹应该说是一个争气弹嘛，多少人的心血，多少人的努力总算没有白费！试验成功了之后，因为怕辐射层落下来，当时这个风向还是逆风向，不是顺风向，是在对我们安全有利的方向观测，所以问题不太大。

叶钧道（第九作业队 701 队副队长）：第一次核爆炸的时候，大家都在白云岗观察点。因为我是 701 队的副队长，给正副队长专门发了一个墨镜，一般人都没有。我看了一下周围，观察点有上千人的样子。上级宣布一个纪律，让大家头朝内，脚朝爆心，趴着别动。通知大家再站起来看。我当时就一个念头——想亲眼看看核爆，它没有发号令的时候，我就站起来了。站起来以后很巧，刚好是起爆的那个时间，核爆的时候跟一般炸药起爆开始是一样的，烟云翻滚，翻了有一两分钟，然后形成了一个很大的蘑菇云。这个时候，如果是一般的炸药爆炸的话，这个蘑菇云很快就会消散。核爆炸因为能量很大，它就不停地在里面翻滚，越来越大。开始我看到爆炸那一瞬间，有闪光，很亮的，后来就升起蘑菇云了。好多人都听口令，结果蘑菇云很高了，他们才站起来看，爆炸过程没有看见。这个时候，指挥部有好多人都在讨论是成功还是不成功，当时我认为，因为它冲的高度比较高，一般的炸药爆炸不会产生这样的效果。所以初步认为

就是核试验成功，当然，最后还要经过取样后理论上反复地推敲才能确定。

原子弹爆炸成功以后，我们就撤回到马兰，马兰基地那些人一直到晚上很晚还在等着我们，他们一直在等候第九作业队的归来，欢迎的场面非常壮观。

张叔鹏（第九作业队 9312 作业队队员）：到了观测点，当时规定背过身、捂着脸，不让看。我们好不高兴啊，一早起来就兴奋，那确实是高兴啊。应该说是准备两年总算交差了，都希望成功啊！当然我也做好准备，一旦有问题，我们就到铁塔下面刨出暗箱查看结果。听到观察点大喇叭传出"零时"引爆指令，感觉亮光一闪以后，就赶紧转过身体，向远方的爆心望去。我当时没有墨镜，规定不准直接观看闪光和火球，一看蘑菇云起来大家情不自禁地欢呼跳跃起来，等听到隆隆的响声了，这个时候闪光已经过去了。看着蘑菇云冉冉升起，可高兴了，真的是又蹦又跳。因为终于

参试人员欢呼爆炸成功

298

洗刷了中国近百年的耻辱,中国人终究扬眉吐气了。八一电影制片厂拍的纪录片里,你看到那么多人欢呼,一会儿还有人摔了大跟头,那个里面好像就有我。

朱建士(第九作业队 701 队队员):因为是第一次做核试验,所以规定任何人不许看。只有领导发了墨镜,可以面对爆心,一般人都要求在沙包的后面,背对着爆心,屁股朝天,趴在地上,上级是这么要求的。当时距离爆心 60 千米,我背对着爆点,没有趴下,就坐在那儿。反正我自己感觉肯定能成功,因为从前面的理论设计到后面出中子试验我都参加了,所以心里很踏实,觉得没有问题。核爆的时候,我心情倒没有太大的波动,就坐那儿了,因为距离太远,没有听到爆炸声音。我是听到欢呼以后才转过身来的,这个时候欢呼场面早就过去了。从很远的地平线上,很远的地方看到一个慢慢升起的蘑菇云,那当然是很高兴的。

第一次核试验保险系数很大,为了保险在 60 千米以外观看,确实离得太远,离得太远你就是正对着爆心也没事。能不能看到闪光,我没听到人说。领导他们戴墨镜,戴墨镜也看不到。

耿春余(第九作业队 701 队队员):10 月 16 日当天,铁塔底下无关人员都走了,只留下了插雷管的人,还有作业队领导在那里。我们是提前三四个小时才撤离铁塔,撤到白云岗观察点的,上级规定不能直接用眼睛看,让每个人脚朝爆心方向,趴在地上,听命令。领导都戴了防护眼镜,我们没有。当听到口令以后,等我们起来看的时候,光辐射已经过去了,火球好像有一万多米高。九院人都穿灰衣服,我们全体穿灰衣服的人高兴坏了,蹦啊,跳啊。

核爆前,当时心里也很紧张,就怕万一不响,不就成了罪人了!第一次核试验,千军万马做这么多工作,而且政治意义很大,顶着美国和苏联的核恐吓。那个时候苏联领导人想把我们掐死在摇篮里，大家要争口气啊！试验前一天的晚上我没睡好觉，心里怕万一哪个地方出问题了，结果核试验成功了，爆响了。

吴永文（第九作业队技术委员会委员）：在观察点许多人都发了墨镜，我没有。上级要求捂着眼睛，然后趴在地上背朝着爆心。有的人胆大，偷偷站起来看。原子弹一响就大叫，大跳，大家起来看时那个火球开始是黑的、黄的、红的，不断地滚啊，滚啊，那才叫精彩！蘑菇云起来以后，核爆炸成功了以后，周总理从北京打来电话问，是不是真的核爆炸，那个时候我们正在吃饭，我就坐在王淦昌旁边。刘西尧跑来问王淦昌，刘西尧说总理问，如果外国人不承认怎么办？王淦昌这位科学家水平就是高，他说没有关系，我们可以发表照片。刘西尧马上回去向张爱萍报告，然后张爱萍向北京报告，这是我亲耳听到他们的对话。

潘馨（第九作业队701队副队长）：10月16号那天，天气晴朗，能见度也挺好，按照规定，待到一切准备就绪了才启动爆炸程序，第一步干什么，第二步干什么，下午3点准时起爆。核爆准时响了以后，还有一个问题，我们光看见火球听不见声音，过了一段时间，才听到点声音，因为声音传播的速度比光要慢。原子弹爆炸了以后，烟云飘出来了，大家高兴得又跳，又喊。胡仁宇穿着破棉袄，低头在那儿看表……我印象挺深的。

不远处的试验指挥部，张爱萍他们在那里面。当时，我不知不觉就站在王淦昌的身旁。"零时"以后，我看见远处地面出现一个火球，这个时候领导和专家心情都很紧张，特别是九院的专家要现场给张爱萍总指挥汇报。据说，周总理来电话，反复问是不是真正的核爆炸，王淦昌在现场，到底是核爆还是化爆呢？王淦昌特别慎重，要向中央汇报啊，电话那头等着呀！你要报错了，向全世界一公布，那笑话就大了，必须得报准确。

刚开始，王淦昌也不敢肯定。后来，大伙看着火球越来越大，我估计是核爆。如果是化爆，把那个地面的尘土卷起来不可能那么高，几千米高啊！王淦昌他心情更紧张。他问我，你说这是核爆还是个化爆？我当时是个小兵，只能凭感觉说一说。我说，我感觉是核爆，应该是核爆！因为如果是炸药爆炸，几千米可以看到，不可能在60千米远的距离还看得这么清清楚楚，看到那么大一个火球，化爆没有那么大的力量吧！但是，作为王淦昌来说，一定要以科学事实为依据。一会儿火球越来越大，不久，他向张爱萍总指挥肯定说："是核爆炸。"这时候，很多人都跳起来了欢呼，十几人围向王淦昌，大家伸出数十双手跟王老握手祝贺，说了各种各样的话。总的意思就是说，王淦昌在核试验当中付出了艰苦的努力，这是一个真正的回报。王淦昌当时回答说，这是我们九院的技术干部、工人，以及全体职工共同努力奋斗的结果。我听了这句话很受感动，王淦昌是九院副院长，平时看不出他是个科学家，他本人和蔼可亲，平易近人，一点架子都没有。那时候我们这些技术人员，从来不叫他王院长，都亲切地称他为王老师。

高深（第九作业队720主控制站成员）：核爆成功以后，我从720主控制站里面出来，看到主控制站外面停了几辆苏制嘎斯69吉普车，还有大卡车。主控制站里的技术人员坐的是大卡车，我们的人数齐了就开车。核爆前给每个人发了一个防毒面具，为了练耐力，就是大热天我们有时也戴着它下象棋。从720主控制站出来的时候，蘑菇云已经散了，只看到天空飘着些红色的烟尘。任务胜利完成，大家挺兴奋，也不管核烟尘有没有降下来，什么污染不污染的，乘卡车撤出来的时候都没戴上防毒面具。

徐邦安（第九作业队办公室成员）：我们从720主控制站跑出去以后，看到蘑菇烟云刚刚升起来。开始往上升的时候形成的烟云非常好看。你知道吗，第一个说出来是核爆炸的是彭桓武先生。彭桓武有深厚的理论功底，好像他拿大拇指一比画，马上根据目测就算出来是核爆炸。反正大家都在认真观看冉冉升起的烟云，这些专家都围在一起议论着，彭桓武他首先说是核爆炸，比王淦昌说得还早。

在核试验现场指挥部，张爱萍问王淦昌是不是核爆炸，王淦昌说肯定是核爆炸。张爱萍说周总理问，如果美国不承认我们是核爆炸，贬低我们怎么办？王淦昌说，"发表照片，化学爆炸绝不会出现这种景象，很简单，发表照片"。这个意见后来就传到了北京。

方正知（第九作业队技术委员会成员）：720 主控制站按动电钮起爆，原子弹响了之后，听着声音就可以出去了，因为声音传递得慢。实际上，你听到声音了，蘑菇云已经升得很高了。大家都跑出去看蘑菇云，就在这个时候，陈能宽在欢呼的时候抓住我的手激动地说："我们总算没有装错呀！""总算没有装错"这句话的意思是，因为在塔下 702 装配工号，陈能宽和我经常守在那儿，看蔡抱真他们练兵。最后一次正式总装配，他们装配的记录上，各个部件装配间隙误差大小，都要符合我们在 221 厂由实验部经过试验验证后而制定的数据，这样才能符合爆轰物理质量的要求。但是，其中最令人担心的是装配工号里面有两种铀部件，一是铀 238，另一是铀 235，铀 235 是裂变铀部件。为什么在铁塔下的 702 工号里面有两种部件呢？因为铀 235 的价值特别昂贵，非常难得。不仅仅是价值，整个核工业部从铀矿到最后分离出铀 235，经过那么多的专家、工程技术人员、干部工人冒着放射性的伤害，拼命提炼出来的物质财富。开始在练习装配过程中不准使用铀 235，表面上摩擦一点点都不允许。因此，702 队在装配练习的时候，经常用铀 238 代替。这两个铀部件，从外观上看，看不出多大差别，只是颜色一个稍微浅一点，一个稍微深一点，很不明显。

因此，最担心的是最后一次装配，怕这个铀部件装错了，万一把没有引起裂变反应的铀238装进去，那就糟糕了，整个国家核试验就报废了，我们都要成为国家和民族的罪人！所以，为了杜绝铀238和铀235可能混装、错装这种事情，成为装配工号蔡抱真队长和操作人员非常注意的重心，非常关注的事情。他们派一个人专门看管这个铀235部件，以免在操作过程当中弄错。最后核爆炸成功了，那就说明这次装的没有错，是真的铀235。因此陈能宽副院长高兴地跳起来，拉着我手说了这句话，这句话的意思就是这样。

所以，当我撤离前往720主控制站的途中，心里十分坦然。到了720主控制站，静心地等待按电钮、听爆炸声。当时九院人来自五湖四海，为了一个共同的目标，就是一个"响"字，炸响"596"，粉碎帝国主义的核垄断。试验人员各守其位，各司其职。连接一个线头也带着这个目标，真正做到了但求贡献，不求回报。原子弹爆炸成功后，马兰基地都在评功，而我们九院，对此无任何仪式，但大家已经感到无上光荣了。

薛本澄（第九作

原子弹爆炸成功后，张爱萍同朱光亚(左)、吴际霖(中)握手

业队 701 队队员）：我们撤到白云岗的时候已经比较晚了，距离"零时"已经很近了。白云岗到处是人，有人把我们领到一个山坡上，这个山坡向爆心方向倾斜，距离爆心比较远，在茫茫戈壁滩上，也没有一个指标，也不知道铁塔在哪个方向。好在前方吊了一个气球，大家往这个方向注意观察就是了。试验指挥部给我们宣布几条纪律，听不到口令，不能睁开眼睛。那个黑密度很高的防护眼镜，没有那么多，我没有戴。广播里听着"零时"倒计时读秒的时候，赶紧闭上眼睛。

我低着头，没有背对着爆心。山上挖了壕沟，你可以躲在壕沟里头等待。"零时"响以后，至少两秒钟，我才睁开眼睛。闪光那一下子，不让看的，我们没有看到闪光。睁开眼睛时可以看到火球，已经变暗淡了，周围有黑烟了。看到这个蘑菇云升起，蘑菇云也是逐渐形成的。距离爆心这么老远，能看到这么大动静，大家心里都觉得成功了。实际上当时没有人说，但是看到那么大的烟云，知道肯定成功了，大家一下子跳下来，很多穿着灰衣服的人从山坡上蹦起来，有的往上蹦，有的往下滑。

核试验成功了以后，我们回到开屏兵站休息，当天夜里一直没睡，等着，说是今天晚上中央人民广播电台有重要新闻广播，人人都明白是什么新闻，大家都想听，一直等到夜里 12 点钟。也可能我们等着太心急了！戈壁夜里 10 点钟天刚刚黑。北京 10 点钟，新疆那儿才 8 点钟，我们围着开屏兵站的高音喇叭，知道有这么重要的新闻还不听呀！我记得好像很晚似的才听到广播，心里非常激动！

我们在开屏待了一天，然后撤回马兰。回马兰也很有意思，快到马兰的时候，九院的车先停下来在路边集结，因为车有的开快一点，有的开慢一点，离马兰几千米地方停下来。停下来干吗？马兰基地组织部队、家属、学校的学生，站在马路两旁，敲锣打鼓，列队欢迎，夹道欢迎我们，我们九院人好激动啊。

李火继（第九作业队 701 队队员）：当广播声音数到"零时"开始起爆，因为我们离爆心比较远，要过了一段时间才能听到核爆的声音。听到爆炸声以后并不是马上叫你起来，广播说要听口令，我们那时候是绝对服从！一切行动听指挥，不可能乱动的。所以，等到可以起来看的时候，火球已经比较大比较高了。它先是红色的火球，后来翻起来带点黑，就是把一些沙土什么都一起卷起来了，这可能跟气流有关系。普通的炸药爆炸也产生蘑菇云，但是没那么大。我们在草原上做整球试验，除了没有核材料，炸药量完全是真的，一比一的试验，当然没有那么大的能量。因为炸药爆炸就几十公斤，威力很小，第一颗原子弹爆炸的时候当量是两万吨 TNT。

蘑菇云升得那么高，确实是成功了，心里头特别高兴。你要是说不是核爆炸的话，那个核燃料没有烧起来变成化爆，烟云不可能升得那么高！现在那么远的地方都能看见升得那么高，几十千米啊！那是不得了的。当时怎么形容呢？没有什么恰当的好词语形容，就觉得成功了！确实是成功了！所以，你看，跳啊，蹦啊，大家拥抱啊，拢在一起了，就是这样的感觉。刚开始的时候还不觉得有那么多人，一起来欢呼的时候，就是一大片，穿九院工作服的有几百人，确实是高兴呀，我们国家总算有了核武器，真是了不起啊！

第一次看核试验确实很激动，毕竟教科书上讲了一些，你还没有感性的认识嘛。观看完核爆回到马兰基地，我记得到马兰以后收听广播，听到赫鲁晓夫下台的消息。赫鲁晓夫可能是 10 月 14 号下台的，我们是 10 月 16 号试验的。

对于人的一生来说，要想做出几件有意义的事情并不容易。像我一开始能从事这个工作，确实心里头感到很高兴，不得了！人的一生有多少机会能遇到这种条件呢？当时我在701队不是最早参加工作的人，也不是最有经验的人，能让我去参加这个工作，是够幸运的。领导既然选上我，并不是说有多大能耐。回想起来，我从事这个工作一直到退休，单位也没有变。中国搞了45次核试验，我一共参加了7次，不算很多。但是我觉得很荣幸！第一次核试验我参加了，最后一次核试验我也参加了，有头有尾嘛。

不管怎么说，核武器这个东西是属于开天辟地式的，我们国家从没有到有，属于建国以后的一个大事件，是国防很重要的一个项目。当时，搞原子弹多神秘啊，能轮到自己头上并亲自参加这个工作，心里头确实觉得很自豪！一直到领导选自己做先遣队员，选10个人选到自己头上，你说有多荣幸！那时候不但荣幸，而且感到责任重大！当年，好像也没有什么豪言壮语，但是心里头觉得不管怎样都要尽全力，尽一切努力把它做好，就是这个想法一直鼓舞着自己！

张振忠（第九作业队701队队员）：第二天早上，我刚起来，还没吃饭，刘西尧副总指挥到帐篷看望大家，刘西尧说快去吃饭，吃完饭咱们集合队伍。队伍很快拉到白云岗，白云岗是个山坡，离爆心60千米，没有其他的遮挡物，所以看火球，看核爆那是最好的一个地方。我们就列队在那个地方等待。上级要求不准对着爆心看，什么时候才能看，要听命令。所以，等大家回过头看的时候，蘑菇云已经升起来了。原子弹的火球，现在看到的电影镜头是在白云岗观察点这个方向拍的。另外还有好多个方向也能看到蘑菇云，那个形状不完全一样。第一次看蘑菇云没有经验，大家也比较保守，不敢看火球，怕伤了眼睛。当时背着爆心，不能直接去看，还戴上专门发的墨镜。听到命令之后，再转过身来看。等我们转过身来的时候，蘑菇云已经升起来了，真正的火球没看到。不过，即便是看到升腾的蘑菇烟云后，当时心灵的震撼，激发出来的那种情感也是不好说的！

我跟你讲，有一些情感是言语无法表达的，流多少泪水你都无法表达，只能自己去体会，因为核爆震撼自己的心灵太强烈了。原子弹爆炸成功以后，远处的火球上边还有很多点点，后来才逐渐地变成那个蘑菇云。蘑菇云上升过程跟咱们九院事业的发展完全一样，跟生命形成的过程基本相似，非常好看。人一生当中能看到这个东西不容易，我是比较幸运的。

余松玉（第九作业队办公室成员）：701队开始插雷管的时候，我应该早就撤了。因为按照工作程序，铁塔下面无关的人都尽量撤走，要把周边清理一下，保证铁塔上最危险的工作。大部队撤走后，剩下的人就很少了。撤退的时候我们坐大卡车。一路上搓板路很不好走，颠得厉害，不像我们平时总是跟头头们在一起坐小车的。大卡车上面有风，路又颠，我用被子蒙着头赶到开屏。第二天又上白云岗观看核爆炸。

核试验成功了，大家欢呼的时候，我想的是列强欺负中国这么多年，要是自己没有原子弹的话，腰杆子不硬，腰杆子不硬就任人宰割！好在我们有原子武器保卫自己，而不是吓唬别人，是为了壮中国国威。所以，成功了很高兴！我们平时工作遇到什么困难，碰到了什么事情，首先想到的这是在搞核试验，我要起一个螺丝钉的作用，起一砖一瓦的作用，就什么都不计较了。为了什么？为了对得起国家和人民，本身就是这样想的。这不是唱高调，那个时候真就是这么想的，好像也没什么后悔，也没什么抱怨的。

回收核测试数据

第一颗试验用的原子弹是按内爆原理设计的，核装料为高浓缩铀235，核爆炸装置重1550千克。这次核试验测试结果表明：中国第一颗原子弹从理论、结构、设计制造，到引爆系统的设计制造及测试方法均达到了相当高的水平，标志着中国国防现代化进入一个新阶段。

摘自《当代中国的核工业》

唐孝威（第九作业队9312作业队副队长）："701"铁塔下面有一个用坚固的水泥墙保护的测试工号，大半截埋在地下，在里面安装全部的记录仪器，所有的这些仪器都用电缆和外面的探测器连接。核爆炸以后，铁塔上的仪器全部炸毁，所有的电缆都被切断。但仪器被毁之前，一切有价值的数据通过电缆已被记录仪器记录并保留下来。当时我们都是用示波器记录的，如果核爆不理想，那就找原因，通过示波器记录下爆炸以后的照相底片，看它的点火的情况，是不是过早点火，还是过晚点火，一切正常就说明跟原来的设计很符合。另外，我们的近区测量还要完成核诊断项目，测链式核反应，看原子弹内部反应发展情况，这也是非常宝贵的数据。

原子弹成功爆炸以后，我们核测试组的部分同志穿戴防化护服又返回爆心附近，到屏蔽的地下工号里回收了示波器记录的照片。从照片中我们获得了监测点火中子的数据，结果中子点火完全正常。同时还获得第一次

1964 年 10 月 16 日，原子弹爆炸后防化兵部队冲进放射性沾染区取样

核爆炸近区测量核射线的数据，记录了原子弹爆炸时核射线随着时间快速增长的信号，这是反映原子弹内部链式反应的珍贵资料。第一颗原子弹爆炸的关键数据无一遗漏地全部测到，取得圆满成功。我们把这些数据带回青海 221 厂，进行进一步的分析研究。

余松玉（第九作业队办公室成员）：原子弹爆炸成功了，还要取样分析。后来取样分析的人都回来了。核试验成功后，胡仁宇代表实验部协调采样去了，就是分析样品什么的，他跟马兰基地核武器所联系，不是所有的人都去。核爆化学取样、分析、计算完了，胡仁宇专门用几个口袋把分析结果密封好，都不能经过别人的手，全交给我们送到保卫处，直接发到北京，那是有很严格的保密程序的。我们回到 221 厂以后，接着还要分析样品，王方定①他们那些人就要干活了。

庆功宴

张叔鹏（第九作业队 9312 作业队队员）：核爆成功以后撤场，就是什么都归置完了回营地。我现在还有印象，好事多磨。咱们九院带去的轿车，开到东大山一带，前后联轴器坏了，那里头咔咔地响，汽车抛锚了，还没带备份的零件。只好派车去马兰基地取好的联轴器来，安装上再走。这一个来回 300 多千米，耗了五六个小时。那边马兰基地一大早上就组织欢迎队伍，人家等了一天，等到中午，中午不到，一直等到晚上，我们大概晚上 10 点多才到。马兰基地是又敲锣又打鼓地欢迎，我们当时那种感觉啊，还真是有点骄傲，觉得总是把这件事做好了，向全国人民有了交代。

我们这一批人，撤回来以后住在基地汽车营的营房。因为当时参观核试验的人太多了，我们去的时候住在马兰招待所，回来时候我们住不进去了。各单位都撤下来了，各兵种的首长、高级干部多了去了。第九作业队 701 队安装组、测试组都安排在汽车营住，反正作业队有一半以上的人住马兰招待所对面的汽车营。

住的条件虽然比招待所稍差一些，但有口福。因为住马兰基地招待所，那边头头太多，底下的人伙食不怎么样。而我们住在汽车营，基地领

---

① 王方定，时任 221 厂实验部 32 室主任。

原子弹爆炸成功后，试验指挥部的几位领导鼓掌欢迎九院作业队归来（左起：张爱萍、朱光亚、刘西尧、李觉、吴际霖）

导觉得有点亏待九院，于是就把最好的大师傅请来，一个大师傅带两个兵给我们做饭。头天就吃三鲜馅包子、大虾、鲜鸡蛋什么的，真棒。这下林传骊、顾传宝、孟顺生我们这几个人，就开始"放卫星"了。知道什么叫放卫星吗？就是使劲吃，一会儿包子就吃光了。林传骊那时候身体棒得很，他是中山大学百米冠军，百米跑 11 秒几啊！他吃了 16 个，吃得最多。我吃 14 个。大师傅一看又端出一大筐笼，一抢又光了。吃着吃着就听伙房里头噼里啪啦这个锅铲子响，最后这么大一盆的鸡蛋炒饭端出来了。大家一看，吃不下了，哗啦，散伙了，跑到马兰基地的街道和广场转弯去了。转了两三个小时，消食啊！第二天晚上吃饺子，当天食堂就到各个组统计吃饺子你到底能吃多少，这时候，我们觉得很对不起马兰基地，当时基地的好些战士都是喝白菜汤。人家把肉都优先供应给招待所和九院了，对住汽车营房的九院人员的伙食特别照顾，什么都管够，要什么都充分供应。第九作业队里有些人是哈军工毕业的，和马兰基地核试验所的人是同学，一见面交流，搞得我们很过意不去。

吴永文（第九作业队技术委员会成员）：核试验成功以后，我们撤往马兰基地。张爱萍有一架伊尔－14专机，把我们几个专家从观察点那个地方运回马兰基地。当天气候气流不好，我们坐的伊尔－14上的圆椅子，没有靠背，飞机上下颠簸，我一会被颠起来，一会又坐下。有一个保卫干部，他帮着专家提东西。好家伙，最后他吐得一塌糊涂，人还摔了一下，头撞了一下。我那个时候反胃特别厉害，被气流折腾得呼哧、呼哧只想吐，彭桓武就坐在我旁边。飞机刚刚落地，我实在憋不住了，哗的一下吐出来。彭桓武说，吴永文，落地了你还吐啊？那会儿实在控制不住了！

第九作业队穿的灰衣服很显眼，马兰基地组织职工、家属夹道欢迎。队长李觉走在前头，有女同志和儿童给他献花。九院几个专家王淦昌、彭桓武、朱光亚他们提前先到一步。王淦昌也跑到夹道欢迎的队伍里面，我们一下把他拽进来了，大伙簇拥着王老一起走。

吕思保（第九作业队702队队员）：核试验成功了，第九作业队回到马兰，人们夹道热烈地欢迎我们。部队穿的是军装嘛，九院穿的是灰色衣服。我们到马兰基地时，人们排出几里长街，夹道欢迎。别人一看穿灰色的衣服，就指着我们说，那是造原子弹的人。张爱萍在马兰基地招待所设宴款待第九作业队全体参试人员。有文艺演出，我们九院人坐在前排，人们称"穿灰衣服的人是造原子弹的英雄"，使每一个在场的九院人确实感到自己干的事业既光荣又伟大。

张珍（第九作业队办公室成员）：我们在马兰基地的招待所的宴会吃

得很丰富，八个人一桌，第九作业队的人都参加。我那个时候喝酒喝多了，好多人喝醉了，就往脖子里面倒，我喝多了脑子还记得住。那是真高兴啊！还有个别人喝醉了心里不舒服。有一人叫李树友的司机，他端着酒杯对李觉说："李部长啊，我给你当兵当了 20 多年了！"他是 1946 年的兵，一直当司机当不上队长，可能心里不舒服，这是一个老资格的老兵。反正这都是酒席桌子上面的事，苏耀光当时也喝醉了。举行宴会以后，在马兰俱乐部还看了慰问演出。除了春雷文工团还有外地的文工团，不知道是总政的还是哪儿的，反正电影、演出都看了，马兰基地招待得非常好。

贾保仁（第九作业队 701 队队员）：马兰基地敲锣打鼓地欢迎我们，路边那些孩子们指着我们说，就是他们造的原子弹！在马兰安排住下以后，基地还举办了盛大的宴会，挺正规的，每个人都发请帖，写你是哪一席哪一个座位，可惜请帖没留下来。

宴会开始以后，领导席一般都比较拘谨。我们是年轻人，上一盘子吃

马兰庆功宴会请柬正面照片

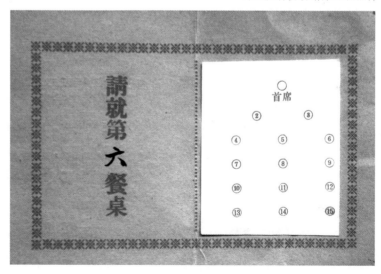

光一盘子，酒也喝光了，喝醉的场面我还有印象，最后有的人喝醉了，还拿着水当酒来干！有的人钻到桌子底下了！

贾浩（第九作业队 701 队队员）：在马兰基地招待所开的庆功宴，大概有 100 多桌吧。当时的领导对九院很高看，部队单位只派代表参加，九院作业队是全体人员参加。那一顿饭很丰盛，有不少人喝醉了，我还好，没有出现摇摇晃晃的情况。陈常宜喝醉了，苏耀光喝醉了。走出来的时候，我们几个人边走还边胡说八道。

韩云梯（第九作业队 720 主控制站成员）：爆炸成功以后，我们从主控站撤出来，坐卡车走的。其他的人都向外撤，唯有取样的防化兵往场区里冲。从试验场区撤到马兰，基地组织人夹道欢迎。当天晚上春雷文工团给我们演出节目，开庆功会，搞庆功宴，大家很高兴。宴会吃得蛮好，高深就爱吃松花蛋，吃了就拉肚子。

高深（第九作业队 720 主控制站成员）：第九作业队参加马兰基地庆功宴会时，我的兴奋劲儿早过去了，倒是想找个地方独自待一会儿。印象最深的是吃了几个松花蛋就泻起肚子来，我们去大河沿车站要乘好几个小时的汽车，很担心路上给大家添麻烦，不能老叫停车嘛。后来吃了部队军医给的合霉素，挺管用，这才算放下心来。

试验前张震寰说，核试验成功后给你们（指 720 主控站的参试人员）申报集体一等功，结果怎样不知道，我也不关心此事。后来在开屏兵站，第九作业队各分队在评比会上，给我评了一等奖，发给 30 块钱。在马兰发的钱，还是回 221 厂发的，记不得了。只记得马兰基地每人供应 2 斤葡萄干，自己掏钱买，每人最多买 2 斤。

在总结会上，韩云梯主动谈了刹车问题的思想情况。我把和韩云梯一同进行刹车演练的过程做了介绍，并说："韩云梯同志为了党和全国人民的事业，能不考虑个人的得失向组织如实汇报思想是值得学习的。"对韩云梯的做法和我的说法徐指导员不以为然，但也没有说过激的话，毕竟韩云梯胜利地完成了任务。后来这件事竟被说成核试验时，操作员韩云梯胆怯不敢按起爆按钮，并四处传播，对这种不负责任的说法实在是没有料到。

赵维晋（第九作业队 631 作业队副队长）：庆功宴以前，在核试验场区还评奖、评功、评"英雄"，参试的部队人员都算数了。九院也评了，好像是在开屏兵站还是在帐篷里评的。当时给我评的是"英雄"，还是一等功，记不清楚了。听说还有奖金，实际都没有拿到。

张振忠（第九作业队 701 队队员）：我告诉你，九院人就是用自己的心血，用自己的生命也要把核武器试验成功，这是九院人的精神所在。顺便说一下，我理解艰苦奋斗是一种思想境界。不是说一谈艰苦奋斗就让你去吃窝窝头，就让你穿得破破烂烂的，那不是，它是一种崇高的思想境界。把痛苦的留给自己，把方便快乐让给别人，让自己在这种艰巨的、痛苦的环境当中得到磨炼。当时第九作业队的同志不计条件，不讲报酬，参加第一次国家核试验，我们是一分奖金都没拿过。试验成功了，我们撤到大河沿车站，老百姓说，这些人远看是个捡破烂的，近看是个要饭的，人家一问才知道是九院的。九院是干啥的？搞原子弹的。其实就是这么个情况，九院人的这种境界，不在外表，而在内心。

吴文明（第九作业队 702 队副队长）：在马兰基地的庆功宴会上，印象最深是第一次吃到哈密瓜。宴会以后每个桌子摆上哈密瓜，一个人可以吃一块哈密瓜，这是平生第一次吃哈密瓜，很甜的。我在宴会上互相敬酒的时候喝了一点，没喝醉。干了这么多年，最后终于成功了，觉得自己做了一点工作。当时真正担心什么啊，要是不成功的话，作为最后一个环节，如果问题出在我们装配组，那前面多少人的辛勤劳动不是白费了吗！

我干了这么多年的装配，如果不成功，感觉到压力太大了！最后，核试验成功了，我们壮了国威，壮了军威。原子弹爆炸成功以后，我们在基地听了新闻，读了报纸，有这种感觉。中国的国际地位确实发生了变化，确实有一种自豪感！

薛本澄（第九作业队 701 队队员）：回到马兰的第二天，张爱萍在马兰基地招待所楼上楼下开庆功宴。宴会的气氛非常热烈。张爱萍致辞，然后给大家祝酒，不管会喝酒、不会喝酒的都喝了不少，我也从来没有喝过那么多酒，大概喝了半斤多。有几个人喝醉了，我喝了半斤还没醉，但是已经有点醉意了。喝完酒以后，我们到基地礼堂看春雷文工团演出节目。喝了那么多酒，看舞台跳舞演出，一个人变两个人，喝得晕晕乎乎的。那个高兴劲啊，真是没法说！真是兴奋得很！

在马兰待了好几天，九院作业队撤出的人很多，基地招待所住不下，他们专门腾出一个营的营房给我们住。于是，我们和驻地战士一起联欢。当时马兰基地的女子篮球队跟我们九院领导打了一场篮球赛，我印象比较深刻。九院有几个院领导上场了，李觉上场没上场不记得了。乔献捷副院长个子矮，他比女子篮球队的队员还矮，他在场上老唧唧喳喳叫，挺有意思。马祥副院长是个胖子，在场上跑起来也怪有趣的。这场篮球赛在马兰基地礼堂东侧的篮球场打的，其实有点趣味运动会的样子，不能打输赢的，打打玩玩，大家在一起活跃一下。

余松玉（第九作业队办公室成员）：我们撤到马兰基地的时候，马兰树了凯旋门，扎着彩旗夹道欢迎我们。人家一眼就看出来，说这些穿灰衣服的人是造原子弹的，我们排着队走，两边的人说，"造原子弹的人来了"，然后就拼命鼓掌，我们听了挺难为情的。觉得这个功劳怎么能算在我们身上呢！原子弹又不仅是我们造的，它包含那么多人的功劳，那么多后方同志的支援。就靠你们几个人能造成？当然是不能的！所以大家都觉得不好意思，真的是那样。那时候的九院人是"见荣誉就让，见困难就上"，大家干工作都是尽心尽力去干，就是那样的。

马兰庆功宴我也参加了，参加庆功宴会的人都发了请柬。我们那个时候，越是牵扯保密的东西越特别小心，该毁的就毁了，参加庆功宴的请柬没有留下来。

庆功宴上领导们都讲了话，高兴得不得了。北京周总理一直关注着我们的核试验，试验指挥部的电话跟中央直接联系。原子弹爆炸以后，很快要报出核爆炸的当量，当天就已经估算出来了。估算出来报中央的时候，

1964 年 10 月 16 日晚，周总理在人民大会堂宣布我国核试验爆炸成功时幽默地说："请不要把地板踩塌！"

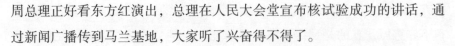

周总理正好看东方红演出，总理在人民大会堂宣布核试验成功的讲话，通过新闻广播传到马兰基地，大家听了兴奋得不得了。

耿春余（第九作业队701队队员）：核试验成功以后马兰基地组织了庆功宴，当时张爱萍和刘西尧在庆功宴上代表党中央向我们表示祝贺。庆功宴摆了好多桌酒席，我很少喝酒，没有喝醉。陈常宜喝醉了，老陈头高兴坏了。

有一天在马兰基地吃完晚饭，我们大家围着一个蓝色的水池子聊天，郭永怀讲了一个很有意思的事。郭永怀说："这次爆炸成功，证明我们中国人搞这个核武器，核材料是真的。原来怕拿不准，这次成功证明我们中国人自己搞的核材料是真的。"我在那里亲耳听的，他是这样说的，证明我们用的材料是真的，是纯的，没有求助外国。这个老头儿长得有点像外国人，个子高高的。有些事时间长了记不清楚了，但这件事我记得很清楚。你想想过了多少年？那个时候，大家的觉悟水平比较高，核试验成功没有给我们任何奖励，我们不计较一样高兴。

吕思保（第九作业队702队队员）：唉，庆功宴搞得很隆重，张爱萍讲话，大家非常高兴。九院作业队的人都参加了那次宴会嘛。我们702队哪个喝醉了？杨春章喝醉了。杨春章1958年天津大学毕业，分到二机部北京九所二室八组。这个同志是个光棍，他眼光比较高，一直没有找对象。我们想办法给他介绍，他的老乡也给他介绍，最后他都没有看上，一直到调走都没有找到合适的对象。庆功宴时他喝醉了，我们就老逗他那个事。杨春章后来调到青岛无线电三厂当厂长去了，听说他已经去世

郭永怀

了。现在人走了！我非常怀念我的同事！

大河沿车站

大河沿站实际上是一个兵站，它创建于20世纪60年代初期，是专为我国核试验基地而设的一个物资转运站。每次试验任务所需的设备、物资都要在这里装卸，所有参试人员和基地出差探亲人员也都要在这里上下车。此地离吐鲁番还有40多千米，而该站的真正站名是大河沿。

胡仁宇（第九作业队608作业队队长）：我是第九作业队最后一个到达核试验场区的人，原子弹爆炸成功以后，也是最先撤到大河沿车站的。实验部副主任王义和是第九作业队生活管理组负责人，马兰基地庆功宴以后，拉着我和他一起到大河沿车站调度车皮。先调车皮装器材设备运回221厂，后调专列送第九作业队的参试人员。我是随作业队大部队一起撤回221厂的。

吴世法（第九作业队701队副队长）：大家从观察点的山坡上撤下来时，下面早准备好了一大溜的汽车。我们带的测试车包括高速转镜相机早就撤了，最后我和大家一起乘大轿车撤到了大河沿车站，准备坐专列回221厂。专列上的列车员穿着很挺的料子，站在车门那儿等待着大家。他们把我们叫"乌鸦！"因为有人穿着黑布面棉袄，是空军地勤穿的布面老棉袄。还有的人买了白兰瓜、葡萄干，准备带回青海。

朱建士（第九作业队701队队员）：原子弹爆炸成功以后，九院作业队很快就撤了，我们是比较早地撤离基地，因为参试的人多，后期撤就比较困难。我们在马兰基地住了几天就到了大河沿，那实际上是一个火车站，牌子是吐鲁番站。大家知道吐鲁番是一个地势很低的地方，火车下到吐鲁番以后再爬上来是很困难的。大河沿车站是一个地势比较高的地方，大河沿离吐鲁番还有几十千米，在那个地方上车，你们想不到，很有意思。当时张爱萍专门向中央申请了一列专列来接九院的人，专列把我们直接送回青海。

专列过去是中央首长坐的，多半都是在苏州、杭州这些地方转，车上的列车员从来没有到过西北，也没有钻过山洞。我们是 7 月底去的核试验场区，去的时候是夏天，带了几件换洗的衣服，装在帆布旅行袋里。在马兰基地有葡萄干卖，每人买了一两斤葡萄干放在旅行袋里。那时候，场地仪器包装箱比较多，都是木箱子，这些包装箱再运回来也没有价值。大家闲着没事的时候，就拆了包装箱钉了好多小板凳，小板凳用草绳捆着，准备带回青海。我们主要的行李就这两件，一个手提包，一个小板凳。到了 10 月份开始试验的时候，我们的衣服就不够穿了，马兰基地发给我们一些战士的旧棉军装穿在身上。

我们坐了一天的长途汽车，在戈壁滩上颠簸，到了大河沿车站，下车就吐。反正我感觉当时的状况，比现在的农民工刚进城的时候好不到哪儿去。我们到大河沿车站，整个一个专列车早等在那儿，每个车厢门口都站了一个服务员，她们穿的都是毛料的衣服，像现在空姐穿的衣服。这个时候，大家都不敢上车。因为，我们看到里面卧铺全是新的、雪白的床单。大家不上车，先在车下弹自己身上的土。因为核试验成功了，估计列车员都知道。有一个列车员，我还没见到人，只听到他的声音。他说：同志们，别打了，这些土带到北京去，都是我们的光荣。就这么一句话，给我的印象特别深！听到这句话，几个月的辛苦好像都被冲掉了，对我们是一个很大的鼓舞。当时，列车员不知道要去青海，他们只知道把这些人拉到北京，这都保密的。等到上了车以后才发现，这个车全是软卧，有两节餐车。我们坐了两天多，吃得很好。除了米饭外，主、副食没有重样的。列车长对我们的态度也非常好，经常聊聊天。他们说，我们从来没有到过西北，这么多山洞，过去没有钻过山洞。

专列到了兰州以后，突然一拐往青海开去，列车员说："哎，你们不是到北京去嘛，上级下的任务也是到北京，不是到青海啊！"结果列车一拐就拐到西宁，然后到了我们场区。实际上从西宁到海晏这一段路，就是最早的青藏铁路。所以，我说九院人在 40 多年以前就坐过青藏铁路线，这个话一点也不错，因为青藏铁路第一段就是西宁到海晏。然后专列一直开到海晏站，再转汽车终于到家了。

叶钧道（第九作业队 701 队副队长）：10 月份以后，戈壁滩上夜里非常冷，白天热，晚上冷，零上 30 度变到零下。后来，马兰基地给我们一人发了一身棉军装，穿着御寒没有回收。我们撤退到大河沿的时候，大家都想买点哈密瓜，又没地方装，就把那裤子口扎住，然后一个裤腿里面塞一个哈密瓜，搁到肩膀上，显得很狼狈。到了专列门口，站立的列车员全是穿得非常漂亮、整洁的姑娘。人家一看这是什么人，让上还是不让上？一个一个裤子里边装着哈密瓜，像逃兵一样。我们就往上爬。她们也很奇怪，但仍然很热情。

这时候九院政治部主任刘志宽，他喊大家下来集合，"你看你们像什么样子！"可谁也不听。因为回到草原 221 厂，要给同事们带点哈密瓜，没办法拿，也没有兜子，结果只能这样。后来专列服务员知道这些人都是核试验的功臣，也就没有阻拦，让我们扛着瓜上了专列，当时看着很好笑。

张叔鹏（第九作业队 9312 作业队队员）：我们去新疆的时候，哈密瓜没熟，生瓜蛋子。9 月底哈密瓜下来，我们 10 月份撤场，马兰基地专门给我们准备哈密瓜，一个哈密瓜五六斤重，一个人分三四个。那个时候没有尼龙绳袋，只有红、篮棉线绳的网兜。把几个大哈密瓜装上一提，嘎嘣嘎嘣的红线、蓝线、白线的网兜绳断了。这可怎么弄啊？实验部三十一室的姜文勉有个发明。当时我们穿着部队发的棉裤，姜文勉把那裤腿口给勒住，一个裤腿塞一个瓜，腰上还横放一个，往脖子上一挂解决大问题。他们队指导员推广姜文勉这个发明，拿棉裤装哈密瓜，一个裤腿塞一个，一个网兜拎一个。有人还买了好些葡萄干，一种是白的，一种紫的。另外，新疆特产方块糖，大家也弄了一堆带回去。

早上离开马兰的时候，太阳已经出来了，所以用不着穿棉裤，但棉袄还得穿着。大家脱下棉裤装满瓜，套在脖子上。这手再拎个哈密瓜，那手拎着脸盆什么玩意儿就上车了。汽车到了大河沿，在那儿吃顿饭，下午上专列。专列前头一半全都是软卧，后边是硬卧，硬卧是双层的，不是三层的。我们从大河沿站南侧兵站那儿出来，从山坡小路爬到站台上。当时第九作业队的头头们在那儿站着，看着，人家专列列车员在车门前向我们敬礼致意，我们开始也点头还礼。上车的时候，专列服务员更主动帮我们，扶我们上车。这一拉裤腿没撑住，嘭哧，一个哈密瓜就掉在站台上了；这边一轻，裤子那边又掉下去一个，引起一阵忙乱。刚坐下就听外头喊集合，政治部的人喊，集合集合！出去了以后第九作业队政治部主任训话："你们像什么样，解放军送的棉裤、棉袄，你们就这样，跟国民党败兵一样！回去赶紧改正，谁要再这么装瓜，马上处分。另外，你们每个队，每一个组都要拿出一个哈密瓜来，还要拿出些葡萄干分给列车员。"

咱们没坐过这个专列，我印象特别深，在列车上这么一按，那个灯亮，再一按这个灯亮。一些人在这儿打牌，一会儿服务员来了，问："你有事吗？""没事。"一会儿服务员又来了，到了第三次说，你们别没事按这个按钮，那是招呼服务员的。咱们这些人啊，没有见过什么软卧、什么专列，出了洋相。那一次，专列上的伙食也非常好，我们几个能吃肉，人家吃不了的都端上我们桌子来，我那时特能吃。

林传骊（第九作业队 9312 作业队队长）：我们进场的时候是 7 月份，在新疆吐鲁番下车，那时候叫大河沿，大河沿产的哈密瓜是有名的，我们买了好多哈密瓜，结果一吃跟黄瓜一样，一点都不甜。大伙说，别把哈密瓜说得那么神！后来呢，等我们撤回 221 厂的时候，马兰基地专门给我们买了一些哈密瓜，那个哈密瓜就特别甜。这才知道我们买的都是生瓜蛋，都是没熟的。又有人告诉我们选哈密瓜，表皮越粗糙越好。我们撤场的时候挺有意思，因为我们来的时候没带这么多御寒的衣服，马兰基地就发了部队的旧棉衣御寒。临走时，一个人买两个瓜，往哪里装呢？就把那裤腿一扎，一个裤腿装一个瓜，扛上肩。

我们先坐大轿车到了大河沿车站，中央派专列来接九院的参试人员。当时全国许多个部门包括军队的、科学院的、卫生部的都参加了核试验。咱们也没有经验，到底核武器厉害到什么程度并不清楚，就是看外国的一些资料。所以，为了第一次核试验多方受益，同时做了很多效应试验，反正参试人员是很多的。九院负责原子弹的设计、起爆，再就是需要测的一些参数，就负责这些，享受到的待遇却是最高级！

吴永文（第九作业队技术委员会委员）：从马兰基地撤回 221 厂的时候，张爱萍调过来软卧专列，我们在大河沿上车时也闹了笑话。九院人在青海草原上很少见到新疆的水果，核试验成功以后，大伙就买了一些哈密瓜，没有装的东西怎么办？大伙就把裤子脱下来往裤腿里面装，往肩上一搭，前面一个裤腿，后面一个裤腿。上车的时候，作业队政治部主任刘志宽，一看我们这些人出洋相，他马上集合队伍，还发了火，训了大伙一顿。我们第一次运输模拟试验弹的时候，刚一进新疆，陈学曾一看这个苹果真好，猛买，兜子都买满了。一看那个葡萄这么甜，没有地方放了，把苹果倒了装葡萄。开始是紫色葡萄，后来是白色葡萄，哎哟，一吃无籽的，真的觉得很新鲜。

核试验成功了，坐在专列上大家心情很愉快。当时，人民日报出的号外我们见不到，一路上都是听广播。专列回到青海，我们在海晏车站下车，那就没有好条件了。我们坐软卧回来，下了火车改坐大卡车回 221 厂，一到家，作业队的人马上就掉价。草原 221 厂上没有开庆功会，整天忙着跑警报。

吴文明（第九作业队 702 队副队长）：嗯，坐专列回来的。那个时候天凉了，要穿棉袄。我们穿什么的都有。新疆有些东西像葡萄干、哈密瓜我们觉得不错，大家买葡萄干、哈密瓜什么的，这辈子是第一次尝到。

有些话说了不太好意思，有点丢人了！我们带的土特产品，没有包装，就把裤腿一扎把哈密瓜装进去了，跨在脖子上头。上车的时候有点狼狈，像国民党败退的兵，专列上的服务员看着，我们也不管不顾地上车。那次接我们的专列待遇太高了，甭说沿途还有那么多的保卫人员，那么多的执勤人员。虽然上车时狼狈不堪，大伙心里高兴嘛，都无所谓了，这些生活细节都拿它不当回事。

试验场区的那些个包装箱挺可惜的，都没有拿回来。说实在的，那个时候包装箱还没有什么泡沫塑料之类的东西，一般保温用的是羊毛毡，防潮湿用的是二氧化硅。没有控制温度的办法，就买了一个温度计，可惜没有带回来。

薛本澄（第九作业队 701 队队员）：我们从基地撤退的时候已经进入 11 月份了，气候相当冷。我们带的衣服不够，马兰基地就把工程兵换下来经过拆洗缝补的旧棉袄借给我们穿。虽然衣服都洗过了，但有一些油污洗不掉，穿在身上这一块油污那一块油污，远远看去，不知道的人真以为我们是一群劳改犯呢！

到了大河沿，停了一辆专列，我们上去一看，真有一点不好意思坐，据说是总理亲自批准派专列接我们。这趟专列是接待国家领导人，接人大代表的。列车员都经过选拔，穿的服装都是毛料的，非常板正、利索，人一个比一个精神。再看看我们这些乘客，真是有点滑稽！当时我们每人穿的衣服不一样，有的发白褪色褪得厉害，有的褪色少一点，还带一点绿色，有的打补丁，有的身上有油污。作业队穿得五花八门，挺有意思的。

上来这么一群看上去挺滑稽的人，可能列车员们心里也猜出接的是一些什么人，对我们非常客气，服务挺好。这个专列一直把我们拉到青海海晏车站，然后再乘 221 厂的汽车回去。那个专列给大家印象太深刻了，确实说明国家对我们参试人员是很重视的。

杨岳欣（第九作业队 701 队队员）：我跟其他人不一样，因为第九作业队规定，我们机关的同志乘坐的是普通车厢，乘专列软卧车厢都是作业队第一线的同志。当时九院在这个方面还是比较注意的，比较严格的。

张振忠（第九作业队 701 队队员）：马兰基地开庆功宴，李觉同志发话："九院的同志，要夹着尾巴做人，不能骄傲。这是万里长征第一步，我们的事情还多着呢，要做好思想准备，赶快撤离，做其他的工作去。"我们在马兰没有待很长时间，我是最后走的，我负责押车，把作业队在试验场区的仪器设备运回 221 厂。我们押的是闷罐子车，走的是另一条路线。

朱建士（第九作业队 701 队队员）：1964 年的青海，困难时期刚刚过去不久，生活好一点，221 厂的商店里面来了一批面包。李觉下一个规定，机关普通工作人员一律都不能买，只有科研第一线的技术人员可以买。那个时候，生活刚好一点，大家有钱，可领导规定实验部的技术人员能买，机关的人却不能买。

余松玉（第九作业队办公室成员）：从马兰撤到大河沿，中央派专列专门接我们。那个专列好得不得了，列车员很客气，很尊重我们。专列上的伙食好极了。大家那个时候是彻底放松了，李觉、吴际霖、王淦昌、邓稼先都坐在专列里。他们领导在西宁下车，吴际霖还要去省里，要感谢青海省，一路上得到人家大力支持嘛！

贾保仁（第九作业队 701 队队员）：在马兰基地吃了庆功宴以后，经过短暂的休息就准备撤回 221 厂。作业队大多数人都坐专列走了，领导分配我一个人把剩下的雷管组合件随车押运回青海 221 厂。我和保卫部门的一个同志坐的是普通货运列车。我们这节车厢是一个闷罐车，挂在整个货运列车的中间。闷罐车里面空荡荡的，没有任何生活设施，人就睡在车厢板上晃动很大。因为不是专列，车上喝水吃饭都没有安排。路上走的时间很长，大概走了一个星期左右才到西宁。回到海晏 221 厂的时候，其他的同志早就到了，都在开总结会。我们一路上辛苦是辛苦，但那种辛苦是一种高兴的辛苦。车上只有一个暖瓶，到站了一个人下去买饭、打水，带上来两个人一起吃。闷罐车里面有一个防爆箱，是钢板做的，里面有一个我们自己设计的防震、防潮、防静电的专用箱子，专门装雷管用的。整个防爆箱固定在车厢地板中间，大概有八九十厘米高，一个人挪不动，要两个人抬才行。偌大一个闷罐车里没别的其他货物，就是孤零零的一个防爆箱放在中间。车上也没有闲杂人员，就我们两个人押运，吃饭睡觉在上面。一路上货车开到哪里不知道，停靠多长时间不知道，什么时候开动也不知道！就这样走了一个星期。他们大部队坐专列的是集体行动，生活、保卫都有人管。跟我押运的那一个同志叫什么记不起来了。

紧张的 221 厂

我们参加试验的工人、工程技术人员、党员干部共222人，7月份起陆续前往国家试验基地，就就业业奋战了三个月。核试验一次爆炸成功，初步结果表明装置的工艺制造水平和装配公差均满足了理论设计要求，爆炸威力与理论设计基本一致。单项演练、综合预演和落实"五定"是一项成功的经验。"五定"即"定人员、定岗位、定任务、定关系、定动作"并进行综合演习。试验委员会党委提出"一定保响"不放过一个小问题，不带着问题做试验等指示。为此雷管是决定成功的关键，对其质量做了极严格的要求，层层检查层层核对做到人人放心。吊装是关键的操作之一，进行了三番五次的试验和检查，连发现钢索断了一丝1/222一根也不放过。演练中发现引爆系统交流电压比正常额定值高1伏，是在允许范围内也不放过，终于找到了原因排除了故障。

朱光亚：《参加首次核试验的工作总结》（1964 年 11 月）

陈英（第九作业队包装运输管理队队员）：原子弹爆炸成功了以后，我们这个装备用"产品"的专列原车又拉回来了。回来就不像去的时候那

青海 221 厂

么浩浩荡荡了，但也是一级专列。到了 221 厂以后，"产品"是哪个车间的就归哪个车间。回来的时候，就比较分散了，不像走的时候。我们走的时候，221 厂一两万人包括施工队伍，都鸦雀无声的，大多数人都不知道要核试验，少数有关人员，像蔡抱真那个车间知道。回来的时候，在路上就遇见了载歌载舞的庆祝活动。221 厂和全国不一样，没搞任何庆祝活动。那个时候 221 厂有生产任务，更有备战任务。

叶钧道（第九作业队 701 队副队长）：专列在西宁停了一天，青海省招待我们看地方戏，听一场单弦。这个时候我们听说 221 厂都挖了战壕，把所有的研究资料转移走了。回到 221 厂的时候，家里人都挖好了防空洞，科研资料全部转移到西宁周边的湟源县了。

贾浩（第九作业队 701 队队员）：我们从核试验场区回到青海草原，221 厂早挖了防空洞和防空壕。我说，怎么搞成这个样子？我们在新疆什么感觉都没有啊！家里却准备好了备战，万一有人要是给你来一下呢？苏联人称要把你消灭在摇篮里嘛！回去以后才知道，当时实验部的科研室里很多人都撤退了，撤到湟源县去了，撤到五六十千米的荒野去了。我们回去以后还搞了几次防空演习，跑防空的洋相就多了，有抱枕头当娃娃的，什么样的洋相都有。

1964 年 7、8 月份，青海 221 厂向湟源县疏散人员、物资

朱建士（第九作业队 701 队队员）：到了 221 厂以后，全国人民都在庆祝核试验爆炸成功，但是 221 厂没有开庆功会，没有任何的活动。221 厂在干吗呢？挖防空洞。为什么？美国当时说，共产党中国要做核试验，要对他们采取"绝育"措施！当时怕外国人来轰炸，整个厂区挖了很多猫耳洞，晚上防空演习，一拉警报，全厂停电，所有的人，每个人胳膊上绑一条白毛巾，跑去钻防空洞。所以，没有开庆功会。

方正知（第九作业队技术委员会委员）：核爆炸前，青海 221 厂就跑过警报，预防飞机来轰炸、破坏。我记得当时在草原上挖了很多防空洞，周围有高射炮部队常年驻守在高山上，那里海拔比 221 厂还高 200 多米。敌人远程轰炸机也不是那样容易达到目的，跑警报不过是预演而已。

余松玉（第九作业队办公室成员）：唉，我们走的时候，221 厂很紧张，挖防空洞，一直在防空，经常拉警报演练，怕美国、苏联人空袭，他

们很辛苦。我们回去了倒没觉得什么，因为核试验已经结束了。回到 221
厂以后，我还继续在机关工作，都划分好了任务。那个时候要写大事记，
要整理试验档案。吴际霖、朱光亚也回到 221 厂，他们让我收集国外的反
应，每天都要跟九院情报处通两个小时的保密电话，记录所有的外国反应
及国内情况。

　　这是当时在爆室里面装配的这些人合影。这张照片非常珍贵！因为当时在 221 厂，包括在核试验基地绝对不许照相，谁也没有照相机，没有留下任何的影像资料。

第 6 章

一张历史照片背后的故事

　　访问整理者说明：我国第一颗原子弹爆炸成功以后，除了八一电影制片厂拍摄过的纪录片里头有铁塔和原子弹吊装的几个镜头外，有一张用照相机镜头拍的"596"照片流传下来。照片上八位同志紧挨着核装置一起合影。这也是"701"铁塔上面第九作业队参试人员留下的唯一一张照片。多年来，包括九院、新华社，甚至八一电影制片厂，再也没有看到其他的照片。因此，用照相机拍的这张照片就显得特别珍贵。关于这张照片的来历，是谁拍的？怎么流传下来的？还有没有同时期拍的照片？这一系列的问题，也是我在这次口述历史采访中特别想弄清楚的事情之一。

　　2009 年，我在北京分别做了陈常宜、叶钧道、潘馨、朱建士、林传骝等人的口述，谈到这张珍贵的照片时，他们都记不起来照片是谁拍的，有人回忆说是林传骝拍的，可林传骝本人矢口否认，一直不承认是自己拍的。2010 年 1 月，我到了四川绵阳，继续采访照片上的李火继、贾浩、张振忠、李仲春四人，到了四川才知道李仲春老人已经去世一年了。在采访张振忠时终于知道这张照片的拍摄者是吴世法，他当时是701 队副队长。恰好我认识这位老人，他曾经是我的领导。回到北京以后，电话打到大连，那头传来吴世法熟悉而肯定的声音："照片是我拍的。"于是，我们约定，我去大连采访口述。结果，一直拖到 2010 年 7月才成行。下面是口述记录整理。

1964 年 10 月摄于"701"铁塔上仅存的
一张第九作业队参试人员的照片

陈常宜（第九作业队 701 队队长）：这张照片上的人就是我们 701 队
吊装组，我们有专人吊装"产品"。从这个照片里可以看出来，有贾浩、
张振忠、李火继、朱建士、叶钧道、潘馨和我。还有一个工人叫李仲春。
这个李仲春师傅本事很大，他是八级钳工师傅啊！他在 701 队里起了很好
的作用，帮助我们修理一些东西，手艺非常的好。所以，他也参加了吊装
组。当时保密很厉害，我们在核试验基地不让通信，不能打电话，你还能
照照片吗？当时是第九作业队与核试验委员会联系，批准让林传骊一个人
拍照片。记得当时是拍了好几张，旁边是核装置，还有插雷管的照片。人
家拍这个照片都有手续的，办了保密手续才能拍。所以这个照片是这么出
来的，是很不容易的。

还是林传骠告诉我的，"文化大革命""二赵"① 期间说拍照片的人是特务，审查他。后来我也不知道怎么回事，"文化大革命"中间，人家来问我这个事情，我说是他拍的，当时拍了很多。我说以后整理归档了，你们到档案室去查吧，这个归档不是我一个人做的，我跟别人一起做的，这有手续，我说你们去查。也不知道有没有找到。拍照片都是组织上批准的，就是第九作业队规定，只有林传骠一个人照相，其他人不能拍。照片自己不能留，他当时是按照保密处理的，当时谁敢弄这样的事情啊！所以我给你说，我们第九作业队包括 701 队工作的照片都没有留下来，这是唯一的一张。

朱建士（第九作业队 701 队队员）：这张照片是 701 队的部分同志，这是陈常宜、叶钧道、潘馨，他们几位是我们的正副队长。这几位是张振忠、李火继、贾浩，当时是实验部的人。这位是实验部的工人叫李仲春，他是个八级工老师傅，技术非常娴熟，我们当年就二十几岁，不到 30 岁这么大。"701"铁塔上面的房子有两层，上层是爆室，原子弹就装在这个爆室里面，下面还有一层是保温层，既有冷冻设备，也有保温设备。这是当时在爆室里面装配的这些人合影。这张照片非常珍贵！因为当时在 221 厂，包括在核试验基地绝对不许照相，谁也没有照相机，没有留下任何的影像资料。

我当时还是 701 作业队的秘书，这张照片开始由我保存，回到 211 厂以后就全部上交了，自己没有留。陈常宜后来跟我说，"文革"期间，"二赵"在 211 厂搞反革命破坏的过程中，据说，他们拿了这些照片，作为间谍活动的罪证，拍照的人因此挨了整。平反了以后，陈常宜得到了这

① "二赵"指"文化大革命"林彪反党集团派到九院支左的两位军代表，他们大抓"反革命"，制造恐怖事件，严重破坏了 221 厂的科研生产。

张照片，他送了一张给我，我自己留下来还复制了一张给单位存档。

贾浩（第九作业队 701 队队员）：从这个照片来看，估计是做了一次演习之后，可能是比较重要的演练，或者是综合演练后拍的。为什么呢？因为三个队长都在嘛。平时塔上就四五个人，张振忠、李火继、朱建士、我一个，包括李仲春师傅在内，就这么几个人。照片上面的电缆很清楚，可能是演练的"产品"，肯定是一次演习。因为演练很多，前前后后恐怕有 10 次之多。

照片上的 8 个人除了李师傅都是年轻人。我毕业一年半，有的人毕业不到一年。草原上有一句话，打扫卫生也有大学生。这本来是工人干的活，7 个人全是知识分子，就 1 个工人。不知道领导当时怎么想的，我开始不是太理解这个事情，也没有人给我们做解释。但是，这个岗位你必须得做。比如说，我们做试验，到场地挖沙坑，盖房子，这些都是我们干的。队长干什么呢？就是设计房子，弄个支架，然后安排场地的各项试验。我们有体力，年轻啊！让做就做嘛，需要干的事情不管谁都要做的。

叶钧道（第九作业队 701 队副队长）：这个是在铁塔上面拍的吗？其他的人我都认识，我们穿的是九院工作服。但是铁塔上面，李仲春是肯定不能上的，他是工人，解释不通啊！你看，上面有李火继，现在打电话问他，他知道是不是在铁塔上拍的，一问就清楚。还有，你说这个人是张振忠，我看不太像。我对这个人特别熟悉，他是吊装组的，人特别能吃苦，什么重活、脏活都抢着干，整天忙得满头大汗。我现在认为，这张照片即便是在铁塔上面拍的，也可能是在预演的时候拍的。

潘馨（第九作业队 701 队副队长）：这张照片肯定是核试验前拍的。试验后铁塔不倒了嘛。照片也不是核试验当天拍的，当天不允许拍照片。我们开始上场地的时候比较紧张，一直工作几个月以后才轻松些。记不起来是哪天拍的。这张照片是谁拍的，我也记不清了。那个时候大家都没有照相机，也不敢照相。不像现在人人都有照相机，我回忆应该是在爆室里真正的"产品"还没吊上去时照的，应该是演练的"产品"，如果正式"产品"吊上去就没有时间照也不会照得这么好。照片旁边的核装置就是"596"！

张叔鹏（第九作业队 9312 队队员）：这张照片应该是 9 月底 10 月初的时候拍的，基本上是待命状态。林传骥是测试分队队长。我们的工号就在塔下，距塔基大概是 50 米。

那天天气比较好，林传骥高高兴兴来到塔上，身上背了一台不知谁给他的 PENTEX 单镜头反光镜箱相机。我记得他先在爆室内拍了几张，后来我接过相机，又对着塔外各种效应物拍了几张，随即我把相机交还给他。这一批照片到哪儿去了，我还真不知道。

相机也不是他带去的。应该是作业队带去的。你知道啊，我们天天拍摄示波器，鼓捣卓尔基相机，安装、冲洗胶卷。林传骥从苏联回来，他自己会照相、会放大，当然我也会暗室这一套，自己能配药。可我从来到221 厂以后从来没照过相，也没有相机。那一天他不知哪儿背了一个相机，林传骥嘴比较紧，他也不说。当时我看见他带相机来到塔顶上了，我那会闲着没事，正在塔顶上看核试验基地那些效应物。我拿这台单镜头反光相机在铁塔顶上外头转，往下一看觉得这个场面大呀！飞机、坦克啊，装甲车、解放牌汽车啊，东西南北照了几张。我站在铁塔上头照了几个全景照片，照完了以后交给他，我还觉得挺高兴，说给你拍了几张。他急了，你怎么这样就拍啊？当时没有第二个人有相机，而且他这个相机可能是陈常宜交给他，委托他照的，所以完了以后又要交还陈常宜，陈常宜当时是 701 队队长。在 221 厂实验部，陈常宜是二室主任，林传骥是九室主任，唐孝威是三十一室主任。

这个 PENTEX 相机怎么带到场地去的？我不知道，可绝对不是我们组里带的，是第九作业队带的。要带也是别人带的，委托林传骦拍的，因为别人没机会和条件拍这样的照片。拍的胶卷肯定也是交给陈常宜，得问陈常宜交给谁了。

林传骦（第九作业队 9312 队队长）：照片这件事记不得了。你们说照片是我照的，我真是一点印象都没有，如果是我照的，也就是一个额外任务。当年，他们知道我照相照得比较好，是不是因为这个让我照，但是我一点印象都没有，尽管我上铁塔上的次数很多。陈常宜那天在电话里还跟我说，他说是我照的，然后底片都上交了。我说，这件事完全记不清楚了，你之所以记得清楚，因为你负责编核武器军工史，编了这么厚的一本。当时，军工史编了很长时间，由大家提供的稿件。

铁塔上拍照我确实一点印象都没有，因为当时主要的精力不在拍照上，我的主要精力是负责两个测试项目，不让两个测试项目出事或者中间出故障。万一没成功的话，你这两个测试项目也出了故障，这个压力就比较大！照片如果真是我拍的，就属于额外的一项工作，可是我一点印象都没有。用什么照相机拍的，我也都没印象。

张振忠（第九作业队 701 队队员）：我第一次看到这个照片时很惊讶，再仔细一看几个老同志在上边，又有一种亲切感，脑袋里边马上就想这可是一张很珍贵的照片，它记录了当时 701 工作队的同志在塔上安装"产品"的情况。这张照片最后一排左边是我，我记得照片是这样拍的。在第一次全场联试的时候，有的同志提出咱们照一张相吧。谁有照相机呢？701 作业队副队长兼党小组长吴世法有照相机，他负责用高速转镜相机测试雷管。吴世法在爆室西南角从下边进到这个地方，半躺在地上给我们照的。因为我站在最后跟叶钧道挨在一块，还没有准备好，他这个闪光灯一闪，我还惊讶一下，这一点我印象非常深刻。这张照片是作业队吴世法照的。但是，后来怎么到了你手中，我就不知道了。

李火继（第九作业队 701 队队员）：这张照片大概是 1993 年左右，陈常宜从北京给我带过来的，当时他洗了好几张。我拿到以后还写了一篇文章，我觉得大家应该分享一下，就写了一些感想连同这张照片贴在我们所的橱窗里展示出来，大概展了一两个月，全所好多人都知道这个事。当时我还不清楚为什么会有这个照片。我不像张振忠，张振忠对这张照片很清楚。我一直以为是八一电影制片厂的人拍的，因为八一厂的人一直跟着我们从塔上到塔下，每一个过程每一个动作都拍有片子。这一次要不是张振忠讲，我也不知道是吴世法拍的，他原来是搞光学的，是我们所副总工程师，现在退休在大连理工大学。当时看着照片很惊讶，因为我觉得照片不可能有！为什么不可能有呢？因为照片里头还有半个球的边缘可以看到。尽管外行人不知道，毕竟当年那可是绝密的东西啊！这个照片确实让人很惊讶。照片上的人，除了潘馨是场外处的以外，其他几个都是 221 厂实验部的。朱建士是理论部的人，但大家都认识他。在草原的时候，理论部有一个理论与实践结合小组调入实验部。他们组里出了好几个院士，胡思得、朱建士都是中国工程院院士。另外，孙清和、王明锐、刘嘉树这些人都是那个组的，我们当时是跟他们配合工作。

我觉得照片本身有珍贵的历史意义，确实也是我们人生记录的一个亮点，值得回忆，值得保留。原先我把这张照片丢了，不知道哪去了，我的小孩都没看见过。这次拿给他们看见，他们说确实很珍贵，要把这个照片保存起来。从这点来说，你们做的口述工作勾起了很多往年的回忆，很美好的回忆。

访谈吴世法

访谈时间：2010 年 6 月 26 日

访谈地点：大连理工大学教工寓所

采访者侯艺兵与受访者吴世发在大连家中做访谈

侯艺兵：吴老师，我费了很长的时间寻找这张照片的拍摄者，现在终于找到了。

吴世法：对。这张照片是我拍的。我拍照的区域，就是铁塔周围这个区域内，我们 701 队工作的范围可以照，其他的区域我都不能照，我不是一个核试验场区全区域都可以拍照的人。

侯：全场试验区域可以照相的人是谁啊？

吴：不知道。全区域可以照相的人，也不允许到我们作业区域里面来照。除非他远距离地拍那个铁塔，他不能近距离来拍，有专门站岗的。

侯：真是纪律严明！当时在铁塔区域里拍照的人，您是唯一的一个人。那么，铁塔的上、下、里、外形状您都拍过？

吴：都拍过。701 队的人练习爬铁塔，叫我去给他们照相，这些都拍过。

侯：有一本张爱萍人生记录《从战争中走来》的书，是张爱萍将军的儿子张胜写他父亲的。书中，他问父亲，第一颗原子弹试验的铁塔拍了照片没有？张爱萍说，最后撤离的时候，他坐吉普车离开铁塔时，车开了几百米后他叫停下来，回过头再看了一眼铁塔，张爱萍胸前就挂着照相机。他说我当时非常想把"701"铁塔拍下来，他知道几个小时以后，这个铁塔就没有了。但是他举起相机的时候又猛然意识到，自己是国家试验总指挥，我这个试验指挥曾经下的命令不准拍照，因为这是国家的最高机密，任何人不能拍照，所以自己不能特殊。我定的纪律，我不能带头破坏纪律。相机举起来了，又放下来了，最后看了一眼铁塔扭头就走了。张爱萍后来对他儿子说，我非常后悔！张爱萍在战争年代就喜欢照相，他是一个老摄影家了。你想想，当时拍个照片真是太难得了！

吴：是难得啊。

侯：第九作业队从核试验场区撤回 221 厂以后，您详细讲讲这些照片、底片存放到什么地方，大概是什么时间销毁的，怎么销毁的，这些照片最终的结局是什么。这么珍贵的东西，实在不应该销毁掉啊！我们都以为还保存在什么地方呢！陈常宜讲，701 队拍照片的人，整理好后交给 221 厂档案馆。"文化大革命"中，当时拍照片的人被整得非常惨！上个世纪 90 年代 221 厂退役，这些照片 221 厂不能保存了。我问他这张照片怎么来的，他说 221 厂解散的时候，他任二机部军工局局长，是 221 厂的一个同志给了他这张照片。然后，陈常宜把这张照片分别洗了几份，给四川的李火继一张，给北京的朱建士一张。

吴：这是"文化大革命"以后的事吧？

侯：已经是上个世纪 90 年代了。就是说如果照片被销毁的话，还没有完全销毁干净！陈常宜主编核工业部军工史，也要搜集照片。这个时候发现了这张"701"铁塔上 8 个人的合影。我一直在寻找照片的拍摄者，现在终于找到了。您给我讲讲照片是怎么处理的，最后是怎么销毁的。

吴：一般的工作程序是这样，凡是场地照的工作照、生活照都不准留，这是保密制度规定的。当年参加核试验的人都是保密的，所以在场地的工作照、生活照，不管是什么照片，还是试验方案，反正做完了总结报告，所有的东西都要销毁。就是所有和核试验有关的东西，除了交档案保存以外，其他的都要销毁，个人的手头上不准留任何东西。

为什么没有把整个核试验的照片都归到档案里呢？因为这不是我的课题。有关工作记录照片由有关课题的人负责归档；是我的课题当然要由我归档。我们高速摄影也有一个总结，也归档了。

别人课题的照片我仅负责拍照，洗印照片，不负责归档。一般是这样的，装配、试验、联试等工作照，我帮着别人拍，拍完了之后，谁要我就给谁，我自己不能留任何的东西，因为它不是我的课题。我们组主要负责高速摄影这项工作，估计在九院档案里面能找到我们三人负责"596"国家试验高速摄影的总结报告。如果报告上面有照片，那就跟我有关系。给别人拍的照片都给了他们本人，我是一概不留，但是底片留着。所有的底片当时随着撤场全部带回 221 厂，回到草原以后写总结报告。底片一开始放在保密包里面，后来我们三个人决定还是把所留的底片和照片都销毁了。不是一回到草原就销毁了，记得销毁的时间晚一点。唉，这就怪了！怎么可能流出一张铁塔合影照片呢？

侯：陈常宜提供的这张照片，上面还有五分之一的核装置，而且是在核装置已经上了铁塔以后的合影。

吴：那个角上有一个弧度，是吧？

侯：对啊。张振忠回忆说，铁塔上面爆室的空间太小，您拍照的时候退到上下进出口处，人基本上是躺在地上，才能把 8 个人全给拍下来。他印象最深的是闪光灯啪的一闪。

吴：哦，我想起来了，大概是在演练装配过程、插雷管的时候，我可能拍了。那天他们几个吊装的人演练装配完毕，要和插雷管的几个人一起拍个合影照片。为什么大家要在上面合影呢？大概是陈常宜队长提议的吧。因为他每天都要上塔来看一看。照完以后，是不是我当时作为工作照片给他们本人了？有人把这个照片保留下来了呢？很可能的！

侯：除了八一电影制片厂，解放军画报社还有一个记者叫孟昭瑞，他是经张爱萍将军批准，唯一能到核试验现场拍摄的军队记者，他拍了第一颗原子弹爆炸试验现场的照片，他拍的蘑菇云照片发表在报纸上。那么他有没有拍过"701"铁塔的一些照片？

吴：他是不能到"701"铁塔上来照相的，连铁塔周围的区域都不能拍照。陈常宜从哪儿来的那张照片呢？这还是一个谜！

侯：现在一个谜团解决了，找到了拍摄者，结果又出现一个谜团，这张照片怎么流出来的？因为您亲自销毁了所有的底片。

吴：这不可能是从我的手里流传出去的。

侯：是不是当时作为工作照片给他们本人，有人把这个照片留起来了？

吴：不知道了。工作照是谁叫我拍，我就给谁拍。在铁塔上核装置旁边照这个合影，只有队长交代才可能拍的啊！

侯：您拍过 701 队的同志训练爬塔，塔上原子弹安装、调试。那么，您拍过 702 队装配原子弹的照片没有？

吴：702 工号我没有进去过，那里不是我照相工作的区域。我是负责 701 队照相的，不能到 702 队那里面去，就是这么规定的。

侯：后来"文化大革命"中，您是不是因为照片的事情挨整了？

1964 年 10 月 16 日发表的《人民日报·号外》

吴："文化大革命"开始后，关于核试验照片这个事情，他们再三逼问，我就说销毁了，没有了。我曾经留过 1964 年 10 月 17 号人民日报的报道和号外，上面有原子弹蘑菇云照片，我把它剪下来保存。后来，"文化大革命"前夕我都把它烧掉了。

侯：那都是公开发表的报纸。

吴：虽然是公开发表的报纸，但是因为蘑菇云照片跟我联系在一起就不好了。

343

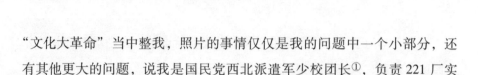

"文化大革命"当中整我，照片的事情仅仅是我的问题中一个小部分，还有其他更大的问题，说我是国民党西北派遣军少校团长①，负责 221 厂实验部的特务发展工作。

侯：这不是莫须有的罪名吗？

吴：当时逼我说跟哪些人联系过啊，有没有给谁提供过什么东西啊，或者说泄露过什么秘密啊。我说没有。他们又逼问我爱人简佩蓉，问她有没有见过国家试验场区的照片。她说，老吴没有给我看过场地照片。抓她的人说一定看过了，还问她铁塔是什么样的，她说铁塔是方的、圆的我都弄不清楚，她坚持说没有看过这些照片。

侯：您还是有先见之明的，在"文化大革命"之前就把这些照片全销毁掉了，如果没有销毁掉的话，您真是说不清楚了！

吴：是说不清楚了，这些照片你留着干什么？罪名更大！（其实照片全都放在保密包里，保密包又存在保密室）

侯：当时毕竟是你们三个人一块儿销毁的，还有人证都在嘛。

吴：我们从国家试验场区撤回来以后，一开始没有马上销毁，大概 1965 年的什么时候销毁的，具体的日期记不清楚了，反正是我在"四清"运动上楼"洗澡"的期间。1964 年底 221 厂开始搞"四清"运动，你知道"四清"运动吧？这运动一开始，我就被上楼"洗澡"，一直下不了楼。因为我老下不了楼，老一次一次地交代，本来就没有什么好交代检查的了。查来查去叫什么呢？说我单纯技术路线，只知道拉车，不知道看路。"四清"运动一直拖到"文化大革命"前夕，这个期间，我就觉得参加"596"试验回来，保密包里面还留有这些底片、照片什么的，我觉得

---

① "国民党西北派遣军"，是 221 厂在"文革""清队"期间制造的一大冤案，许多科研人员受到株连。

这些东西跟我无关，按制度该销毁的就把它销毁了，留在那里干什么？人家还认为有什么别的目的呢！怕别人产生怀疑，或者另外扣个帽子，所以，我叫上靳天琪、张至英和我一起，在实验部十九室办公室后面，找个地方把这些底片全部烧掉，在那里销毁干净了。至于那台相机肯定还在，我知道一直由九院保管的。

紧接着1966年"文化大革命"开始，就追问关于"596"核试验的照片这个事情，他们造反派再三逼问我，我就说销毁了，没有了。

侯：照片他们抓不住把柄，为什么还要整你？

吴："文化大革命"当中整我，说我是国民党西北派遣军少校团长。当时逼我说跟哪些人联系过啊，有没有给谁提供过什么情报啊，或者说泄露过什么秘密啊。我坚决说没有！那个时候，整人有好多好多的手段。"二赵"他们在221厂搞残酷的逼供，制造假案，需要杀人，想整你，你的罪名就出来了。

"文化大革命"当中，我另一个罪名就是浪费国家财产。早在"596"国家试验前，我负责高速摄影光学测试。我的任务测试什么呢？主要是内爆对称性波形的光学测量。

1961年领导提出做超半球光学测试这个任务。于是，我提出：用玻璃光纤从内部采集爆轰信号传出来，用高速摄影把光纤采集的信号拍出来，再看是不是同步的，对不对称。提出这个任务后，本来想到国外买玻璃光纤。当时国外买光纤手续怎么办？通过二机部的领导直接找到外贸部李强部长，李强专门安排人到世界各国去买光纤，可传回来的消息是买不到。只有英国一家公司说，可以为你们研制光纤，研制费10万英镑。花10万英镑研制成功了之后，你们要买多少，还得付钱。

这个消息传回来之后，我们就请示领导，能不能自己研制？领导同意我们去调研。当年北京玻璃研究所说可以承担这个研制任务，需要 10 万人民币作为研制费，因为需要非常纯的白金坩埚研制出的玻璃，才能拉出光纤丝来。这件事情请示九所朱光亚副所长，领导让张珍秘书带回消息说，朱光亚同意在国内研制，可以出 10 万人民币，赶紧研制出光纤，为将来的超半球试验做准备。最后花了不少钱在国内研制，并且终于研制出来了。

我们后来的光学测试工作做得太好了，我们从一个元件到几个元件，到半球测试，测得非常好，一直测到里面很小很小的半径，还能看出内爆是很好的。根据爆轰试验的结果，从理论上已经可以算出压缩这个核材料，能保证"596"的成功。

爆轰试验的结果给理论计算提供了非常好的数据，证明原子弹一定能成功。于是，国家核试验可以提前了。1964 年初我们已经做了试验证明，用光纤可以采集爆轰波的数据。但是"596"超半球没有做，被跳过去了，光纤光导束在"596"国家试验前没有用上。

但在"文化大革命"当中，就以原子弹没有用上研制的光纤光导束来整人，说我花了这么多的钱，花了 10 万人民币，结果国家核试验没有用上，那不就是浪费吗？浪费不就是破坏吗？破坏就是反革命！

侯：这个罪名够大的！

吴：1967 年"文化大革命"当中，在 221 厂召开了批斗走资本主义道路的当权派吴际霖厂长的万人大会，会上要枪毙一批人。这第一次枪毙人的时候，让 221 厂厂长吴际霖这个当权派站在中间批斗，他右边站着陪斗的三个人是会后准备枪毙的，我是站在左边陪斗的第一个人。万人大会后，右边陪斗的三个人都被拉去枪毙了。（也是冤案）

"文化大革命"结束以后，平反冤假错案，曾参加过专案组的人告诉

1966 年冬，青海 221 厂开展"文化大革命"运动

我，你是幸运的。本来我也在枪毙名单当中，当时，厂革命委员红头文件上把枪毙的人报到省里面，暂时未获省革委会批准。为什么？因为我爱人有海外关系，还没搞清楚有没有泄漏国家机密或者是给国外提供情报等问题，要留个活口，所以没有执行，才算是留下了一条命。本来要整我是因为海外关系，把我的命留下来，也是因为海外关系！

侯：您一口气讲了"文化大革命"这段历史。

吴："文化大革命"当中，跟我一起搞光纤的，有个叫黄潮的人，从德国留学回来，也整了他。说他是德国的特务，一直逼着他承认，到后来甚至搞假枪毙，把他直接拉到枪毙的现场去，问他："你承认不承认是德国特务？做过一些什么犯罪的事情？今天就给你一个最后的机会。"现场喊"一、二、三，你交代还是不交代，不交代就把你枪毙了"。最后，他也交代不出什么来，于是又把他拉回来了。

给我们平反的时候，说是"二赵"在221厂实行法西斯专政，制造那么恐怖的气氛。其实，还有许多更恐怖的事，可能你也听说过，221厂的"国民党西北派遣军的司令"是谁，是我们国家从国外留学回来的一个博士，到过延安，专门搞炸药研究的教授。

侯：是不是钱晋？

吴：就是钱晋，逼他承认是国民党西北派遣军的司令，听说在逼供的时候，有人用滚杠压他，结果肋骨断了刺进了心脏，当场就死了。当时也逼问我参加了什么组织，在221厂实验部发展了谁，上面的领导是谁，给我扣上很多莫须有的罪名。平反后有人告诉我，他们想逼迫我承认是国民党西北派遣军少校团长。由于上面政治斗争的需要，要枪毙一些人，制造一个恐怖的气氛。当时从全国调到九院来的105个骨干绝大部分都挨过整，说这些人是刘少奇从全国收罗来的牛鬼蛇神。当年，调我来九院时曾对我说："是刘少奇批准，中央组织部下的调令。"我是105个人中的一个。所以，给我扣的帽子还有一顶就是刘少奇的徒子徒孙。

"文化大革命"当中，要找枪毙我的罪名，就抓住这个光纤做文章。2009年，香港的光纤之父高锟不是获得了诺贝尔奖吗？其实，我们国家研制这个光纤比他还早，光纤传感器研制成功也比他早。虽然"596"没用上，我说今后肯定能用得上。"596"试验成功之后，要做超半球的试验，要做小型化试验。以后，真在一系列的超半球试验中取得了成功。"文化大革命"结束不久，1982年国家颁发第一批科技发明奖的时候，这项成果被评为国家科技发明二等奖。

　　我们接着坐车从 720 主控站到达 701 铁塔爆心现场，首次核试验的百米铁塔钢架，靠近塔尖的部分，完全熔化汽化掉了。塔身下面靠地面这一段，都像面条似的，七扭八歪倒在地上。整个铁塔钢架，七扭八歪地倒在地下，都没有被回收。我还能看到残留的钢丝绳，都已经锈了。

第 7 章

重返原子弹爆心现场

　　访问整理者说明：在我国第一颗原子弹爆炸的中心点，矗立着一座花岗岩纪念碑，那上面镌刻着张爱萍将军亲笔题写的"中国首次核试验爆心"烫金的碑文。参加第一次核试验的九院第九作业队的不少同志在不同时间、不同场合下，先后回到过原子弹爆心。当他们又一次驻足在这片多年前被中国人点燃的核火烧焦的土地上，踌躇而行，回顾着那一段难忘历史的经历时，肯定感慨万千！眼前，那些被作为效应物的飞机、坦克、军舰和早已淡去的蘑菇云一样，永远从这片土地上消失了。那些被作为核试验效应物的狗、猫、猴子等各种生灵，也早已在核爆炸的一瞬间化为灰烬了。

　　当年建筑在地面的各种效应房屋、桥梁等设施被核爆炸摧毁后，如今还能看到被烧的黑色痕迹和钢筋混凝土的残骸。最醒目的是横亘在眼前的钢铁塔架，横七竖八，曲曲弯弯地像面条似的耷拉在大漠之中。那些被核爆炸一瞬间数万度高温熔化的钢铁上面，至今仍还呈现着一种淡淡的肉红色，而看不到一点锈迹！不远处一块土埋半截、标着"永久沾染区"的水泥竖碑，提醒人们这里依然有很强的放射性污染，这里是一片真正的废墟……听着受访者重返爆心后的感想，禁不住我又按下了录音机的按钮……

侯艺兵：您重返原子弹爆心时，702 装配工号是什么样的情景？

蔡抱真（第九作业队702 队队长）：第一次原子弹试验结束以后，过了两年多，我又有机会回到原子弹爆炸的现场看看。1966 年12 月，我参加第一次氢弹原理试验，也是塔爆，两个场地离得不远。那一次，我们专门绕道去看看第一颗原子弹爆炸后的铁塔情况。

1964 年 10 月 16 日我国第一颗原子弹爆炸以后，"701"铁塔钢架化为面条

"701"铁塔爆心这一片地方，周围用铁丝网围了一圈。我们去了好几个人，都是参加氢弹原理试验的总装配组的同志，我记得有总装组组长徐光大，其他的人不记得了。去了那儿一看，铁塔就剩下底柱的最后两节，上面那个钢管像面条似的倒下来，剩下都化没了，地面的那个石头全化了，成玻璃碴了，就是玻化了，烧结成一块块的。

我们 702 装配工号的整个房顶掀了，就剩一个黑坑像火烧过似的，什么都没有了。地面上的铁轨也早就烧化了，看看那个结果就知道核爆的威力！那个时候我们也没管什么放射性污染，徐光大第一次去，回来的时候，他把戴的那个帽子翻来覆去地洗，洗了好些天呢。总是觉得帽子上面有点污染灰尘。铁塔周围被一圈铁丝网围着，挂个牌子说不要进去。那个

1964 年 10 月 16 日原子弹爆炸后
烧结成玻璃化的地面

铁丝网围的范围没有多大，就是比这两个屋子大点，注明这是高放射污染区。

以后，有人再进去的时候，那里已经立了一个碑，张爱萍题写碑文，这些都是80 年代的事了。好多年过去了，可还是记忆犹新，一辈子忘不了啊！

吴文明（第九作业队702 队副队长）：1966 年做氢弹原理试验的时候，我又去了原子弹的爆心现场。那个铁塔像个面条似的垂着，那么粗的钢管，真正的钢管，像个面条似的倒下了，地面的岩石都烧焦了。我进去的时候，当时没有拿点东西做个纪念，现在后悔了，拿块石头也好。当时没有想那么多，就看了爆心炸成这个样子，以后再没去过了。

侯艺兵：再次回到"701"铁塔前，您是一种什么样的心情？

徐邦安（第九作业队办公室成员）：原子弹爆心我去过几次，我也是抱着一种好奇心去看看。铁塔的四个塔基都还完整存在，塔基上面的塔架被完全摧毁了。在那个惊天动地的瞬间铁塔上部化成了气体，塔身残骸扭曲着倒在地上，钢梁有的还连接着扭曲在一起，有的已经熔化得像面条似的堆在那儿。当地立了一个高污染的碑。当时我就有一个想法，这个现场要是很好地保存下来，就是一个珍贵的纪念地点。但是没有办法，马兰基地也是很困难的，那个地方要保存得派多少兵力啊！以后，罗布泊当地老乡都去拉这些废钢铁，老乡也不懂，那都是被污染的钢材。最后，拉得什么都没有了，一根钢铁都没有剩下。如果能够保存到现在，那是一个很好的历史遗址。我第一次去的时候张爱萍题写的那个纪念碑还没有立起来，后来再去看时已经立起来了。

侯艺兵：听说您几次回到第一颗原子弹的爆心，还进过 720 主控制站？

薛本澄（第九作业队701队队员）：过了若干年以后，我几次返回到第一颗原子弹的爆心现场。第一次返回去的时候是 1988 年，还是有一点怀旧的情绪。1988年九院作业队的驻地在新城子，就是做地下核试验的那个场区。找了一个休息日，我们开了两辆吉普车，因为进去一次很不容易，马兰基地的同志说路很不好走。我们主要想故地重游，再看一次可能就告别那个地方不会再去了。

我们进去的时候，场区的路已经很长时间没有人走了。原来铺的柏油路因为长

1964 年 10 月 16 日原子弹爆炸后，"701"铁塔上部被完全摧毁，下部塔身残骸扭曲着倒在地上

时间没有维护，地面翻浆裂开了，水再一冲，把表面一层沥青冲跑了。有的地方干脆被水冲成沟，大部分路面完全冲毁了，很不好走。

那次重返爆心现场一共去了 8 个人，有谁呢？记得有戴开凤、邢义华、孙继成、孙国华，还有两个记不清楚了，等看看照片就知道。既然进去了，我们看了不少地方。比如说，720 主控站去了，因为我还在 720 附近住过。那里还摆着一些效应物，就是坦克、火炮等重武器，有一些没有运走，还在那儿放着。

因为不做核试验了，那个地方不属于军事禁区，老乡就可以自由出入。720 主控站的建筑和设备破坏得很厉害，很可惜。主控站是个半地下建筑，铁门原来是锁着的。据说老乡把工号的门把用绳子拴在汽车后面，发动汽车硬是把铁门拉开了，铁门也运走了。

我们进到里面时黑咕隆咚的，幸好事先有准备带着手电，知道要到这

1988 年薛本澄重返原子弹爆心，在 720 主控制站废墟门口留影

个地方看一看。主控站里头的仪器设备大部分都破坏了，被打开的机箱、很多电子元器件散落在那里，但是还剩有一些东西。比如说，在八一厂的电影里面，你们可以看到闪烁着 10、9、8、7、6、5、4、3、2、1 的倒计时那块仪器面板，那块面板还在那里，但仪器里头的东西都被别人弄走了。

为什么面板还能在这儿？因为上面是一排有机玻璃灯罩，里头小灯泡给弄走，灯罩随手就扔了。来场地回收的人，大部分都是甘肃敦煌那个方向过来的农民。他们来了以后首先回收铜、锡、铅这些有色金属，其次是木材，那会儿钢铁还轮不上。

720 主控站有的房间里头，还放着做好的木头窗框，一摞一摞摆在那儿，新的没用过，回收的人还没顾上要这些东西。他们拿的主要是电缆，因为里头的铜丝比较值钱，还有铅块也值钱，先回收这些东西。至于试验现场，破坏得就非常厉害，像坦克，好像还有大炮，这些钢铁没有动。

我们接着坐车从 720 主控站到达"701"铁塔爆心现场，首次核试验的百米铁塔钢架，靠近塔头的部分，完全熔化汽化掉了。塔身下面靠地面这一段，都像面条似的，七扭八歪倒在地上。整个铁塔钢架，七扭八歪地倒在地下，都没有被回收。我还能看到残留的钢丝绳，都已经锈了。701 爆心现场立了一个纪念碑，张爱萍写的："中国首次核试验爆心。"我记得纪念碑是水泥的，还拍了几张照片。

整个铁塔钢架 102 米高，最后倒成七扭八歪的一大堆废铁，钢架熔化汽化掉很多。地面上能看到最长的大概有 30 米左右，好几段扭成麻花状，我们在那儿待的时间不长。

我们去的时候，爆心现场还有人正忙着回收，试验场区还有不少效应物，有一个舰船效应物，农民就住在那里面回收东西。有的开着吊车，有

1988 年薛本澄蹲在扭曲的"701"铁塔塔架上留影

的开着汽车，用不了多久，这些东西就全没有了，但是老乡并不懂得安全防护。其实，有些地方剂量还是很高的。首次核试验现场，如果现在测量的话，可能仍然超标！地面上玻璃体还能看到，就是核爆以后它熔化有一些放射碎片，凝固在玻璃体上，现在偶尔也能看到一些。铀的裂变产物中有一些半衰期很长的核素，放射性短时间内消除不掉的，咱们没有具体测过。但是老乡不懂得这个道理，没法跟他讲，你跟他讲，他也不懂。

702 装配工号的屋顶没有了。这个装配工号是工程兵硬是在岩石上头抠出来的，开一个方坑，上面做好屋顶。装配工号在地下，地面部分很少。因为它距离爆心非常近，屋顶是无论如何承受不住核爆炸的冲击波的，在高温高压之下，一下子摧垮了。更远的一些地方，像那些测试工号就没去了。

几年以后我第二次去原子弹爆心的时候，那里空空的，什么都没有了。扭曲的钢架都没有了。再去 720 主控站，包括原来停在那里的坦克全没有了，凡是钢铁的东西都回收完了。第二次去基本看不到什么东西，只有纪念碑还在那儿。

1986 年 10 月 16 日立的中国首次核试验爆心纪念碑

附　录

引爆第一颗原子弹大事记

1958 年，第二机械工业部（简称"二机部"）九局在北京成立，拉开了核武器研制的序幕。

1958 年 7 月，青海 221 厂开始筹建，到 1964 年基本建成。

1959 年 3 月，国防部正式批准在新疆罗布泊建核试验场的报告。

1960 年 4 月，河北怀来县长城脚下十七号工地进行了第一次爆轰物理试验。

1962 年 11 月，中共中央决定，组成以周恩来为主任，成员包括 7 位副总理、7 名部长组成的 15 人中央专门委员会（简称"中央专委"），负责统一筹划、集中领导我国核武器事业。

1962 年底，新疆马兰核试验基地建成。

1962 年 12 月，包头核燃料元件厂投产。

1963 年 3 月，二机部北京九所大部分人员陆续迁往青海 221 厂，参加草原大会战。

1963 年 8 月，衡阳铀水冶炼厂投产。

1964 年 1 月，兰州浓缩铀厂生产出合格产品。

1964 年 1 月，中央专委正式向中共中央报告，原子弹爆炸试验可在 10 月左右实施。

1964 年 3 月，二机部成立第九研究院。李觉任院长，吴际霖、王淦昌、彭桓武、郭永怀、朱光亚任副院长。

1964年4月11日，在第8次中央专委会议上，周总理最后决定："中国第一颗原子弹装置爆炸试验采用塔爆方式。"要求在9月10日前做好一切准备工作。

1964年5月，托举原子弹的102米高铁塔在核试验场区拔地而起，中国第一次核试验的现场准备工作全面展开。

1964年6月6日，青海221厂进行了全尺寸爆轰模拟试验。这次试验除了不用核活性材料之外，其他部件全部采用原子弹装置核爆炸试验时所用的材料和结构。

1964年6月下旬，第一颗原子弹爆炸效应准备工作就绪，形成了距爆心8千米范围内的效应试验圈。

1964年7月，二机部九院组织222人的第九作业队进驻核试验场区。

1964年8月20日，第一颗原子弹试验装置及备品备件全部加工、装配、验收完毕，陆续运往试验场地。

1964年8月25日至30日，核试验场区进行单项和综合演习。

1964年9月16、17日，周恩来主持中央专委会议，研究第一次核试验何时进行的问题。当时拿出了两个方案，一个是早试，条件成熟了立即炸响；另一个方案是晚试，先抓紧进行三线建设，待机炸响原子弹。

1964年9月22日，毛泽东主持召开中央常委扩大会议，决定采用"早炸"方案。时间选定在国庆节之后，并且做了最坏的准备。万一失败，严密封锁消息，总结经验教训，查找失败的原因，立即试爆第二颗原子弹。

1964年9月23日16时40分至17时40分，周恩来召集中央专委会议，为首次核试验制定了工作机构和首长保密代号。核试验场地指挥部为20号，中央专委设在二机部的办公室为177号。

1964年9月24日晚，张爱萍向周恩来、贺龙、罗瑞卿写了书面报告，并附上《核试验场区向北京报告的明密语对照表》。其中规定：正式试验的原子弹，密语为"老邱"。

1964年9月25日，二机部和国防科委组织成立了代号177的联合办公室，担负同核试验场地代号 20 号办公室的联系，向中央有关首长及军内外有关部门传递、报告有关第一颗原子弹爆炸试验的重要情况。

1964 年 9 月 26 日上午 8 时 15 分，北京召开最后一次中央专委会，会后张爱萍一行乘空军伊尔－14 飞机离京。当晚，刘杰主持研究确定"老邱"正式试验的原子弹从青海 221 厂启运的运输方案和启运日期。随后，总参军事交通部部长徐斌和王立参谋商请铁道部安排落实了一级专列运行图。

1964 年 9 月 28 日，177 办公室与 20 号办公室开通直通电话。

1964 年 9 月 29 日 14 时，第九作业队党委书记吴际霖等人和武装警卫押运"老邱"专列火车，从 221 厂出发，途经西宁、兰州、哈密等火车站，于 10 月 2 日 21 时安全准时到达乌鲁木齐。

1964 年 10 月 3 日、4 日从乌鲁木齐用军用飞机分 5 个架次把原子弹安全运到核试验场区铁塔下的 702 装配工号。

1964 年 10 月 6 日，确定首次核试验委员会主任委员：张爱萍；副主任委员：刘西尧、成钧、张震寰、张蕴钰（兼秘书长）、李觉、朱光亚、程开甲、毕庆堂、朱卿云。委员包括王淦昌、王茹芝、王大珩、邓稼先、孙超、胡茂暇、陈能宽、顾震潮等各方面专家和军政首脑 57 人。

1964 年 10 月 8 日，王淦昌、郭永怀、彭桓武、邓稼先等人乘专机到达试验场区，进行最后的调试验收。

1964 年 10 月 9 日，拟定核试验时间在 15 至 20 日之间，张爱萍在上报中央的报告上签字，随即派专人乘专机赴京向周恩来报告。

1964 年 10 月 10 日 23 时 10 分，专机将报告送达总理办公室。当天，毛泽东、周恩来等中央领导同志批准了张爱萍、刘西尧的报告。

1964 年 10 月 11 日凌晨，周恩来批示：同意一切布置，从 10 月 15 日至 20 之间，由你们根据现场气象情况决定起爆日期和时间，决定后报告我们，你们来往电话均需通过保密设施由暗语进行。

1964 年 10 月 14 日 18 时，试验总指挥部确定：试爆日期定于 1964 年 10 月 16 日，起爆"零时",视当日风向风力确定。

1964年10月14日19时19分,原子弹被安全吊上铁塔,场区各方面工作处于待命状态。

1964年10月14日深夜,周恩来打电话叫刘杰到办公室,询问原子弹发生自发裂变引起提早爆炸怎么办,成功的概率是多少,需要科学家来研究一下。接到总理指示后,刘杰立即乘车连夜赶到花园路九院理论部大楼,找到周光召、黄祖洽、秦元勋等人,请他们在8小时之内重新测算一下这次核爆炸的成功概率。

1964年15日9时,试验总指挥部听取气象汇报。10时30分,张爱萍确定起爆"零时"为15时。

1964年10月15日12时,二机部177办公室接到20号办公室的保密电话:确定16日15时为"零时",并报经周恩来批准。

1964年10月16日清晨,周光召等人的测算结果出来了,他们经过精确计算,认为第一颗原子弹试验的失败概率小于万分之一。报告写好后,周光召等人庄重地签上了自己的名字。这份报告立即经刘杰送周恩来办公室。

1964年10月16日凌晨4时30分,张爱萍、刘西尧等人乘坐吉普车赶到爆心铁塔,再次检查安装调试情况。李觉向试验总指挥部报告,原子弹塔上安装和测试引爆系统第三次检查完毕,请示6时半开始插接雷管,张爱萍签字批准。由于命令各部门自查、互查,张爱萍又亲自检查关键岗位,因此,插接雷管的时间比李觉报告的时间推迟了一个半小时。

1964年10月16日8时,张爱萍下达命令插接雷管,这是原子弹装配的最后一道工序。在铁塔上的8名同志是:701队队长陈常宜,副队长张寿齐、叶钧道、潘馨,贾保仁(记录),赵维晋(导通),李炳生(保温),杨岳欣(空调)。塔顶爆室里坐镇指挥的人有陈能宽、方正知。

1964年10月16日,20号办公室电告北京177办公室:"老邱在梳妆台,8点梳辫子(插雷管)。"

1964年10月16日10时20分,塔上插雷管的几位同志乘吊篮下来,李觉和张蕴钰、朱光亚一起登上吊篮进入爆室,朱卿云主任留在塔下。陈能宽、方正知和剩下的陈常宜、叶钧道、赵维晋正在做最后的检查。检查完后,方正知合上起爆电缆的电闸。

1964 年 10 月 16 日 12 时,177 办公室接周恩来指示:"如无特殊变化,不必再来往请示了。'零时'无论情况如何,立即同我直通一次电话。"

1964 年 10 月 16 日 12 时,李觉和张蕴钰来到 720 主控制站,把起爆控制柜的钥匙郑重地交给在主控制站主持试验的张震寰。

1964 年 10 月 16 日 14 时 30 分,张爱萍、刘西尧等人回到距铁塔 60 千米的白云岗观察所。

1964 年 10 月 16 日 15 时,核试验场区主控制站,张震寰下令"发 K1",操作员韩云梯按下起爆按钮。

1964 年 10 月 16 日 15 时 3 秒……读秒到零,起爆!一刹那间,一团巨大的火球腾空而起,随后一声巨响,光辐射、冲击波过后,紧接着蘑菇云升起。

1964 年 10 月 16 日 15 时"零时"后 10 分钟,由防化兵组成的侦察梯队进入沾染区进行辐射侦察作业。防护工作部回收取样队在规定时间内全部取回了综合剂量仪和大部分接收放射性沉降物的取样盘及取样伞。担任空中取样的空军 503 机组在预定的高度、预定的核放射浓度中飞行一定的时间,取回一定数量的核样品。

1964 年 10 月 16 日 17 时,张爱萍签发了一份经多方专家检测并认定的报告:"中国第一枚原子弹的威力,估计在 2 万吨梯恩梯当量以上。"

1964 年 10 月 16 日 17 时 50 分,这份正式文字报告报给了北京二机部 177 办公室,然后由刘杰报告周恩来。根据总理指示,报告分别送达毛泽东、周恩来、林彪、贺龙、罗瑞卿。

1964 年 10 月 16 日 19 时,周总理在人民大会堂接见大型音乐舞蹈史诗《东方红》全体人员时宣布:"在我国西部地区爆炸了一颗原子弹,成功地进行了第一次核试验。"

1964 年 10 月 16 日 22 时,中央人民广播电台广播了"中国第一颗原子弹爆炸成功"的消息。《人民日报》随即印发了套红大字的《人民日报·号外》。

主要参考书目

1　核工业神剑文学艺术学会编. 秘密历程［M］. 北京：原子能出版社，1993.

2　《当代中国》丛书编辑部编. 当代中国的核工业［M］. 北京：中国社会科学出版社，1987.

3　李培才. 魂撼大漠［M］. 北京：中国社会出版社，1994.

4　彭继超. 东方巨响［M］. 北京：中共中央党校出版社，1995.

5　彭继超，伍献军. 中国两弹一星实录［M］. 北京：解放军文艺出版社，2000.

6　中国工程物理研究院工会，神剑学会编. 核魂——22 位中国核武器研制参与者心路实录［M］. 成都：四川人民出版社，1998.

7　周金品，张春亭. 从原子弹到脑科学——唐孝威院士的传奇人生［M］. 北京：科学出版社，2003.

8　降边嘉措. 李觉传［M］. 北京：中国藏学出版社，2005.

9　张胜. 从战争中走来——张爱萍人生记录［M］. 北京：中国青年出版社，2009.

10　聂力. 山高水长——回忆父亲聂荣臻［M］. 上海：上海文艺出版社，2006.

11　李植举. 中国核盾牌［M］. 北京：文化艺术出版社，2006.

12　张蕴钰. 初征路［M］. 北京：国防工业出版社，1996.

13 梁东元. 596 秘史［M］. 武汉：湖北人民出版社，2007.

14 顾小英，朱明远. 我们的父亲朱光亚［M］. 北京：人民出版社，2009.

15 陈君泽，龙守谌主编. "零时"起爆——罗布泊的回忆［M］. 广州：中山大学出版社，2012.

16 《拼搏·奉献——唐孝威与九院核试验物理测试团队创业纪实》编委会编. 拼搏·奉献——唐孝威与九院核试验物理测试团队创业纪实［M］. 北京：原子能出版社，2011.

人名索引

后　记

　　自从我开始做口述历史的几年时间内，老一代九院人一个个出现了。无论仍在九院或是调离九院的人都欣然面对我的录音话筒，他们讲述的激情像一股股涓涓细流奔涌而出，让艰难的采访多了一些温暖和感动。在核爆铁塔上拍摄那张合影照片的作者吴世法老人，经多方寻找也终于在辽宁大连显身。遗憾的是，他当年拍摄的第九作业队的工作照片，早在上世纪60年代便已销毁殆尽。当年研制原子弹是国家最高机密，由于保密原因，在此后漫长的岁月中，"不谈论"，成为这些亲历者的共同禁忌以致有的人至今谈起来仍心有余悸！

　　多人讲述同一个重大事件的好处是视角多元，内容翔实并因亲历者说而鲜活，生动。只有他们才能把核试验前前后后的过程细致入微地反映出来，为那段历史留下许多宝贵的细节。但是，这无形中也给自己增加了采访难度。原来的受访者集中在北京、绵阳两地，后来增加了大连、济南、苏州、上海、西安等城市。有的人调离九院了，寻找散落在全国各地的九院人，难度可想而知。找到以后，还要说服他们接受录音，随着采访的不断深入，采访对象也像滚雪球般的越来越多，由最初的8个人到20人、30人，最后形成几十万字的口述资料，我整整花了一年的时间。其后，整理工作花费了半年的时间，送交审查又经历了整整一年。

今天，我们终于听到九院人自己的声音，尽管不是黄钟大吕，但却阳刚，柔韧，不绝于耳。虽然他们的人生从辉煌青春走向平淡老年，但却共同有着某种程度的韧劲。他们延续了50年前的献身理想，随时代变革而信念不变。他们是一群默默无名的人，却做出了惊天动地的大事。而我要做的仅仅是一个回到历史现场的"记者"，通过自己的提问，发掘出九院人另一种精神财富。

我希望这部由九院人自己讲述，自己编撰的第一本口述著作，能给中国核武器发展史提供一个新的视角，一个更接近历史真相的文本，这也是我编这本书的最初动力。如果说还有些遗憾的话，那就是我无能力做更多人的口述。好在九院、九所领导从一开始就大力支持这项工作，并准备推而广之。在这里必须提到，我刚提出做口述的设想时，就得到本单位领导蒋起琥、邹志成同志的支持，得到邓国庆、余新川、吴明静等人的大力协助；邓稼先夫人许鹿希教授当面嘱咐我扩大口述者人选范围，尽可能多地留下历史真相。宋炳寰同志无私地提供了许多大事记的资料，口述整理书稿经九院有关部门领导韩长林、田忠、汪亚等人认真审阅，在此，一并真诚地表示感谢。

个人记忆，无法保证完全可靠和准确。我期待有更多的亲历者给予补充和订正，更期待有朝一日历史档案的解密。

侯艺兵

2012 年 3 月 5 日

图书在版编目(CIP)数据

亲历者说"引爆原子弹"/方正知,林传骝,吴永文等
口述;侯艺兵访问整理. —长沙:湖南教育出版社,
2014.1 (20世纪中国科学口述史/樊洪业主编)
ISBN 978-7-5539-1050-5

Ⅰ. ①亲… Ⅱ. ①方… Ⅲ. ①原子弹—研制—技术史
—史料—中国 Ⅳ. ①TJ91

中国版本图书馆 CIP 数据核字(2013)第 296100 号

书 名	20世纪中国科学口述史	
	亲历者说"引爆原子弹"	
作 者	方正知 林传骝 吴永文等口述 侯艺兵访问整理	
责任编辑	易 武	
责任校对	刘 源	
出版发行	湖南教育出版社出版发行(长沙市韶山北路443号)	
网 址	http://www.hneph.com http://www.shoulai.cn	
电子邮箱	228411705@qq.com	
客 服	电话 0731-85486742 QQ 228411705	
经 销	湖南省新华书店	
印 刷	湖南天闻新华印务有限公司	
开 本	710×1000 16 开	
印 张	24.5	
字 数	301 000	
版 次	2014 年 1 月第 1 版 2014 年 1 月第 1 次印刷	
书 号	ISBN 978-7-5539-1050-5	
定 价	64.00 元